高等学校给水排水工程专业规划教材

给水排水工程规划

熊家晴　　　主编

张荔　沈文　副主编

沈月明　　　主审

中国建筑工业出版社

图书在版编目(CIP)数据

给水排水工程规划/熊家晴主编．—北京：中国建筑工业出版
社，2009

高等学校给水排水工程专业规划教材
ISBN 978-7-112-11525-9

Ⅰ．给…　Ⅱ．熊…　　Ⅲ．①给水工程-城市规划-高等学校-教
材②排水工程-城市规划-高等学校-教材　Ⅳ．TU991

中国版本图书馆 CIP 数据核字（2009）第 196179 号

　　本书系统论述城市给水排水工程规划的理论和方法，全书分为两个部分共 13 章，第 1～6 章为第一部分，主要介绍城市给水排水工程规划的基础知识和基本理论，包括：城市给水排水工程规划概述、城市给水排水工程规划原理、城市规划地形图基本知识、给水排水工程规划与勘测、水资源分析与评价、地理信息系统（GIS）基础知识等。第 7～13 章为第二部分，主要是给水排水工程规划的具体内容，包括：城市给水排水工程规划程序构成、城市给水工程规划、城市排水工程规划、城市再生水系统工程规划、城市防洪排涝工程规划、区域给水排水综合规划以及城市给水排水工程总体规划、分区规划和详细规划实例。

　　本书为高等学校给水排水工程专业教材，也可作为高等学校城市规划、环境工程及相关专业的教学参考书，还可用作规划设计、规划环境评价人员以及管理和研究人员的参考用书。

责任编辑：王美玲
责任设计：董建平
责任校对：袁艳玲　兰曼利

高等学校给水排水工程专业规划教材
给水排水工程规划
熊家晴　　　主编
张荔　沈文　副主编
沈月明　　　主审

＊

中国建筑工业出版社出版、发行（北京西郊百万庄）
各地新华书店、建筑书店经销
北京红光制版公司制版
北京市铁成印刷厂印刷

＊

开本：787×1092 毫米　1/16　印张：17½　字数：426 千字
2010 年 1 月第一版　　2010 年 1 月第一次印刷
定价：**28.00 元**
ISBN 978-7-112-11525-9
(18777)

前　言

　　水是生命之源，也是人类文明之本。水为人类的繁衍生息和社会文明进步作出了重要贡献，是城市生活与生产必不可少的物质。水资源紧缺和水污染问题已经成为世界性的两大水环境问题。探索一条人与自然和谐相处，促进经济社会和人的全面协调，可持续发展的道路是城市规划面临的重要课题。城市给水排水系统由城市给水工程系统和城市排水工程系统组成，具有保证城市正常取水、供水、排水及污水处理与综合利用等功能，是城市重要的基础设施。随着我国国民经济和城市建设的迅速发展，城市给水排水等基础设施的作用与重要性日趋突出。城市给水排水工程规划是集城市水源、给水、排水、污水处理与综合利用等规划于一体的专项规划，也是城市规划的重要组成部分。

　　合理的城市给水排水工程规划设计要求设计者和管理者对城市基本自然条件、经济和社会状况有比较全面的了解和认识，对城市的基本地形、水文地质、工程地质等进行必要的勘测与分析，掌握第一手资料。只有掌握城市的基本情况，才能使城市给水排水工程规划更加合理和具有可操作性。

　　本书阐述了城市给水排水工程规划基本原理和基本原则，依据《中华人民共和国城市规划法》等现行法规，从城市给水排水工程规划对基础资料的基本要求出发，详细阐述了规划对城市基本信息（如地形图、环境水文地质与工程地质）的要求、水资源分析与评价、GIS 的基础知识以及在给水排水工程规划中的应用等。根据中国现代城市建设的需要、现代城市规划理论与给水排水工程技术的发展，本着可持续发展的原则，根据一般城市给水排水工程规划的程序，从规划任务、规划原则和规划内容几个方面对城市给水工程规划、排水工程规划、再生水系统工程规划、防洪排涝工程规划和区域给水排水工程规划进行了详细论述。结合规划设计实践，给出了城市给水排水工程总体规划、分区规划、详细规划等阶段的设计实例和示范规划设计过程，有助于读者更好地理解、掌握、运用城市给水排水工程规划的专业知识、技术程序和操作方法。

　　本书注重工程规划设计的特点，结合给水排水工程规划的基本要求，突出理论的系统性和先进性，力求理论和实践有机结合，系统明确、程序连贯、内容翔实丰富、图文并茂，示范性和实用性强，极具参考应用价值。可作为在校生教科书及教师教学指导用书，也可以作为规划设计、规划环境评价人员参考用书。

　　本书内容共 13 章，参加编写人员有：嘉兴学院戚玉丽（第 3、4 章部分内容），西安建筑科技大学张荔（第 5、6 章），中国市政工程中南设计研究院沈文（第 7、13 章部分内容），西安建筑科技大学高必征（第 8、9 章部分内容）。

　　本书由西安建筑科技大学熊家晴主编，中国市政工程中南设计研究院沈月明主审。

　　本书涉及内容广泛且编者水平有限，时间紧迫，错误和不足之处在所难免，恳请读者批评指正。

目　录

第 1 章 概　述

1.1　城市规划基本含义

城市规划（urban planning）指预测城市的发展并管理各项资源以适应其发展的具体方法或过程，以指导已建环境的设计与开发。传统的城市规划多注意城市地区的实体特征，而现代城市规划则试图研究各种经济、社会和环境因素的相互关系，并制订能反映这种连续相互作用的规划。城市规划通常包括总体规划和详细规划两个阶段。在一些大中城市，总体规划和详细规划之间有时还增加城市分区规划，此外还有根据特定对象进行的其他性质的规划。

（1）总体规划（comprehensive planning）

指综合性的城市规划。是确定一个城市的性质、规模、发展方向以及制订城市中各类建设的总体布局的全面环境安排的城市规划。总体规划包括选定规划定额指标、制订城市远、近期目标及其实施步骤和措施等工作。

（2）分区规划（city district planning）

在城市总体规划的基础上，对局部地区的土地利用、人口分布、公共设施、城市基础设施的配置等方面所作的进一步安排。在中国，指根据已编制的城市总体规划所做的市内各局部地区的规划。各区按不同的功能和性质，有各自相对独立的规划。

（3）详细规划（detailed planning ）

以城市总体规划或分区规划为依据，对一定时期内城市局部地区的土地利用、空间环境、各项建设用地和各种基础设施所作的具体安排。在中国，是指按城市总体规划的要求对城市局部地区近期需要建设的房屋建筑、市政工程、园林绿化等作出具体布置的规划，为建筑设计提供依据。内容包括：选定技术经济指标，提出建筑空间处理要求，确定各项用地的控制性坐标、建筑物（构筑物）位置与标高、工程管线位置和标高等。城市详细规划又具体分为控制性详细规划和修建性详细规划。

1）控制性详细规划（regulatory planning）以城市总体规划或分区规划为依据，确定建设地区的土地使用性质和使用强度的控制指标、道路和工程管线控制性位置以及空间环境控制的规划要求；

2）修建性详细规划（constructive detailed planning）以城市总体规划、分区规划或控制性详细规划为依据，制订用以指导各项建筑和工程设施的设计和施工的规划设计。修建性详细规划可以由有关单位依据控制性详细规划及建设主管部门（城乡规划主管部门）提出的规划条件，委托城市规划编制单位编制。

（4）功能规划（functional planning ）

对某些领域（如运输、住房和水质）的需要或活动定出目标、政策和工作程序的规划，通常由政府制订。如我国要求各省、市、自治区、新疆建设兵团编制《城市饮用水供水设施改造和建设规划》、《全国重点镇供水设施改造和建设规划》、《南水北调工程节水规划》等。

（5）实体规划（physical planning）

为开发或改造一个地区而预先做出的设计，把现有一切自然和人为的物质条件纳入规划，加以全面考虑，包括基础设施、房屋建筑、最佳开发战略等。

（6）建设场地规划（site planning）

为某一地块的建设所准备的平面布置图、说明书及工程细节，包括对设施的位置、标高、市政设施、道路、人行道、停车场、绿化等细节的考虑。

（7）城市总体规划纲要（master planning outline）

确定城市总体规划的重大原则的纲领性文件，是编制城市总体规划的依据。

（8）近期建设规划（immediate plan）

在城市总体规划中，对短期内建设目标、发展布局和主要建设项目的实施所作的安排。

（9）城市规划管理（urban planning administration）

城市规划编制、审批和实施等管理工作的统称。

1.2　城市规划基本术语

了解和掌握城市规划一般术语，对于规划设计人员来说至关重要，其中有许多术语与给水排水工程规划息息相关，如果对这些名词的内涵和外延缺乏足够的理解，所作出的规划往往会脱离实际，出现较大的偏差。

1.2.1　城市与城市化

（1）城市/城镇（city/town）

要了解城市/城镇的概念，需要首先了解居民点（settlement）的概念。居民点是城市（城镇）的基本构成单元，是人类按照生产和生活需要而形成的集聚定居地点。按性质和人口规模，居民点分为城市和乡村两大类。城市/城镇是指以非农产业和非农业人口聚集为主要特征的居民点。城市/城镇包括按国家行政建制设立的市和镇。其中市（municipality、city）是指经国家批准设市建制的行政地域；镇（town）是指经国家批准设镇建制的行政地域。

（2）城市化（urbanization）

是指人类生产和生活方式由乡村型向城市型转化的历史过程，表现为乡村人口向城市人口转化以及城市不断发展和完善的过程，又称城镇化、都市化。在这个过程中，人们常常提到一个概念就是城市化水平（urbanization level），它是衡量城市化发展程度的数量指标，一般用一定地域内城市人口占总人口比例来表示。

（3）城镇体系（urban system）

指一定区域内在经济、社会和空间发展上具有有机联系的城市群体（agglomeration）。城市群指一定地域内城市分布较为密集的地区。与城市群相对应的一个概念就是卫星城——卫星城镇（satellite town）是指在大城市市区外围兴建的、与市区既有一定距离又相互间密切联系的城市。

（4）城市性质（designated function of a city）

在中国城市的总体规划中，根据城市的形成与发展的主导因素确定它在国家和地区的政治、经济、文化中的地位和作用。

（5）城市规划区（urban planning area）

城市市区、近郊区以及城市行政区域内其他因城市建设和发展需要实行规划控制的区域。

（6）城市建成区（urban built-up area）

城市行政区内实际已成片开发建设，市政公用设施和公共设施基本具备的地区。

（7）开发区（development area）

由国务院和省级人民政府确定设立的实行国家特定优惠政策的各类开发建设地区的统称。

（8）旧城改造（urban redevelopment）

对城市旧区进行的调整城市结构、优化城市用地布局、改善和更新基础设施、整治城市环境、保护城市历史风貌等的建设活动。

（9）城市基础设施（urban infrastructure）

城市生存和发展所必须具备的工程性基础设施和社会性基础设施的总称。

1.2.2 城市规划编制

（1）发展战略

1）城市发展战略（strategy for urban development）

对城市经济、社会、环境的发展所作的全局性、长远性和纲领性的谋划。

2）城市职能（urban function）

城市在一定地域内的经济、社会发展中所发挥的作用和承担的分工。

3）城市规模（city size）

以城市人口和城市用地总量所表示的城市的大小。

4）城市发展方向（direction for urban development）

城市各项建设规模扩大所引起的城市空间地域扩展的主要方向。

5）城市发展目标（goal for urban development）

在城市发展战略和城市规划中所拟定的一定时期内城市经济、社会、环境的发展所应达到的目的和指标。

（2）城市人口

1）城市人口结构（urban population structure）

一定时期内城市人口按照性别、年龄、家庭、职业、文化、民族等因素的构成状况。

2）城市人口年龄构成（age composition）

一定时期内城市人口按年龄的自然顺序排列的数列所反映的年龄状况，以年龄的基本特征划分的各年龄组人数占总人口的比例表示。

3）城市人口增长（urban population growth）

城市人口增长是指在一定时期内由于出生、死亡和迁入、迁出等因素的消长，导致城市人口数量增加或减少的变动现象。这里有几个相关概念需要了解：城市人口增长率（urban population growth rate）：一年内城市人口增长的绝对数量与同期该城市年平均总人口数之比；城市人口自然增长率（natural growth rate）：一年内城市人口因出生和死亡因素的消长，导致人口增减的绝对数量与同期该城市年平均总人口数之比；城市人口机械增长率（mechanical growth rate of population）：一年内城市人口因迁入和迁出因素的消长，导致人口增减的绝对数量与同期该城市年平均总人口数之比。

4）城市人口预测（urban population forecast）

对未来一定时期内城市人口数量和人口构成的发展趋势所进行的测算。

（3）城市用地

1）城市用地（urban land）

按城市中土地使用的主要性质划分的居住用地、公共设施用地、工业用地、仓储用地、对外交通用地、道路广场用地、市政公用设施用地、绿地、特殊用地、水域和其他用地的统称。城市用地分类见表1-1。

城 市 用 地 分 类　　　　　　　　表 1-1

城市用地性质	概　　念
居住用地（residential land）	城市中住宅及相当于居住小区及小区级以下的公共服务设施、道路和绿地等设施的建设用地
公共设施用地（public facili-ties）	城市中为社会服务的行政、经济、文化、教育、卫生、体育、科研及设计等机构或设施的建设用地
工业用地（industrial land）	城市中工矿企业的生产车间、库房、堆场、构筑物及其附属设施（包括其专用的铁路、码头和道路等）的建设用地
仓储用地（warehouse land）	城市中仓储企业的库房、堆场和包装加工车间及其附属设施的建设用地
对外交通用地（intercity trans-portation land）	城市对外联系的铁路、公路、管道运输设施、港口、机场及其附属设施的建设用地
道路广场用地（roads and squares）	城市中道路、广场和公共停车场等设施的建设用地
市政公用设施用地（municipal utilities）	城市中为生活及生产服务的各项基础设施的建设用地，包括：供应设施、交通设施、邮电设施、环境卫生设施、施工与维修设施、殡葬设施及其他市政公用设施的建设用地
绿地（green space）	城市中专门用以改善生态、保护环境、为居民提供游憩场地和美化景观的绿化用地
特殊用地（specially-designated land）	城市中军事用地、外事用地及保安用地等特殊性质的用地
水域和其他用地（waters and miscellaneous）	城市范围内包括耕地、园地、林地、牧草地、村镇建设用地、露天矿用地和弃置地，以及江、河、湖、海、水库、苇地、滩涂和渠道等常年有水或季节性有水的全部水域
保留地（reserved land）	城市中留待未来开发建设的或禁止开发的规划控制用地

2）城市用地评价（urban landuse evaluation）

根据城市发展的要求，对可能作为城市建设用地的自然条件和开发的区位条件所进行的工程评估及技术经济评价。

3）城市用地平衡（urban landuse balance）

根据城市建设用地标准和实际需要，对各类城市用地的数量和比例所作的调整和综合平衡。

(4) 城市总体布局

1) 城市结构 (urban structure)

构成城市经济、社会、环境发展的主要要素，在一定时间内形成的相互关联、相互影响与相互制约的关系。

2) 城市功能分区 (functional districts)

将城市中各种物质要素，如住宅、工厂、公共设施、道路、绿地等按不同功能进行分区布置组成一个相互联系的有机整体。

3) 工业区 (industrial district)

城市中工业企业比较集中的地区。

4) 居住区 (residential district)

城市中由城市主要道路或片段分界线所围合，设有与其居住人口规模相应的、较完善的、能满足该区居民物质与文化生活所需的公共服务设施的相对独立的居住生活聚居地区。

5) 商业区 (commercial district)

城市中市级或区级商业设施比较集中的地区。

6) 文教区 (institutes and colleges district)

城市中大专院校及科研机构比较集中的地区。

7) 中心商务区〔central business district（CBD）〕

大城市中金融、贸易、信息和商务办公活动高度集中，并附有购物、文娱、服务等配套设施的城市中综合经济活动的核心地区。

8) 仓储区 (warehouse district)

城市中为储藏城市生活或生产资料而比较集中布置仓库、储料棚或储存场地的独立地区或地段。

9) 综合区 (mixed-use district)

城市中根据规划可以兼容多种不同使用功能的地区。

10) 风景区 (scenic zone)

城市范围内自然景物、人文景物比较集中，以自然景物为主体，环境优美，具有一定规模，可供人们游览、休息的地区。

11) 市中心 (civic center)

城市中重要市级公共设施比较集中、人群流动频繁的公共活动地段。

12) 副中心 (sub-civic center)

城市中为分散市中心活动强度的、辅助性的次于市中心的市级公共活动中心。

(5) 居住区规划

居住区规划 (residential district planning) 是对城市居住区的住宅、公共设施、公共绿地、室外环境、道路交通和市政公用设施所进行的综合性具体安排。

1) 居住小区 (residential quarter)

城市中由居住区级道路或自然分界线所围合，以居民基本生活活动不穿越城市主要交通线为原则，并设有与其居住人口规模相应的、满足该区居民基本的物质与文化生活所需的公共服务设施的居住生活聚居地区。

2）居住组团（housing cluster）

城市中一般被小区道路分隔，设有与其居住人口规模相应的、居民所需的基层公共服务设施的居住生活聚居地。

（6）城市绿地系统

城市绿化（urban afforestation）是城市中栽种植物和利用自然条件以改善城市生态，保护环境，为居民提供游憩场地和美化城市景观的活动。城市绿地系统（urban green space system）是指城市中各种类型和规模的绿化用地组成的整体，一般分为如下几类：

1）公共绿地（public green space）

城市中向公众开放的绿化用地，包括其范围内的水域。

2）公园（park）

城市中具有一定的用地范围和良好的绿化及一定服务设施，供群众游憩的公共绿地。

3）绿带（green belt）

在城市组团之间、城市周围或相邻城市之间设置的用以控制城市扩展的绿色开敞空间。

4）专用绿地（specified green space）

城市中行政、经济、文化、教育、卫生、体育、科研、设计等机构或设施，以及工厂和部队驻地范围内的绿化用地。

5）防护绿地（green buffer）

城市中具有卫生、隔离和安全防护功能的林带及绿化用地。

（7）竖向规划和工程管线综合

1）竖向规划（vertical planning）

城市开发建设地区（或地段）为满足道路交通、地面排水、建筑布置和城市景观等方面的综合要求，对自然地形进行利用、改造、确定坡度、控制高程和平衡土方等而进行的规划设计。

2）城市工程管线综合（integrated design for utilities pipelines）

统筹安排城市建设地区各类工程管线的空间位置，综合协调工程管线之间以及与城市其他各项工程之间的矛盾所进行的规划设计。

1.2.3 城市规划管理

（1）城市规划法规（legislation on urban planning）

按照国家立法程序所制定的关于城市规划编制、审批和实施管理的法律、行政法规、部门规章、地方法规和地方规章的总称。

（2）规划审批程序（procedure for approval of urban plan）

对已编制完成的城市规划，依据城市规划法规所实行的分级审批过程和要求。

（3）城市规划用地管理（urban planning land use administration）

根据城市规划法规和批准的城市规划，对城市规划区内建设项目用地的选址、定点和范围的划定，总平面审查，核发建设用地规划许可证等各项管理工作的总称。

（4）选址意见书（permission notes for location）

城市规划行政主管部门依法核发的有关建设项目的选址和布局的法律凭证。

（5）建设用地规划许可证（land use permit）

经城市规划行政主管部门依法确认其建设项目位置和用地范围的法律凭证。

（6）城市规划建设管理（urban planning and development control）

根据城市规划法规和批准的城市规划，对城市规划区内的各项建设活动所实行的审查、监督检查以及违法建设行为的查处等各项管理工作的统称。

（7）建设工程规划许可证（building permit）

城市规划行政主管部门依法核发的有关建设工程的法律凭证。

（8）建筑面积密度（total floor space per hectare plot）

每公顷建筑用地上容纳的建筑物的总建筑面积。

（9）容积率（plot ratio，floor area ratio）

一定地块内，总建筑面积与建筑用地面积的比值。

（10）建筑密度（building density，building coverage）

一定地块内所有建筑物的基底总面积占用地面积的比例。

（11）道路红线（boundary lines of roads）

规划的城市道路路幅的边界线。

（12）建筑红线（building line）

城市道路两侧控制沿街建筑物或构筑物（如外墙、台阶等）靠临街面的界线。又称建筑控制线。

（13）人口毛密度（residential density）

单位居住用地上居住的人口数量。

（14）人口净密度（net residential density）

单位住宅用地上居住的人口数量。

（15）建筑间距（building interval）

两栋建筑物或构筑物外墙之间的水平距离。

（16）城市道路面积率（urban road area ratio）

城市一定地区内，城市道路用地总面积占该地区总面积的比例。

（17）绿地率（greening rate）

城市一定地区内各类绿化用地总面积占该地区总面积的比例。

1.3 城市规划的特征与任务

城市规划首先是一门综合性很强的跨专业学科。它涵盖政治、经济、地理信息、建筑工程、建筑设计、城市景观设计、环境科学与工程和管理工程等诸多要素。城市规划的根本目的是发展经济、改善人民生活并保护环境。城市规划总的来说是通过各种手段的控制、调节，使社会和国民经济协调稳定的发展，并用行政、法律的手段来保证这种发展。城市规划在城市建设中起着"龙头"作用，这是由城市规划的特性及其在城市建设中的地位决定的。

1.3.1 城市规划的基本特征

（1）城市规划的综合性

城市规划是国家和人民根本利益的体现，具有很强的综合性。它不仅要解决单项工程建设的合理性问题，而且还要解决各个单项工程之间相互关系的合理性问题。要运用综合的、全局的观点正确处理城市与乡村、生产与生活、局部与整体、近期与远期、地上与地下、平时与战时、经济建设与环境保护等一系列关系，处理经济、社会、环境效益问题，进行多方案比较、可行性研究和科学论证，筛选出合理可行的最佳城市建设和社会发展方案。

（2）城市规划的政策性

城市规划是城市政府根据城市经济、社会发展目标和客观规律对城市发展建设所作出的综合部署和统筹安排，是城市各项土地利用和建设必须遵循的指导性文件，具有很强的政策性。它表明政府对特定地区建设和发展所要采取的行动，也是国家对城市发展进行宏观调控的手段之一。它一方面提供城市社会发展的保障措施；另一方面又以政府干预的方式克服市场的消极因素，并将规划政策告知公众，实现全社会对国家政策和规划策略的认同。批准的城市规划具有法律效力，而且城市规划的制定与实施受法律保护，它是城市人民政府及其规划行政主管部门依法行政、依法办事、依法治城的依据和准则。是否按城市规划的要求进行建设，是区别合法与违法的界限。在市场经济条件下，由于建设项目投资的多元化、多样化，单靠计划来进行宏观调控往往存在困难，因此，城市政府对于各项建设发展实行宏观调控和有效调节往往通过城市规划的审批管理来实现，以城市规划来对城市各项发展建设项目进行引导、制约、调节，克服市场经济发展过程中建设项目出现的盲目性、利己性以及单纯追求经济效益与眼前利益的倾向和行为。

（3）城市规划的前瞻性

城市规划既要解决城市当前建设中的问题，做好各项基本建设的前期调查研究和可行性论证，又要考虑城市的长远发展需要，超前研究建设中即将出现的一些重大问题，并对城市建设加以引导和控制，保持城市发展的整体性，具有很强的前瞻性。城市规划是城市发展建设和管理的"龙头"，城市的发展建设和管理的好坏在很大程度上取决于规划的优劣和执行的力度。

1.3.2 城市规划的主要任务

（1）查明城市区域范围内的自然条件、自然资源、经济地理条件、城市建设条件、现有经济基础和历史发展的特点，确定本城市在区域中的地位和作用；

（2）确定城市性质、规模及长远发展方向，拟定城市发展的合理规模和各项技术经济指标；

（3）选择城市各项功能组成部分的建设用地，并进行合理组织和布局，确定城市规划空间结构；

（4）拟定旧城改建的原则、方式、步骤及有关政策；

（5）拟定城市布局和城市设计方案以保持城市特色；

（6）确定各项城市基础设施的规划原则和工程规划方案；

（7）与城市国民经济计划部门相结合，安排近期城市的各项建设项目。

1.4 城市给水排水工程规划的地位与作用

给水排水工程是城市基础设施的一个组成部分，为保障人民生活和工业生产，城市必须具有完善的给水和排水系统。经过30多年改革开放的发展和积累，我国已处于城市化高速增长期，2000年全国平均城市化35％，2010年将达到45％，每年增长一个百分点，高速城市化伴随着城市实体的快速发展和拓展。给水排水工程作为城市经济和城市空间实体赖以存在和发展的支撑条件之一，其设施的建设水平是城市的现代化水平标志之一。给水排水工程规划是对城市的水源、供水、用水、排水、污水处理等各要素进行综合布置、设计和管理、优化水资源的配置，科学的规划可以促进城市给水排水系统的良性循环和城市的可持续发展，而科学合理的规划取决于高起点的统一的规划编制办法和要求。

城市给水排水工程规划是城市规划的有机组成部分，它的作用主要体现在以下几个方面。

（1）龙头作用

城市给水排水工程规划是城市给水排水工程设施发展建设和管理的基本依据，因此，做好城市给水排水工程规划工作，充分发挥城市给水排水工程规划的龙头作用，是搞好城市给水排水工程建设和管理的关键。随着经营城市新理念、新机制的建立，根据"谁投资、谁经营、谁受益、谁承担风险"的原则，在科学评估的基础上，除国家法律、法规明确规定外，各地对供水、排水、污水处理等设施的建设经营向社会公开招标选择投资和经营主体。城市给水排水等市政公用基础设施建设越来越走向市场化，多渠道筹集给水排水设施建设资金，实行给水排水产品和服务有偿使用已越来越广泛。在投资主体多元化的情况下，为使城市给水排水设施建设科学合理、有序地进行，给水排水工程规划的重要性就愈来愈突出。

（2）优化作用

综合考虑各种关系进行多方案比较、可行性研究和科学论证，筛选出合理可行的最佳方案，是城市规划的本质体现和显著特征。良好的水环境不是局部地域的，它的范围是整个流域乃至全球。在当前水资源短缺和水污染严重的情况下，通过合理配置和优化给水排水工程设施建设，将有助于恢复水的健康循环和良好水环境，维系水资源可持续利用。随着城市化进程的加快，城市快速发展，旧城改造提上了议事日程。每个城市的旧城都经历了几百年乃至上千年的发展历史，市政基础设施在各个时期的建设水平和要求各不相同，形成了一个水平各异，新旧交替复杂的庞大系统。各个历史时期的给水排水管网相互掺杂，加之市政管线的隐蔽性使得给水排水设施的改造成为旧城改造中最难办的事情之一。对于旧城改造中的给水排水工程，改造的核心就是通过对旧城给水排水设施的合理改造，使旧城相对落后的给水排水设施与新区相对合理先进的给水排水设施相适应、相匹配，实现新旧城给水排水工程设施一体化，这就使得给水排水工程规划在旧城改造规划中的地位和作用更为突出。

（3）管理作用

许多城市在道路、管线等市政工程设施建设中，由于缺乏统一规划导致建设和管理中出现许多矛盾和问题，如：频繁的管道埋设，反复挖填，造成巨大的人力、物力和财力的浪费，而且影响城市形象和交通，给城市居民生活带来诸多不便和安全隐患。为此，合理的市政工程规划使城市建设与管理工作有章可循，对城市建设与管理具有促进作用，给水排水工程作为市政工程建设的主要内容，必须加以认真规划。

（4）指导作用

随着城市化进程加快，城市快速发展，各地各方面越来越重视规划的龙头作用，城市规划编制工作积极性很高，编制规划的主体除城市规划行政主管部门，也有开发区、开发商加入其中，他们主要是编制一些小型的修建性详细规划。因规划编制工作多是根据建设需要进行的，因此，一些城市出现了插花式的不连续的规划区域。同时由于规划编制单位、编制时段的不同，加之缺乏上一层次的市政工程规划作指导，就出现了这些分散地块规划中的市政工程规划，缺乏系统性和整体性，因此，需要城市市政工程总体规划、分区规划和详细规划来加以整合，使之具有系统性和整体性。

第2章 现代城市给水排水工程规划原理

2.1 城市给水排水系统分析

2.1.1 城市给水排水系统的基本内涵

城市水资源作为城市生产和生活的最基础的资源之一，除了它固有的本质属性外，还具有环境属性、社会和经济属性。水的环境属性源于其本身就是环境的重要组成部分，它决定了水在自然环境中的特殊地位以及水的质量和状态受环境影响的必然性；水的社会属性决定了水资源的功能，主要体现在水的被开发利用上，而开发利用的行为方式又取决于社会对水的需求程度和认识水平；水的经济属性是水资源稀缺性的体现，它是由水的社会属性衍生出来的，社会的需求是产生水经济价值的根源，水的功能和价值只有通过开发利用和保护这一系列社会活动才能得以实现。因此，水资源的功能和价值的实现过程实际上就是水资源的开发利用和保护过程。由此可见，城市给水排水系统就是在一定地域空间内，以城市水资源为主体，以水资源的开发利用和保护为目的并与自然因素和社会环境密切相关且随时空变化的动态系统。从这个意义上说，城市给水排水系统的内涵已经远远超出了通常所说的"水资源系统"或"水源系统"的范畴，这个系统不仅包含了相关的自然因素，还融入了社会经济、甚至是政治等许多社会因素。

从系统内部而言，它是一个由各种相互影响、相互制约结合而成的要素和系统组成的有机整体。系统的各层次、各子系统之间和各要素之间是一种立体网络状的互相联系和互相渗透的关系。系统内外连续的、强大的、高效率的物质流和能量流的运动使系统功能得以充分发挥。城市水源、给水、排水、用水及中水等系统及各系统之间的相互联系要服从城市给水排水系统整体的功能和目的并根据逻辑统一性的要求展开。在城市给水排水整体系统中，即使某个局部系统并不很完善，它们也可能协调成为具有良好功能的系统。相反，即使每个系统都是良好的，但却不一定能构成完善的城市给水排水系统。因此，对城市给水排水系统的分析必须强调各个局部系统之间的有机联系，单独从某一环节着手并进行简单的串联叠加难以获得有价值的系统效果。

除了自身系统外，它还同城市其他的系统相互制约并结合成为整个城市系统。只有确保在城市这一复合系统中，水系统结构稳定、功能完善、水资源量足质优、时空分布合理，社会经济和环境系统相互协调，才能实现整体功能最优和系统持久发展。因此，它既是自然系统、社会系统、经济系统的共同耦合结果，又是水质和水量的共同耦合结果。

水环境通过自然水文循环使整个大气圈内水量恒定不变，维持水量平衡。但是对于某个城市给水排水系统而言，水资源特别是淡水资源总量都是有限的，系统的输入会受到一定的限制和制约。首先，城市所处的地理纬度在很大程度上决定了城市水资源的拥有量，水资源的分布在地区和季节分布上很不均衡；其次，城市的淡水资源深受过境径流水量的制约。

在系统输出方面，清水经系统代谢循环后成为污水或废水。系统通过内部的排水系统进行控制，而控制的程度与好坏将直接对城市环境产生巨大影响。因此，用后废水的收集与处理是维系水系统健康循环的关键，水环境能否实现健康循环，对系统输出控制（包括污水量和污染物的负荷）将起到决定性的作用。

2.1.2　城市给水排水系统的基本要素

从城市给水排水系统的内涵中不难看出，城市给水排水系统是由城市的水源、供水、用水和排水 4 个子系统组成的，如图 2-1 所示。4 个子系统的相互联合构成了城市水资源开发利用和保护的一个循环系统，每个子系统都对这个循环系统起着一定的促进或制约作用。

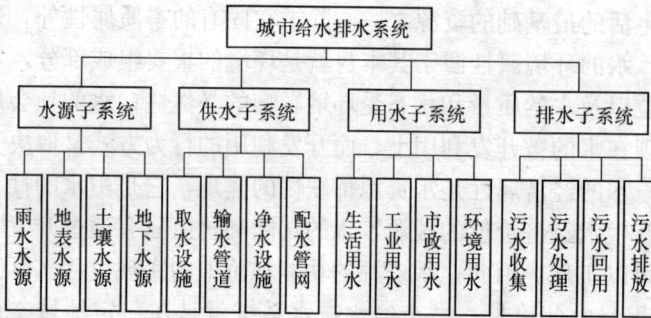

图 2-1　城市给水排水系统基本要素

城市给水排水水系统具有明显的分层结构特征。系统和要素之间形成了一个由较高层次向较低层次分解的三级谱系结构。不同层次之间相互联系，相互制约；同一层内的各子系统或要素之间既有联系，又有矛盾和冲突，因而需要在上一层次系统中加以综合与协调，以保持系统的整体性和稳定性。例如，水源、供水、用水和排水 4 个子系统构成了水资源开发利用和保护的一个过程链，这个链的每个环节都是不可缺少的，彼此间相互影响、相互促进、相互制约。否则，水的功能和价值就得不到有效体现。如果其中某个链点出了问题，则需要在系统的最高层次上通过调整供需关系来达到子系统间的协调。

2.1.3　城市给水排水系统的功能特征

城市给水排水系统总体功能是满足城市的合理用水需求和保护水环境，即满足城市居民的生活和社会用水需求、城市发展的生产用水需求、城市景观和市政的环境用水需求和保证排水快速安全、保护水环境。根据系统论原理，系统的功能和结构是统一的，功能以结构为基础，也就是说结构决定功能。由于城市给水排水系统的结构是分层次的，其功能也应该是分层次的。在系统层次上城市水系统的总体功能是满足城市社会经济和自然环境的用水需求，即生活、生产、生态等用水需求。考虑到城市水源是自然环境的重要组成部分，也可以将城市水系统的功能表述为：在一定的约束条件下，最大限度地满足城市社会经济的合理用水需求。这里所指的约束条件有三层含义：一是不能破坏水资源量的补排平衡；二是不能破坏水资源的质量状态；三是不能破坏水资源环境。

水源子系统是水资源质与量的状态系统，是供水的源泉，其主要功能是为系统提供足够数量并符合一定质量标准的"源水"；供水子系统的功能是开发、输送和加工"源水"，使其成为符合一定标准的"商品水"，并将其送至各类用户；用水子系统的主要功能是消费"商品水"；排水子系统的主要功能是排放污水和净化污水。

除了以上基本功能外，随着人们对环境品质要求的提高以及对城市生态环境的重视，城市给水排水系统作为城市系统的重要的子系统已经成为城市建设的绿色生命线，能有效减弱城市"热岛效应",具有提供绿地、保护环境和开展旅游娱乐、文化教育等生态功能,对高品位生态城市的建设有重要的意义。

2.1.4 城市给水排水系统模式

水循环包括水的自然循环和社会循环,如图2-2所示。由于人们对自然水循环的影响力有限,主要是在社会循环方面加以考虑,这就决定了城市给水排水系统规划在水循环系统中具有十分重要的意义。

人们从自然水体取水,经过一定的处理用于人们的生产、生活,将污水收集并在城市排水管网主干管的终端建立城市污水处理厂集中处理后排放或再生回用,对于径流则主要采取管渠收集排入自然水体或污水处理厂。因此,城市给水排水系统主要采取的循环模式(取水——供水——排水——处理——排放),即取水经给水系统处理后供给用户系统,用户系统排放的污水经排水系统处理后回到水体,完成水循环的过程。因此,城市给水排水系统主要是向用户提供用水、排除雨水、污水,满足人类生产及生活所需的基础设施。

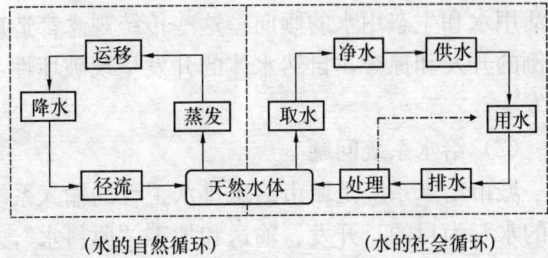

图 2-2　水循环模式

由于天然状态下的水循环系统在一定时期和一定区域内是动态平衡的,当天然水体被城市开发利用进入社会循环时,便组成了一个"从水源取清水"到"向天然水体排污水"的城市人工水循环系统即水的社会循环系统,于是原来水的平衡被打破。这个系统每循环一次,水量便可能消耗20%～30%,水质也会随之恶化,甚至变为污水,若将污水排入环境,又会进一步污染水源,从而陷入水量越用越少、水质越用越差的恶性水循环之中。这种循环模式无论是从理论上分析,还是从实践中观察,都是处于失控状态的,必须加以改变。而改变循环模式的关键措施之一便是加强对城市水系统的控制,主要控制手段就是进行合理的城市给水排水工程规划。

2.1.5 城市给水排水系统存在的问题

迄今为止,人们对水健康循环的重要性认识不足,肆意取水、任意排放,对水循环和水环境恢复的理论缺乏系统研究,水的循环系统被人为割裂,只是片面地对其中的某个环节进行研究和处理,缺乏系统、整体的观念,因而在政策、投资和管理等方面出现了偏差。这又进一步导致在水的社会循环中,取用水越来越难,加剧了水的供需矛盾,直接导致过度开采的恶果,使水的自然循环状况更加恶化。传统城市给水排水系统主要存在着以下问题:

(1)水源系统问题

城市水源系统包括各种自然和人工水体,是水资源质与量的状态系统,该子系统在水环境系统内部占据很重要的地位,它既是输入系统的原料产地,又在一定程度上可能成为输出系统的归宿。

传统的水源系统中自然水体中的水源地往往没有进行功能分区并专门设有水源涵养和保护措施。周边城镇污水汇入,流域内水土流失以及农药化肥的施用造成水源地污染;泥砂汇入造成的水源地淤积;水源地内的不合理养殖引起的水体富营养化;旅游资源的过度开发也对水源水质产生了巨大的负面影响。各种面源污染和点源污染得不到有效控制导致水体水质呈现恶化的状况,大部分都难以满足"城市集中供水水源取水标准"和"地表水环境质量Ⅱ类水标准"。

传统水资源开发利用方式是经济增长模式下的产物,它只顾眼前,不顾未来;只顾当代,不顾后代;只重视经济价值,不顾甚至不惜牺牲生态环境价值和社会价值。再加上长期按国民经济"农、轻、重"的排序来指导用水分配原则,为保护工业、农业而忽视城市生活用水和生态用水的倾向。这些传统观念都造成人类对整个自然界的水资源进行着史无前例的开发和掠夺,自然水体的开发呈现破坏性,地下水的过度开采引发了许多地质灾害的发生。

（2）给水系统问题

城市给水系统是城市给水排水工程的输入系统,它是以"充足、低价地向市民供给清洁的水"为目的,开发、输送和加工"原料水",使其成为符合一定标准的"商品水",并将其送至各类用户。

对于传统的给水系统,工程设施和建设速度往往赶不上发展的速度,工程设施配套不够,部分工程设施老化失修。而且,随着人们对用水水质的要求越来越高、政府资金投入不足,给水处理设施及处理工艺落后并且处理效果不佳的现象还普遍存在。另外,水质安全预警和保障体系根本没有建立,应对突发性事件的法律法规体系很不完备,有些地方的政府部门在缺乏相应法律依据的情况下,对供水应急指挥体系建设重视不够,对整个供水系统存在的安全隐患和薄弱环节评估也不够细致和全面。

（3）排水系统问题

城市排水系统是城市给水排水工程的输出系统,它的功能是及时排除雨水和污水,防止市区内涝并集中处理污水,达标排放,防止公共水域水质污染。该子系统具有两面性,它既是排放废弃用水的系统,又是废（污）水的处理再生系统;既是水源的破坏系统,又是潜在的水源、供水和用水的补充系统。

传统的模式一般是采用老城市中原有的污水、雨水合流制或新建城市中的污水、雨水分流制把部分生活污水与工业废水混合后收集起来,通过大规模的管网,输送到遥远郊区的城市污水处理厂进行终端集中处理,如图 2-3 所示,其他一部分的污水及雨水则直接排入自然水体中。该模式经历了从单一污染源治理、污染物浓度达标排放到区域综合防治、污染物总量控制阶段,水污染防治工作是在"点源治理、达标排放"、"三同时"和"谁污染、谁治理"的政策下进行的。因此,在雨污水排除方面,一方面,水的

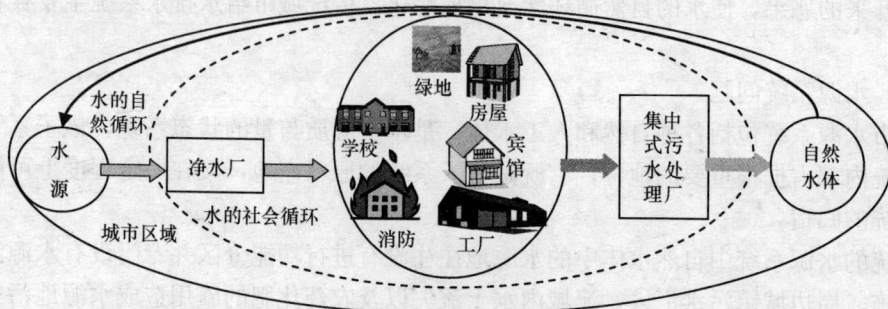

图 2-3　传统集中式给水排水处理系统

流动是单向的，随用随弃，造成很大的浪费；另一方面，由于现有的排水系统不完善或排水设施运行实际效果不好，造成城市污水处理率不高，将未加处理或未经妥善处理的污水排放至自然水体。

传统污水处理模式的观念和政策造成我国城市基础设施的发展与人口、资源、环境和城市建设失衡，这样直接导致基础设施长期超负荷承载，城市污水处理厂建设滞后。与国际上相比，在我国水资源十分紧缺的情况下，污水处理率却很低。据建设部提供的信息，截至 2005 年底，中国城市污水处理率已达 52％，其中 135 个城市的污水处理率已达到或接近 70％。但是，中国水污染防治的形势依然严峻，全国仍有 278 个城市没有建成污水处理厂，有 30 多个城市约 50 多座污水处理厂运行负荷率不足 30％，或者根本没有运行。

（4）用水系统问题

城市用水系统是指城市给水排水系统的内部运行过程，其主要的目的是为了满足人们生活、生产的需要。水系统在其内部实现功能的同时，除了会存在少量的水量损失外，一般都经历由清水——污水的变化过程。

传统的用水过程由于水资源管理粗放，农业区节水系统建设发展缓慢，工业用水重复利用率过低，使万元产值耗水量过大。在生活用水方面，不合理的水价政策导致人们普遍缺乏节水意识和高效、合理利用水资源的意识，肆意地破坏、浪费、挥霍极其宝贵而又有限的淡水资源，尤其是公共用水部门，如宾馆、学校、商业等。

（5）城市水环境相关的新问题

1）城市人工景观水体建设

城市人工水体的发展与城市社会经济发展水平有密切关系。由于我国经济发展相对比较落后，城市人工水体的整体开发及景观环境远远不能满足市民游憩及旅游发展的需要，而且人工水体常被作为最便捷的排污渠道，城市工业废水、生活污水及未处理雨水直接排入城市景观水体，造成许多水体水质恶化。

过度采伐、围湖造田、填阻水道等破坏性活动使水域的水土流失严重，危及原来完整的城市水系，广阔的水面萎缩。引发出一系列的生态问题：地表径流陡增、生态湿地被破坏、生态走廊被切断等。传统的人工景观水体（城市河流以及湖泊等）的建设模式中人工化程度也越来越高；裁弯取直、筑坝、加深河道、固化河岸等人类活动严重改变了天然河流的水文规律和河床地貌，破坏了河岸植被赖以生存的基础；缺乏渗透性的水泥护堤隔断了护堤土体与其上部空间的水汽交换和循环，水—土—植物—生物之间物质和能量循环系统被彻底破坏；原本丰富多样的生态环境被破坏殆尽，使滨水景观雷同化，缺乏地域特色。

2）城市建设改变了水环境的自然循环

随着城市化的迅速发展，城市人口与规模的不断扩大，城市给水排水系统规模不断扩大，远距离调水、大型城市污水处理厂等不断出现。这直接导致天然流域被开发、植被受破坏，硬质地面所占的比例变大，地下水的涵养量减少。水环境的自然循环不断地受到干扰，严重影响地下土壤和地下水与外界的交流和自我净化调节，并带来一定的环境生态问题。而且城市总径流系数增大，导致雨水的汇集、排出时间缩短，骤然形成陡涨陡落的洪水，会因城市排涝设施不足导致城市雨水排泄不畅，从而导致洪涝灾害发生的可能性变大。城市建设影响了有限的城市水资源的分布，可利用的淡水资源总量由于不能形成良性水循环而呈现出日益紧缺的发展态势。

3）城市给水产生的生态问题

基于现代城市生态建设的需要，生态用水和景观用水需求将大幅度增加，水资源利用程度将不断提高，供需矛盾逐渐突出，水资源的稀缺性将更加突出。另外，随着人们对水质要求的不断提高，原水水质的不断恶化，都对给水水质提出了更严格的要求。这样无论从水量还是水质上都对给水输入带来了越来越严峻的考验。另外，地下水的开采由于缺乏合理规划，往往呈现开采地段、层位、时间三集中的特点。过度开采地下水会引起区域性的地下水位大幅度下降、地面沉降、地裂缝等环境地质问题，地下水质也进一步恶化。

4）径流组织及收集问题

我国现有的城市排水系统中雨污水合流混排居多，降雨时管道溢流现象严重，大量未经处理的污水直排入自然水体，导致受纳水体水质恶化，严重影响市民生活和城市生态环境。新城区规划中普遍采用雨污水分流制，因缺乏对城市雨水收集及综合利用系统的研究和利用工程设施，雨水往往从屋顶经地面或直接从路面汇流入市政雨水管网和沟渠并白白地通过庞大的配套雨水排放系统（雨水管道、泵站等）排至城市内外的自然水体；污水排放和处理方面，各城市大量修建大规模集中式污水处理厂，老城区的合流污水和新建区的分流制污水都通过大规模的排水管网，集中输送到郊区的污水处理厂。随着城市规模的不断扩大，雨水排除管网系统规模越来越大，排水管网不断延伸，管径越来越大，需要不断新建和改造排水管网。

5）城市中自然及人工水体的生态问题

由于城市工业废水、生活污水及未处理的雨水直接排入城市河流及湖泊水体，造成许多城市给水排水水质恶化，使水域的自然生态系统失衡，城市河湖等自然或人工水体不能发挥其应有的生态水利调节作用。许多城市河道污染严重、下游取用水困难，湖泊富营养化严重、藻类大量繁殖和腐烂，消耗水体中的溶解氧，向水体中释放有毒物质，导致水味腥臭，造成了城市湖泊环境生态系统的破坏和严重失衡甚至构成了严重的湖泊公害。使城市中原本漂亮的河流湖泊充满了臭水、污水；洪涝灾害频繁发生，强度也日益增加。而且这也使既充当水源又充当污水受纳水体的天然水体水质持续恶化，加剧了不断增长的水的需求与有限的水资源之间的矛盾，使生态环境受到破坏，直接威胁着人类的健康和生存条件。城市水体污染影响途径如图2-4所示。

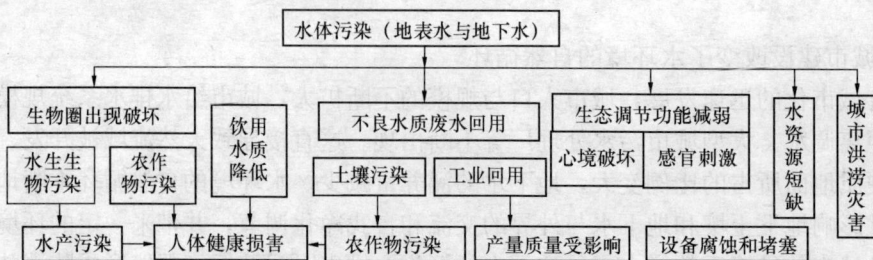

图2-4　城市水体污染影响途径

2.2 城市给水排水系统控制原理

2.2.1 城市给水排水系统的反馈机制

目标、信息和反馈是城市给水排水系统控制的三个重要依据。目标是控制行为的指南，信息是实施控制的基础，反馈是实现控制的手段。城市给水排水系统的控制目标是调整水系统的循环模式，即尽可能减少循环过程中的水量消耗和水质恶化，引导给水排水系统逐步进入良性循环状态。城市给水排水系统的信息是指水量、水质、水价以及利用率、漏失率、处理率等反映系统状态的参数或指标。城市给水排水系统的反馈是一个不断根据信息修正误差的过程，其反馈机制是一个闭合回路，如图 2-5 所示。在施行控制的过程中，围绕既定目标，每输入一个指令（或决策），各个子系统都应能及时得到信息的反馈，而这样的信息反馈正是施行下一步控制作用的依据。举例来说，如果某个指令是地下水资源的开采量（P_1），那么经过系统的一个循环周期以后，至少有三个信息会得到反馈，那就是实际发生的供水量（P_2）、用水量（P_3）和排水量（P_4）三个参数。P_1、P_2、P_3、P_4 之间的不同比例关系隐含着不同的利用率、漏失率等反映系统优劣状态的重要信息。同理，与水质相关的信息也会得到反馈。这些信息将提示我们下一步控制的对象和重点。

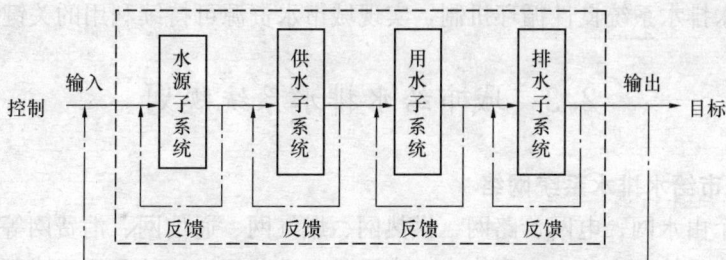

图 2-5 城市给水排水系统反馈机制

2.2.2 城市给水排水系统的规划控制模式

新中国成立 60 年来，伴随城市化进程在不同历史阶段的变化特征，我国城市水资源的开发利用战略先后经历了"以需定供，单纯开源"、"开源为主，提倡节水"、"开源与节流并重"和"开源、节流与治污并重"等多次调整。随着城市化进程的加快，水资源的供需矛盾将进一步加剧，水环境保护的难度也将进一步加大。为了改良城市给水排水系统，在城市规划中必须坚持"节流优先、治污为本、多渠道开源"的城市水资源可持续利用战略。

(1) 开源模式

开源模式如图 2-6 (a) 所示。在城市给水排水系统中多渠道开源可以避免长距离引水，节省投资并减低给水工程门槛。传统给水水源主要是地表水（江河、湖泊）和地下水。多渠道开源包括雨水的收集利用、污水的再生利用等。雨水的收集利用不仅可以增加供水，节省排水系统工程费用，同时对城市生态环境的改善具有重要作用；污水的再生利用相当于增加系统的供水能力和可用水量，同时也能减少取用水量及排水量。

(2) 节流模式

节流模式如图 2-6 (b) 所示。在城市给水排水系统中强化节流不仅可减少取水量和污水排放量，还能减少供水、排水和污水处理设施的投资，进而降低企业的综合成本和消费者的水费支出。

（3）治污模式

治污模式如图 2-6（c）所示。在城市给水排水系统中强化治污可削减污染物，改善排水质量，有助于遏制水环境污染，保护水源水质。

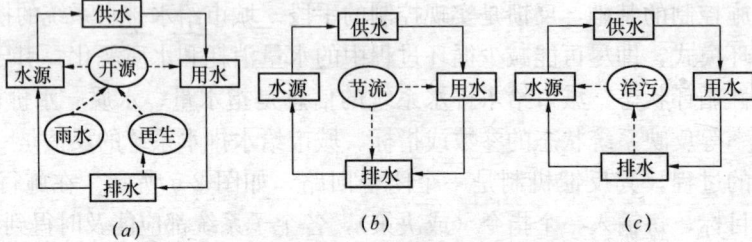

图 2-6　城市给水排水系统规划控制模式
(a) 开源模式；(b) 节流模式；(c) 治污模式

以上三种控制模式，虽然方法不尽相同，但都有助于促进城市给水排水系统的良性循环。因此，规划中加强开源节流和治污内容，重视雨水、中水等非传统水资源的利用，是建立城市给水排水系统良性循环机制，实现城市水资源可持续利用的关键。

2.3　城市给水排水系统规划

2.3.1　城市给水排水系统网络

城市是一个由水网、电网、路网、供热网、燃气网、通信网、消费网等许许多多小网络构成的大网络系统。在这个大网络中，水网是市政公用设施的重要组成部分，对城市的经济发展、社会稳定和环境改善起着至关重要的作用。它不是孤立存在的，而是与其他许多网络相互交织、相互促进和相互制约的，如水网服务于消费网，却依赖于电网，也常常受制于路网，相关的网络间需要协调。否则，便可能存在安全隐患，或出现管线冲突现象，进而导致市政工程建设的重复、返工、浪费等后果。城市水网是城市大网络系统中不可分割的有机组成部分，应将其纳入城市大网络系统，统一规划、统一建设、统一管理。

城市给水排水系统网络通常由地表水网、地下水网、供水网络、排水网络、中水网络等组成。

（1）地表水网由河道、水渠、湖泊、水库和池塘等有形介质和水体组成，也就是地表水系。由于受区域的自然、气候和环境条件的影响，不同城市地表水网的发育程度差异很大，如华北和西北地区的多数城市发育较差，而南方地区的许多城市则水网密布。

（2）地下水网由有形的地下水井群和无形的地下水渗流场构成。地下水网不仅是许多城市（尤其是北方城市）的主要供水水源和供水设施，而且也是影响城市地基稳定和市政基础设施安全的重要因素，如西安等城市出现地裂缝和地面沉降等问题就与地下水网被破坏有关。

（3）供水网络由取水口、输水管道、给水厂、给水泵站、配水管道和户内给水管道等组成。供水网络遍布城市各地，进入千家万户，这是一张与其他市政基础设施关系最为密切，政府和市民也最为关注的公共网络，也可以说是城市的"命脉"。

（4）排水网络由市政和企业的排水管道、户内排水管道、排水泵站和污水处理厂等构成。排水网络是城市生活污水和工业废水的排泄和净化系统，其总体覆盖范围与供水网络相似。

（5）中水网络由废水或污水再生处理厂（站）和回用水管道或中水道组成。目前主要有两类系统，一类是建设在居民小区、宾馆饭店或工厂企业内部的局部循环系统，通常叫中水系统；另一类是在城市集中式污水处理厂基础上建设的城市污水再生利用系统，目前尚处于试点和示范阶段。

2.3.2　加强城市给水排水系统规划的必要性

在当前形式下，我国城市水资源的开发利用和保护出现了一些新情况。如有些城市因水源污染而被迫在给水厂前端设置污水处理设施对原水进行预处理；有些城市因缺水，需对污水处理厂的出水进行深度处理后回用。在这些情况下，给水工艺和污水处理工艺相互交织，城市水源、供水、用水、排水等子系统之间的关系变得越来越密切，相互间的制约作用也越来越明显，客观上需要从系统总体规划的层面上加强协调与整合。

在一些城市的总体规划中，给水工程、排水工程、水资源保护等专业规划往往流于形式，各专业规划之间缺乏有机联系，出现重供水轻排水、重水量轻水质、重水厂轻管网和重地上轻地下等急功近利的倾向。在很大程度上与缺乏高质量系统规划的指导和约束有关，常常出现许多不协调现象。

（1）城市的水系统基础设施整体上严重滞后于城市的发展，而局部又过于超前，造成大量资金的积压，资源得不到合理配置和有效利用。如供水设施能力过于超前，设施利用率较低，不仅浪费资源，还限制了再生水的利用。

（2）污水处理厂过于集中在城市下游，增加了再生水利用的难度。

（3）排水及污水处理设施建设严重滞后，且厂网建设不配套，城市排水不畅，污水处理设施得不到有效利用。

（4）某些城市在水资源的开发利用和保护上，宁愿斥巨资开发新水源，甚至是不惜代价实施跨流域远距离调水，也不愿将精力和资金投入污水处理及污水再生利用上，不仅造成了新水源工程的闲置浪费，还在一定程度上助长了多用水、多排水的行为，既浪费了水资源，又加剧了水环境的恶化。

总之，现行规划中的种种不协调因素已对我国城市水环境造成了严重危害，加强给排水系统规划是施行城市给水排水系统有效控制的重要手段。

2.3.3　城市给水排水系统规划与城市规划相互协调

城市给水排水系统既是城市大系统的一个重要组成部分，又是区域水资源系统的一个子系统。因此，城市给水排水系统规划要与城市规划和区域水资源综合规划相协调，既要满足城市高质量、高保证率供水的需要，支持城市的发展，又要根据区域水资源的条件，对城市的发展提出调整和制约的要求。如果一个地区的水资源非常短缺，不能满足城市发展的需要，且采取一定措施后仍不能达到供需平衡，那么这个城市的发展就将受到刚性制约。缺水城市不宜发展耗水量大、污染严重的工业。水资源过分紧张的地区应调整产业结构，组成节水、高效和防渎职的产业体系。在水资源没有保证的地区，不能盲目发展城市或扩大城市规模。

城市给水排水系统的结构是分层的，城市给水排水系统规划也应有明确的层次，并与不同阶段的城市规划内容相适应。在城镇体系规划阶段，城市给水排水系统（控制）规划的主要任务是在宏观层面上，应做好区域水资源的供需平衡分析，合理选择水源，划定水源保护区；在城市总体规划阶段，给水排水系统（总体）规划的主要任务是研究城市规划区内的各类用水需求，优先满足生活用水，合理安排生产和生态用水，确定水源地、给水厂、污水处理厂及其管网设施的发展目标和总体布局；在城市详细规划阶段，给水排水系统（详细或专项）规划的主要任务是确定规划期内给水排水系统及其网络设施建设的规模、详细布局和运行管理方案。

鉴于当前我国的城市给水排水系统建设中普遍出现的规划不协调、建设不配套、管理不统一等问题，规划中要特别注意厂网配套和供水、排水及污水处理能力的协调增长。

2.3.4 城市给水排水系统规划的基本原则

（1）可持续原则

水资源利用是一个相对古老的命题，水资源的可持续利用则是近年来提出的新课题。水资源的可持续利用强调允许当代人满足其需求而不损害后代人满足其自身需求的可能性，水资源的可持续利用与水资源保护互为因果、互相促进。实现水资源的可持续利用，支撑和保障经济社会的可持续发展，是世界各国共同面临的紧迫任务，需要全世界各国政府和人民采取行动，从各个方面促进有效节约、保护、开发、管理和使用水资源，应对全球水资源短缺的挑战。规划过程中必须考虑水资源的承载能力，必须在掌握其特点和规律的基础上进行适度、可持续的开发和利用，兼顾经济发展和生态平衡。

（2）经济性原则

我国城市在发展过程中，资源占用与能源消耗过大，建设行为过于分散。要坚持适用、经济的原则，贯彻勤俭建国的方针，这对于中国这样的发展中国家来说尤为重要。规划过程中要科学合理地确定城市给水排水工程各项定额指标，对一些重大水环境问题和决策进行经济综合论证，切忌仓促拍板，造成不良后果。因此，在城市规划中要把集约建设放在首位考虑。

（3）前瞻性与可操作性统一原则

既要考虑当前实际，量力而行，使规划具有可操作性，又要考虑文明发展的长期目标，使规划具有前瞻性。

（4）安全性原则

规划中要考虑系统的安全性，包括供水安全性、排污治理安全性、生态安全性等方面的问题。供水系统要在一定时间一定范围内有足够的水质水量能满足要求，供水系统输送到用户要有一定的保证率，要考虑在重大环境地质灾害（如在地震、洪水、海啸、台风等）、人为破坏（污染、投毒等）的条件下保证最基本的生活用水，要有足够的备用水源和可靠的供水系统。排污治理需要评估故障时产生环境影响、生态灾难的可能性。

（5）整合原则

要坚持从实际出发，正确处理和协调各种关系的整合原则。应当使城市的发展规模、各项建设标准、定额指标等与国家和地方的经济技术发展水平相适应。要正确处理好城市局部建设和整体发展的辩证关系；正确处理好近期建设与远期发展的辩证关系。任何城市都有一个形成、发展、改造、更新的过程，城市的近期建设是远期发展的一个重要组成部分。因此，既要保持近期建设的相对完整，又要科学预测城市远景发展的需要，不能只顾眼前利益而忽视长远发展，要为远期发展留有余地。要处理好城市经济发展和环境建设的辩证关系。注意保护和改善城市生态环境，防止污染和其他公害；加强城市绿化建设和市容环境卫生建设；保护历史文化遗产、城市传统风貌、地方特色和自然景观。不能片面追求经济效益，而以污染环境、破坏生态平衡、影响城市发展为代价，避免重复"先污染，后治理"的老路，而要使城市的经济发展与环境建设同步进行。人与环境是相互依存的有机整体，保持人与自然相互协调，既是当代人类的共同责任，也是城市规划工作的基本原则。

2.4　城市给水排水系统生命周期评价

2.4.1　城市给水排水系统生命周期评价的意义

城市给水排水系统是支撑城市存在和发展的重要基础设施，是城市生态系统中重要的组成部分，健康的水系统是国家可持续发展的有利保障。城市给水排水工程规划最根本的目的就是实现城市给水排水系统的可持续发展。目前，对于城市给水排水工程的评价往往集中在水量和水质等表观指标上，使人们很难从可持续发展的本质问题上寻找解决的途径和方法，规划中缺乏综合量化指标来衡量城市给水排水工程规划的合理性。生命周期评价（Life cycle assessment，简称 LCA）作为一种具有广泛应用的产品环境特征分析和决策支持工具，应用于城市给水排水系统，将综合预防污染和节约资源的战略用于整个城市给水排水工程规划建设过程中，可以开发出更为生态、经济和可持续发展的水环境代谢体系。LCA 作为一种有效的信息评价工具，被广泛地应用到各种决策和战略规划中。其分析结果能为城市生态环境建设提供宏观决策依据，为城市建设及水资源的合理配置提出建议。

2.4.2　城市给水排水系统 LCA 流程

根据生命周期评价理论框架，城市给水排水系统 LCA 分析流程由几个步骤组成，如图2-7 所示。

在进行城市给水排水系统 LCA 评价时，首先应明确地表述评价的目标和范围，整个评价的目标定义是起点。

图 2-7　城市给水排水系统 LCA 流程

其次，必须确定系统分析的边界。城市给水排水系统的生命周期（LC）过程由若干过程构成，如图 2-8 所示。图中，区域 1a 为给水部分，即从水源到收集到给水处理再到输送至用户。区域 1b 为污水处理回用部分，即从污水收集到污水处理厂的各级处理，包括污泥处理和深度处理。区域 2 为整个给水排水系统过程，即从水源至给水处理、用户使用、污水收集、污水处理、再生回用、最终达标水再排至流域。区域 3 为城市给水排水系统及周围的环境，包括区域 2 以及城市给水排水系统过程中所产生的可利用资源的使用，如沼气利用、污泥的再利用。根据研究的目标定义、评价的广度与深度，一般以完整的城市给水排水系统为系统边界，即从水源地至给水处理、用户使用、污水收集、污水处理、再生回用和最终达

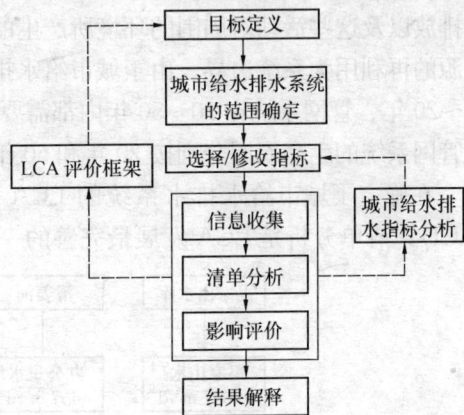

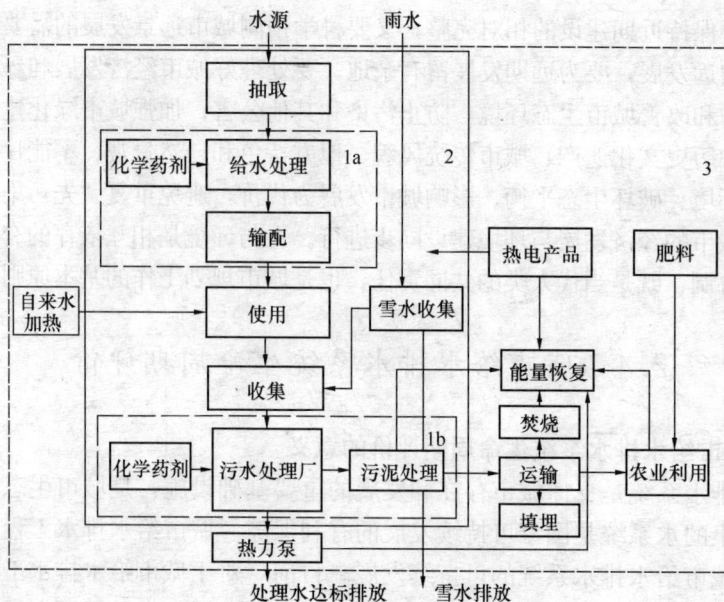

图 2-8　城市给水排水系统边界分析

1a—给水处理；1b—污水处理；2—城市水资源的人工处理、利用及处置；
3—城市给水排水系统的边界范围

标排放以及这些活动对周围的环境所产生的影响，如污水处理过程中所产生的沼气和污泥等资源的再利用为系统边界。由于城市给水排水系统的不断发展变化，一般城市水处理设施在15～20 年、管网系统在 30～50 年内都需要某种程度的改造和更新。因此，城市水处理设施和管网系统的生命周期分别按 20 年和 50 年进行考虑。

在确定了城市给水排水系统的 LCA 目标和范围之后，便可以进行系统的清单分析（LCI），清单分析是 LCA 发展最完善的一部分。城市给水排水系统可建立如图 2-9 所示的

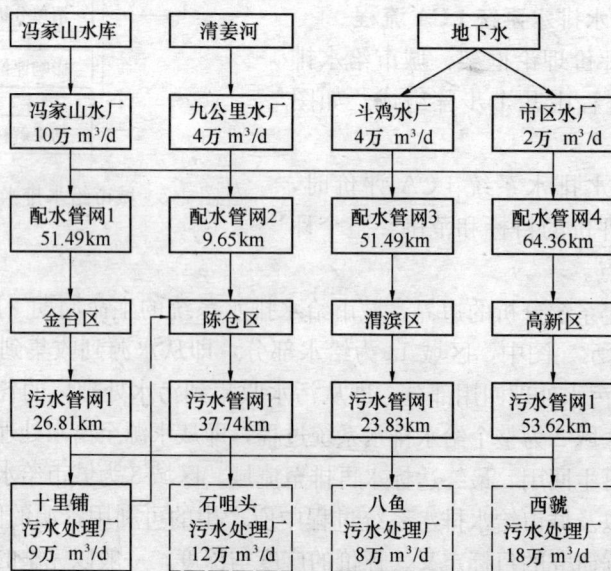

图 2-9　西北某城市给水排水系统 LCA 清单分析

生命周期清单分析模式。图中每一区域单元都是相对独立的，拥有各自的物质和能量的平衡流动。

　　水具有产品的基本特征，自然水体中的水经过给水处理输送给城市，供人类消费，在整个过程中需要消耗大量的资源和能源，同时向环境系统中排入大量的污染物。可以选取资源消耗和能耗为指标，分别对生命周期的各个阶段进行量化。考虑到城市给水排水系统包含基本原材料和更复杂的产品，每一单元产品又由许多复杂产品组成，使用传统 LCA 对每一产品进行详细分析是不可行的，为了便于量化计算，分析过程中对资源输入项进行了简化，许多被认为对分析结果影响很小的输入被忽略，如用量较少的辅助材料、与过程相关联的辅助作业等。本文主要选择对城市给水排水系统影响较大的主要材料钢材和水泥作

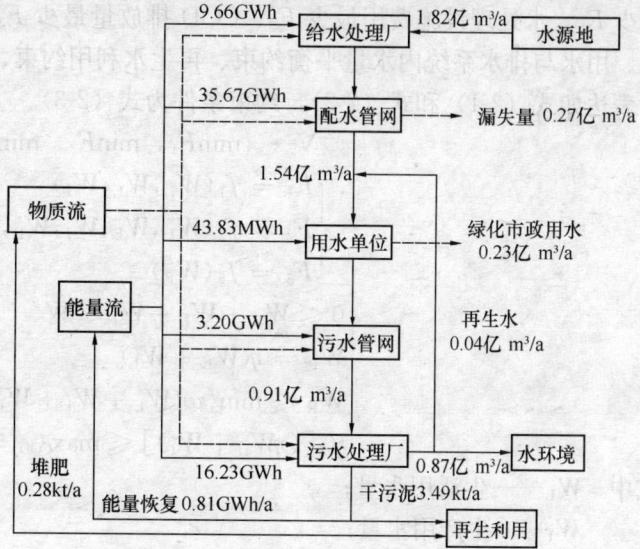

图 2-10　西北某城市给水排水系统清单分析结果

为指标进行资源消耗分析。能耗包括城市给水排水系统各单元的运行能耗和其建设及拆除能耗，如管网在运行过程中的电耗、泵站运行所需的直接能耗、水处理设施的运行能耗和原材料消耗所产生的间接能耗等。为了更好地进行分析量化，一般采用统一的能量单位表达不同形式的能量，电耗按燃料热当量进行换算，1kW·h=11080kJ。

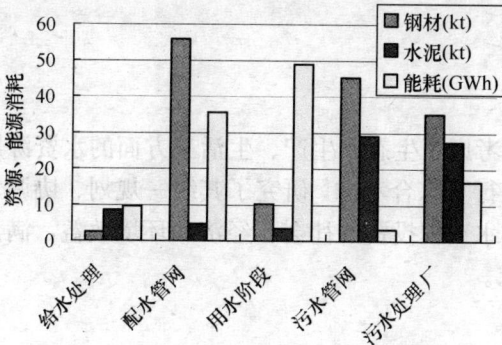

图 2-11　西北某城市给水排水系统生命周期内的资源消耗和能耗

　　通过应用上述建立的城市给水排水环境系统评价清单模型辨识和量化整个生命周期阶段中资源和能源的消耗，可以得到如图 2-10、图 2-11 所示的分析结果。

　　通过生命周期分析评价，可以优化城市给水排水工程系统规划，真正实现城市给水排水工程规划的最优化，实现节水、节能的目的。

2.5　城市给水排水系统分析理论

　　系统分析方法是解决社会用水供需矛盾以及水体环境恶化与恢复的平衡矛盾比较科学的、有效的方法之一。其主要特点是研究问题时重点把握问题的整体性、相关性以及对周围环境的适应性。特别是区域性给水排水工程规划不仅涉及的问题庞大而复杂，而且工程耗资大、周期长，常常需要对众多可行方案的优劣进行评价和判断。在区域或流域范围

内，采用系统分析方法对规划方案进行深层次论证，可以保证各类水资源的合理利用以及各类给水排水设施的合理布局，为日后区域给水排水设施的统一调度、优化运行奠定良好的基础。

采用系统分析方法即可建立给水排水综合规划优化的概念模型：目标为水资源量使用最少 F_1、水处理设施费用最少 F_2、COD 排放量最少 F_3，约束条件为水资源可供给量约束、用水与排水系统内水量平衡约束、再生水利用约束、环境最大承载力约束。模型的数学表达如式（2-1）和式（2-2），约束条件为式（2-3）。

$$V \rightarrow \{\min F_1, \min F_2, \min F_3\} \tag{2-1}$$

$$\begin{cases} F_1 = f_1(W_L, W_E, W_I) \\ F_2 = f_2(W_L, W_E, W_I, W_P, W_R) \\ F_3 = f_3(W_P) \end{cases} \tag{2-2}$$

$$\begin{cases} 0 \leqslant W_L + W_E + W_I \leqslant W \\ W_P = \eta(W_L + W_I) \\ W_R \leqslant \min\{w(W_L + W_I + W_E), \alpha W\} \\ f_3[(\eta W_L + W_I)] \leqslant \max_{COD} \end{cases} \tag{2-3}$$

式中　W_L——生活用水量；

　　　W_I——生产用水量；

　　　W_E——生态用水量；

　　　W_P——排水量；

　　　W_R——再生水量；

　　　W——水资源可利用总量；

　　　η——污水排放系数；

　　　w——再生水利用系数；

　　　α——再生水占水资源总量的比例；

　$\max_{COD}$——环境 COD 最大允许排放量。

该模型将给水、排水系统作为一个整体，考虑了生态、生产、生活三方面的水资源用量，并且对污水排放、污水再生回用等方面进行了综合考虑，研究了其统一规划、协调发展与综合利用等相关问题，从而提高了给水排水工程投资的社会、经济和环境效益，满足了城市可持续发展的水资源环境良性循环要求。

第3章 城市规划与地形图

城市规划与城市地形图有着密不可分的联系，认识地形图并会使用地形图是进行城市给水排水工程规划工作的基础和必要条件。

地形图是按一定的程序和方法，用符号和注记及等高线表示地物、地貌及其他地理要素平面位置和高程的正射投影图，参考《工程测量基本术语标准》GB/T 50228—96。地物是指地面上天然或人工形成的物体，如平原、湖泊、河流、海洋、房屋、道路、桥梁等；地貌是指地表高低起伏的形态，如山地、丘陵和平原（原始形态）等。当测区较小时，不考虑地球曲率的影响，将地面上各种地形沿铅垂线方向投影到水平面上，再按一定比例缩绘到图纸上，并使用统一规定的符号绘制成图。在图上仅表示地物平面位置的称为平面图。若所测区域范围较大，要顾及地球曲率的影响，采用专门的投影方法，运用测绘成果编绘而成的称为地图。为了统一，国家测绘局颁发了各种比例尺的《地形图图式》，规定了地形图的格式、符号和注记，供测图和用图时使用。

3.1 地形图的比例尺

地形图上任一线段的长度与它所代表的实地水平距离之比，称为地形图比例尺。

比例尺的表示方法如下：图上一段直线长度 d 与地面上相应线段的实际长度 D 之比，称为地形图比例尺。比例尺又分为数字比例尺和图示比例尺两种。

（1）数字比例尺

以分子为1的分数形式表示的比例尺称为数字比例尺。数字比例尺的定义用下式表示。

$$\frac{d}{D} = \frac{1}{D/d} = \frac{1}{M} = 1:M \tag{3-1}$$

式中 M 为比例尺分母，代表实地水平距离缩绘在图上的倍数。

当图上 1cm 代表实地水平距离 10m 时，该图比例尺为 1/1000，一般写成 1：1000 或 1：1 千，通常标注在地形图的下方。

一般将数字比例尺化为分子为1，分母为一个比较大的整数 M 表示。M 越大，比例尺的值就越小；M 越小，比例尺的值就越大，如数字比例尺 1：500＞1：1000。经济建设部门习惯称比例尺为 1：500、1：1000、1：2000、1：5000 的地形图为大比例尺地形图，称比例尺为 1：1 万、1：2.5 万、1：5 万、1：10 万的地形图为中比例尺地形图，称比例尺为 1：20 万、1：50 万、1：100 万的地形图为小比例尺地形图。我国规定 1：1 万、1：2.5 万、1：5 万、1：10 万、1：25 万、1：50 万、1：100 万 7 种比例尺地形图为国家基本比例尺地形图。地形图的数字比例尺注记在图廓外南面的正中央。土建类各专业一般需要大比例尺地形图，其中比例尺为 1：500 和 1：1000 的地形图一般用平板仪、经纬仪或全站仪等测绘；比例尺为 1：2000 和 1：5000 的地形图一般用由 1：500 或 1：1000 的地形图缩小编绘而成。大面积 1：500～1：5000 的地形图也可以用航空摄影测量方法成图。

（2）图示比例尺

如图 3-1 所示，用一定长度的线段表示图上长度，并按图上比例尺相应的实地水平距离注记在线段上，这种比例尺称为图示比例尺。图示比例尺绘制在数字比例尺的下方，其作用是便于用分规直接在图上量取直线段的水平距离，同时还可以抵消在图上量取长度时图纸伸缩的影响。

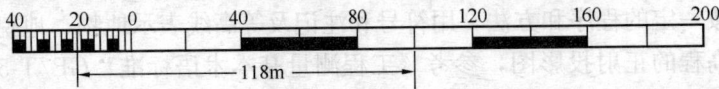

图 3-1　图示比例尺

（3）地形图比例尺的选择

在城市建设的规划、设计和施工中，需要用到的比例尺是不同的，具体列入表 3-1。

地形图比例尺的选用　　　　　　　　　　　　　　　　　表 3-1

比　例　尺	用　　途
1：10000	城市总体规划、厂址选择、区域布置、方案比较
1：5000	
1：2000	城市详细规划及工程项目初步设计
1：1000	城市详细规划、建筑设计、工程施工设计、竣工图
1：500	

（4）比例尺的精度

人的肉眼能分辨的图上最小距离是 0.1mm，如果地形图的比例尺为 1：M，则将图上 0.1mm 所表示的实地水平距离 0.1M（mm）称为比例尺的精度。根据比例尺的精度，可以确定测绘地形图的距离测量精度。在规定了图上要表示的地物最短长度时，还可以确定采用多大的测图比例尺。例如，测绘 1：1000 比例尺的地形图时，其比例尺的精度为 0.1m，故量距的精度只需到 0.1m，因为小于 0.1m 的距离在图上表示不出来。

当设计规定需要在图上能量出的实地最短长度时，根据比例尺的精度，可以反算出测图比例尺。如欲使图上能量出的实地最短线段长度为 0.05m，则所采用的比例尺不得小于 $\dfrac{0.1\text{mm}}{0.05\text{m}}=\dfrac{1}{500}$。不同比例尺地形图的比例尺精度见表 3-2。比例尺越大，表示地物和地貌的情况越详细，比例尺越小，表示地物和地貌的情况越简单。

比例尺精度　　　　　　　　　　　　　　　　　　　　表 3-2

比例尺	1：500	1：1000	1：2000	1：5000
比例尺的精度（m）	0.05	0.1	0.2	0.5

对同一测区，采用较大比例尺测图往往比采用较小比例尺测图的工作量和经费支出增加数倍。所以，测绘何种比例尺的地形图，应根据工程的性质、规划和设计用途等实际需

要合理地选择，不要盲目地认为比例尺愈大愈好。

3.2 大比例尺地形图图式

在地形图上，各种地物和地貌，采用统一规定的符号表示。国家测绘总局统一颁布的各种比例尺的《地形图图式》作为全国地形图测绘的统一符号。《地形图图式》是测制、出版地形图的基本依据之一，是识别和使用地形图的重要工具。

地形图的内容丰富，可归纳为数学要素、地形要素和辅助要素三大类。数学要素为图廓、坐标格网、比例尺等，地形要素为地物和地貌符号，辅助要素有图名、图号、接图表等。一个国家的地形图图式是统一的，它属于国家标准。我国当前使用的最新大比例尺地形图图式是由原国家测绘总局组织制定国家技术监督局发布并于 1996 年 5 月 1 日开始实施的《1：500 、1：1000、1：2000 地形图图式》GB/T 7929—1995。地形图图式中的符号有三类：地物符号、地貌符号和注记符号。

（1）地物符号

地物符号分比例符号、非比例符号和半比例符号。

1）比例符号

有些地物轮廓较大，如房屋、运动场、稻田、花圃、湖泊等。其形状和大小可以按测图比例尺缩小，用规定符号和注记说明地物的性质特征，这些符号称为比例符号，见表 3-3。

常 见 比 例 符 号　　　　　　　　　　　　　表 3-3

编号	符号名称	1：500　1：1000	1：2000
1	一般房屋 混——房屋结构 3——房屋层数	混 3	1.6 ⬛⬜　2
2	简单房屋	▱	
3	建筑中的房屋	建	
4	破坏房屋	破	
5	棚　房	45°　1.6	
6	旱　地	1.0　⊥⊥　⊥⊥ 2.0　10.0 ⊥⊥　⊥⊥…10.0	

编号	符号名称	1:500 1:1000	1:2000
7	稻 田		
8	果 园		
9	地类界、地物范围线		

2）非比例符号

有些重要或目标显著的独立地物，其轮廓亦较小，如三角点、导线点、水准点、塔、碑、独立树、路灯、检查井等，无法将其形状和大小按照地形图的比例尺绘到图上，则不考虑其实际大小，只准确表示物体的位置和意义，采用规定的符号表示，这种符号称为非比例符号，见表3-4。非比例符号的中心位置与地物实际中心位置随地物的不同而异，在测图和用图时注意以下几点：

A. 规则几何图形符号，如圆形、三角形或正方形等，以图形几何中心代表实地地物中心位置，如水准点、三角点、钻孔等；

B. 宽底符号，如烟囱、水塔等，以符号底部中心点作为地物的中心位置；

C. 底部为直角形的符号，如独立树、风车、路标等，以符号的直角顶点代表地物中心位置；

D. 几种几何图形组合成的符号，如气象站、消火栓等，以符号下方图形的几何中心代表地物中心位置；

E. 下方没有底线的符号，如亭、窑洞等，以符号下方两端点连线的中心点代表实地地物的中心位置。

非 比 例 符 号   表 3-4

编 号	符 号 名 称	图 示
1	三角点 凤凰山——点名 394.468——高程	凤凰山 394.468 3.0
2	导线点 I16——等级、点号 84.46——高程	I16 84.46 2.0

编 号	符 号 名 称	图 示
3	埋石图根点 16——点号 84.46——高程	1.6 ⊙ $\frac{16}{84.46}$ 2.6
4	不埋石图根点 25——点号 62.74——高程	1.6 ⊙ $\frac{25}{62.74}$
5	照明装置 （a）路灯； （b）杆式照射灯	2.0 1.6 (a) 1.6 4.0 (b) 4.0 1.6 1.0 1.0

3) 半比例符号

半比例符号一般又称为线形符号。对于沿线形方向延伸的一些带状地物，如铁路、公路、通信线、管道、围墙等，其长度可按比例缩绘，而宽度无法按规定尺寸绘出的符号称为半比例符号。一般线形符号的中心就是实际地物的中心线，但是城墙和垣栅等，地物中心位置在其符号的底线上，见表 3-5。

半 比 例 符 号 表 3-5

编 号	符 号 名 称	图 示
1	等级公路 2——技术等级代码； （G301）——国道路线编号	0.2 0.4 2(G301)
2	等外公路	0.2
3	乡村路 （a）依比例尺的； （b）不依比例尺的小路	4.0 1.0 (a) 0.2 8.0 2.0 (b) 0.3 4.0 1.0 0.3
4	围墙 （a）依比例尺的； （b）不依比例尺的	(a) 10.0 0.6 (b) 0.3
5	栅栏、栏杆	10.0 1.0
6	篱笆	10.0 1.0

上述三种符号在使用时不是固定不变的，同一地物，在大比例尺图上采用比例符号，而在中小比例尺上可能采用非比例的符号或半比例符号。

（2）地貌符号

地貌内容复杂，变化万千。在地形图上表示地貌的方法有很多种，在测量工作中，表示地貌的方法一般是等高线。等高线又分为首曲线、计曲线、间曲线和助曲线。在计曲线上注记等高线的高程；在谷地、鞍部、山头及斜坡方向不易判读的地方和凹地的最高、最低等高线上，绘制与等高线垂直的短线，称为示坡线，用以指示斜坡降落方向。

（3）注记符号

用文字和数字或特定的符号加以说明或注释的符号，称为注记。它包括文字注记，数字注记，符号注记三种。如房屋的结构、层数（编号文字、数字）、地名、路名、单位名、（编号文字）计曲线的高程、碎部点高程、独立性地物的高程以及河流的水深、流速等（编号数字），见表3-6。

注 记 符 号　　　　　　　　　　　　　表3-6

编　号	符　号　名　称	图　　示
1	等高线注记	$\smile$ —25
2	一般高程点及注记 （a）一般高程点； （b）独立性地物的高程	(a) 0.5 ⋯ • 163.2　　　(b) ♠ 75.4
3	一般房屋 混——房屋结构； 3——房屋层数	混 3

3.3　地貌的表示方法

为了能在地形图上按要求精确详尽地显示地貌，世界各国广泛采用等高线法表示地貌。所谓等高线法，就是用等高线配合辅助符号（如示坡线、变形地符号）和高程注记来表示地貌的方法。

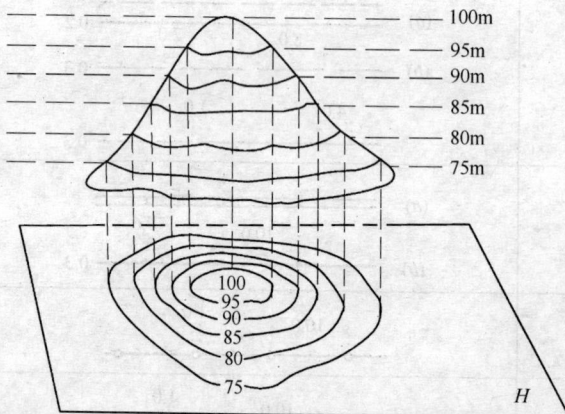

图 3-2　等高线表示地貌的原理图

地形的类别划分根据地面倾角的大小确定，一般分为以下4种类型：地势起伏小，地面倾斜角在3°以下，称为平坦地；倾斜角在3°~10°，称为丘陵地；倾斜角为10°~25°，称为山地；绝大多数倾斜角超过25°的，称为高山地。

（1）等高线表示地貌的原理与特性

1）等高线表示地貌的原理

地面上高程相等的相邻各点所连

的闭合曲线称为等高线。如图 3-2 所示，设想有一座高出水面的小山头与某一静止的水面相交形成的水涯线为一闭合曲线，曲线的形状随小山头与水面相交的位置而定，曲线上各点的高程相等。例如，当水面高为 70m 时，曲线上任一点的高程均为 70m；若水位继续升高至 80m、90m，则水涯线的高程分别为 80m、90m。将这些水涯线垂直投影到水平面 H 上，并按一定的比例尺缩绘在图纸上，这就将小山头用等高线表示在地形图上了。这些等高线具有数学概念，既有其平面的位置，又表示了一定的高程数字。因此，这些等高线的形状和高程，客观地显示了小山头的形态、大小和高低。

2）等高线表示地貌的特性

为了客观合理地测绘地貌并勾绘等高线，根据等高线表示地貌的原理，将等高线与相应地貌形态比较，可以归纳出等高线的一些特性。了解这些特性有助在规划设计过程中更好地使用地形图。

A. 等高线成互相套合的闭合曲线，每条等高线各代表确定的某一高程，高程相等的点不一定在同一条等高线上，但同一条等高线上各点的高程必定相等，等高线既不相交也不重合，否则此处必有变形地符号。

B. 等高线是闭合曲线，不能中断（间曲线除外），如果不在同一幅图内闭合，必在若干相邻图幅内闭合；等高线的弯曲形状与相应地貌平面轮廓形态保持水平相似的关系。

C. 等高线只有在陡崖或悬崖处才会重合或相交。

D. 等高线经过山脊或山谷时改变方向，因此，山脊线与山谷线应和改变方向处的等高线的切线垂直相交，并在山脊线或山谷线的两侧成近似对称图形。

E. 在同一幅地形图内，基本等高距是相同的，因此，等高线平距大表示地面坡度小；等高线平距小则表示地面坡度大；平距相等则坡度相同。

F. 图上每条等高线分别反映地貌某一高度的水平轮廓，而一组等高线则以其疏密变化反映斜坡在垂直方向的形状，因此，等高线的组合图形能给人以立体概念，即等高线法表示地貌具有一定的立体感。

（2）等高距与等高线平距

水平面的高程不同，相应等高线表示的地面高程也不同。地形图上相邻等高线间的高差，称为等高距，通常用 h_0 表示。地形图上相邻等高线间的水平距离，称为等高线平距，通常用 d 表示。同一幅地形图的等高距 h_0 是相同的，所以等高线平距 d 的大小与地面坡度 i 有关。等高线平距越小，等高线越密，表示地面坡度越陡；反之，等高线平距越大，等高线越稀疏，表示地面坡度愈平缓。因此，可以根据等高线的疏密判断地面坡度的缓与陡。等高线平距与地面坡度的关系可用下式表示。

$$i = \frac{h_0}{d \times M} \tag{3-2}$$

式中 M——地形图比例尺分母。

地形图的等高距也称为基本等高距。等高距越小，用等高线表示的地貌细部就越详尽；等高距越大，地貌细部表示得越粗略。但是，当等高距过小时，图上的等高线过于密集，将会影响图面的清晰度，而且会增加测绘工作量。测绘地形图时，要根据测图比例尺、测区地面的坡度情况、用图目的等因素全面考虑，并按国家规范要求选择合适的基本等高距，大比例尺地形图常用的基本等高距为 0.5m、1m、2m 等，见表 3-7。我国大于等于 1：50 万的地形图，一幅图只用一种等高距，即采用固定等高距，这种等高距称为基本等高距；1：100 万地形图，一幅图的等高距随地势高低的变化而变化，即采用变距等高距，基本等高距的大小和变距等高距的变化国家有统一规定，表 3-8 是我国 1：1 万～1：50 万地形图所采用的基本等高距。

大比例尺地形图的基本等高距　　　　　　　　　　　　　　　　表 3-7

基本等高距（m） 地形类别　　比例尺	1：500	1：1000	1：2000	1：5000
平地	0.5	0.5	0.5	2
丘陵地	0.5	0.5 或 1	1	5
山地	0.5 或 1	1	2	5
高山地	1	1、2	2	5

1：1 万～1：50 万地形图的基本等高距　　　　　　　　　　　表 3-8

基本等高距（m） 地形类别　　比例尺	1：10000	1：25000	1：50000	1：100000	1：250000	1：500000
平地	2.5 或 1.0	5.0 或 2.5	10	20	50	100
丘陵地	2.5	5.0	10	20	50	100
山地	5.0 或 2.5	5.0	10	20	100	200
高山地	10	10	20	40	100	200

（3）等高线的分类

为了便于从图上正确地判别地貌，在同一幅地形图上应采用一种等高距。由于地球表面形态复杂多样，有时按基本等高距绘制等高线往往不能充分表示出地貌特征，为了更好地显示局部地貌和用图方便，地形图上可采用 4 种等高线，如图 3-3 所示。

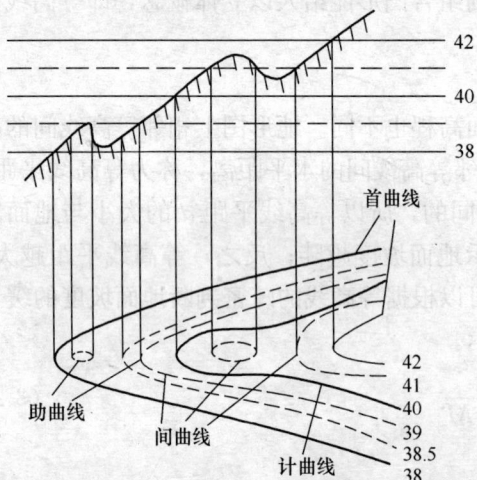

1）首曲线。按基本等高距测绘的等高线，用 0.15mm 宽的细实线绘制。

2）计曲线。为了读图方便，凡是高程能被 5 倍基本等高距整除的曲线均用 0.3mm 粗实线描绘，并注上该曲线的高程，称为计曲线，又称加粗曲线。

3）间曲线。对于坡度很小的局部区域，当用基本等高线不足以反映地貌特征时，可按 1/2 基本等高距加绘一条等高线，该等高

图 3-3　四种类型的等高线

线称为间曲线。间曲线用 0.15mm 宽的长虚线（6mm 长、间隔为 1mm）绘制，可不闭合。

4）助曲线。用间曲线还无法显示局部地貌特征时，可按 1/4 基本等高距描绘等高线，

称为辅助等高线，简称为助曲线，用短虚线描绘。在实际测绘中，极少使用。

（4）基本地貌的等高线

地貌虽然复杂多样，但可以归纳为几种基本的地貌。了解和熟悉用等高线表示的基本地貌，将有助于在城市规划中正确地识读和应用地形图。基本地貌有：山头与洼地、山脊与山谷、鞍部、陡崖与悬崖等，如图 3-4 所示。

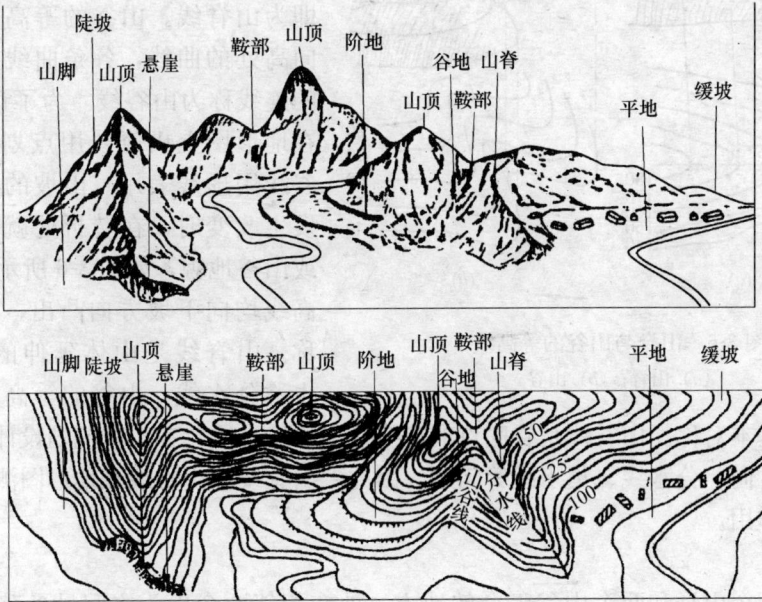

图 3-4 基本地貌的等高线

1）山头与洼地（或盆地）

图 3-5（a）、（b）分别表示山头和洼地的等高线，它们投影到水平面都是一组闭合曲

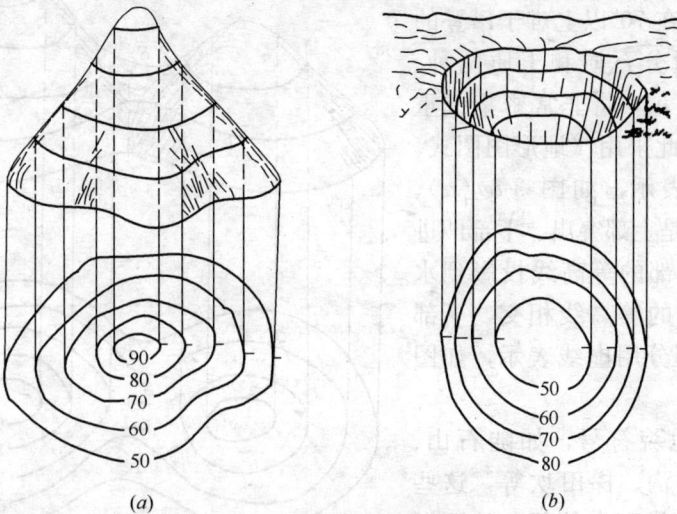

图 3-5 山头与洼地的等高线
(a) 山头；(b) 洼地

33

线，其区别在于：山头的等高线内圈高程大于外圈高程，洼地则相反。这样就可以根据高程注记区分山头和洼地。也可以用示坡线来指示斜坡向下的方向。在山头、洼地的等高线上绘出示坡线，有助于地貌的识别。

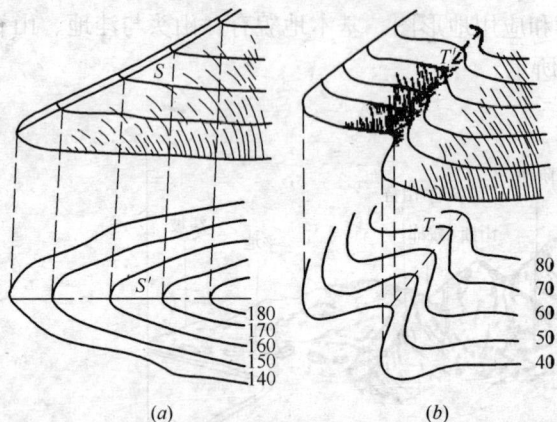

图 3-6　山脊与山谷的等高线
(a) 山脊；(b) 山谷

2) 山脊与山谷

山脊的等高线是一组凸向低处的曲线，各条曲线方向改变处的连接线即为山脊线。山谷的等高线为一组凸向高处的曲线，各条曲线方向改变处的连线称为山谷线。为了读图的方便，在地形图上山脊线用点划线表示，山谷线用虚线表示。山坡的坡度和走向发生改变时，在转折处就会出现山脊或山谷地貌，如图 3-6 所示。山脊的等高线均向下坡方向凸出，两侧基本对称。山脊线是山体延伸的最高棱线，也称分水线。山谷的等高线均凸向高处，两侧也基本对称。山谷线是谷底点的连线，也称集水线。在工程规划设计中，要考虑地面的水流方向、分水线、集水线等问题。因此，山脊线和山谷线在地形图测绘及应用中具有重要的作用。

3) 鞍部

鞍部是两个山脊和两个山谷汇合的地方。处在相邻两个山头之间呈马鞍形的低凹部分，习惯上称这种特殊地貌为鞍部。鞍部左右两侧的等高线是近似对称的两组山脊线和两组山谷线，如图 3-7 所示 S 处。鞍部是山区道路选线的重要位置。一般是越岭道路的必经之地，因此在道路工程上具有重要意义。

4) 陡崖与悬崖

陡崖是坡度在 70°以上难于攀登的陡峭崖壁，陡崖分石质和土质两种。如果用等高线表示，将非常密集或重合为一条线，因此采用《地形图图式》中陡崖符号来表示，如图 3-8（a）、（b）所示。悬崖是上部突出、下部凹进的地貌。悬崖上部的等高线投影到水平面时，与下部的等高线相交，下部凹进的等高线部分用虚线表示，如图 3-8（c）所示。

还有一些地貌符号，如陡石山、崩崖、滑坡、冲沟、梯田坎等，这些地貌符号和等高线配合使用，就可以表示各种复杂的地貌。

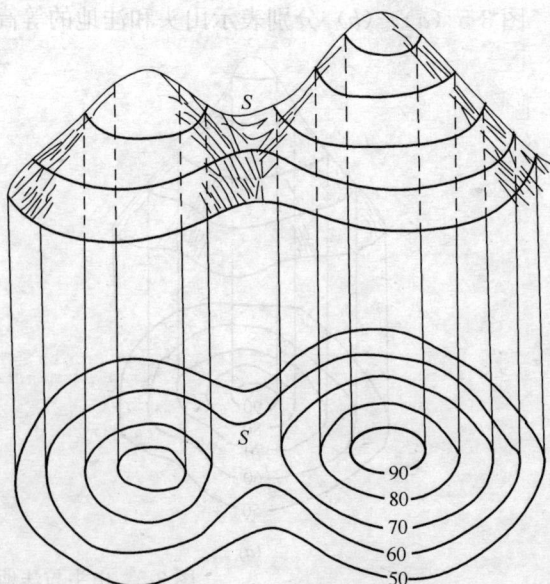

图 3-7　鞍部的等高线

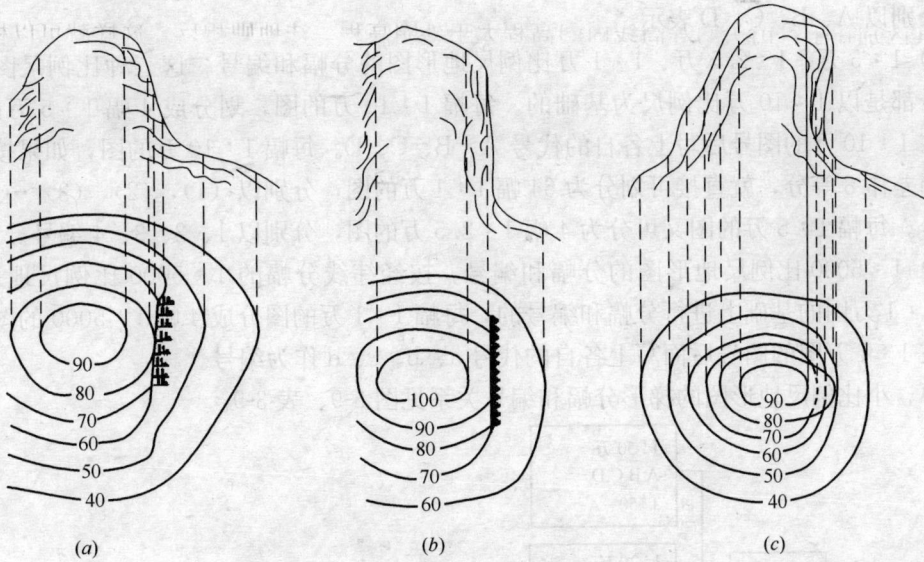

图 3-8　陡崖与悬崖等高线的表示
(a) 石质陡崖；(b) 土质陡崖；(c) 悬崖

3.4　地形图的应用

大比例尺地形图是建筑工程规划设计和施工中的重要地形资料。特别是在规划设计阶段，不仅要以地形图为底图，进行总平面的布设，而且还要根据需要，在地形图上进行一定的量算工作，以便因地制宜地进行合理的规划和设计。

3.4.1　地形图的分幅与编号

为了便于管理和使用地形图，使各种比例尺地形图幅面规格大小一致，避免重测、漏测，需要将各种比例尺的地形图进行统一的分幅和编号。图号是为了方便贮存、检索和使用地形图而给予各分幅地形图的代号。通常标注在地形图的正上方处。地形图的分幅方法有两类：一类是按经纬线分幅的梯形分幅法，一般用于 1：5000～1：100 万的中、小比例尺地形图的分幅；另一类是按坐标格网分幅的矩形分幅法，一般用于城市和工程建设 1：500～1：2000 的大比例尺地形图的分幅。

(1) 中、小比例尺地形图的梯形分幅和编号

地形图的梯形分幅又称国际分幅，由国际统一规定的经线为图的东西边界，统一规定的纬线为图的南北边界。由于子午线向南北极收敛，因此，整个图幅呈梯形，其划分的方法和编号，随比例尺不同而不同。

1) 1：100 万比例尺地形图的分幅和编号。1：100 万比例尺地形图的分幅是从地球赤道（纬度 0°）起，分别向南北两极，每隔纬差 4° 为一横行，依次以拉丁字母 A、B、C、D…V 表示；由经度 180° 起，自西向东每隔经差 6° 为一纵列，依次用数字 1、2、3…60 表示。每幅图的编号，先写出横行的代号，中间绘一横线相隔，后面写出纵列的代号。

2) 1：50 万、1：20 万、1：10 万比例尺地形图的分幅和编号。这三种比例尺地形图的分幅和编号，都是在 1：100 万比例尺地形图分幅和编号的基础上，按照表 3-9 中的相应纬差和经差划分。如每幅 1：100 万的图，按经差 3°、纬差 2° 可划分成 4 幅 1：50 万的

图，分别以 A、B、C、D 表示。

3) 1∶5万、1∶2.5万、1∶1万比例尺地形图的分幅和编号。这三种比例尺图的分幅编号都是以 1∶10 万比例尺为基础的。每幅 1∶10 万的图，划分成 4 幅 1∶5 万的图，分别在 1∶10 万的图号后写上各自的代号 A、B、C、D。每幅 1∶10 万的图，如果按其经差和纬差作 8 等分，就直接可划分为 64 幅 1∶1 万的图，分别以 (1)、(2)、(3)…(64) 作编号。每幅 1∶5 万的图又可分为 4 幅 1∶2.5 万的图，分别以 1、2、3、4 编号。

4) 1∶5000 比例尺地形图的分幅和编号。按经纬线分幅的 1∶5000 比例尺地形图，是在 1∶1 万图的基础上进行分幅和编号的，每幅 1∶1 万的图分成 4 幅 1∶5000 的图，并分别在 1∶1 万图的图号后面写上各自的代号 a、b、c、d 作为编号。

中、小比例尺地形图的梯形分幅和编号关系见图 3-9、表 3-9。

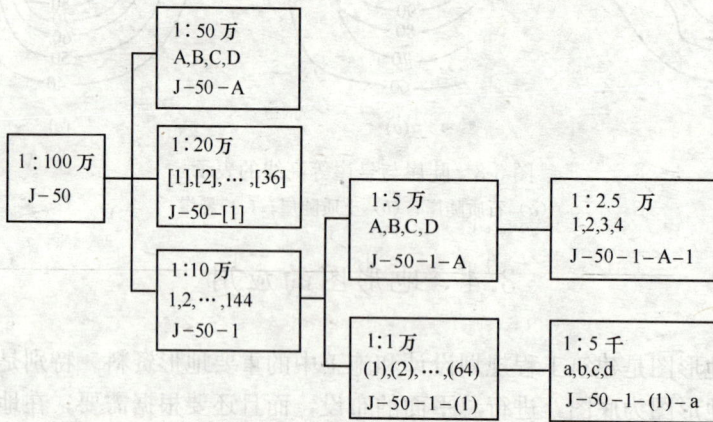

图 3-9　梯形分幅与编号关系

各种比例尺按经、纬度分幅　　　　　　　　　　表 3-9

比　例　尺	图幅大小		1∶100万、1∶10万、1∶5万、1∶1万的分幅数	分　幅　代　号
	纬差	经差		
1∶100 万	4°	6°	1	A，B，C…，V列1，2，3…，60A，B，C，D，[1]，[2]，[3]……[36]1，2，3…，144
1∶50 万	2°	3°	4	
1∶25 万	40′	1°	36	
1∶10 万	20′	30′	144	
1∶10 万	20′	30′	1	A，B，C，D(1)，(2)，(3)…，(64)
1∶5 万	10′	15′	4	
1∶1 万	2′30″	3′45″	64	
1∶5 万	10′	15′	1	1，2，3，4
1∶2.5 万	5′	7′30″	4	
1∶1 万	2′30″	3′45″	1	a，b，c，d
1∶5000	1′15″	1′52.5″	4	

（2）大比例尺地形图的分幅与编号

《1∶500、1∶1000、1∶2000 地形图图式》规定：1∶500～1∶2000 比例尺地形图一

36

般采用 50cm×50cm 正方形分幅或 40cm×50cm 矩形分幅。1:2000 地形图也可以采用经纬度统一分幅，编号有以下几种方法。

1）数值编号法。地形图编号一般采用图廓西南角坐标公里数编号法，也可选用流水编号法或行列编号法等。采用图廓西南角坐标公里数编号法时 x 坐标在前，y 坐标在后，1:500 地形图取至 0.01km（如 20.50-41.76），1:1000、1:2000 地形图取至 0.1km（如 20.0-41.0）。

2）数字顺序编号法。带状测区或小面积测区，可按测区统一用顺序进行标号，一般从左到右，从上到下用数字 1，2，3，4…编定，如图 3-10 所示，其中"张村-8"为测区张村的第 8 幅图编号。

张村-1	张村-2	张村-3	张村-4	
张村-5	张村-6	张村-7	张村-8	张村-9	张村-10
张村-11	张村-12	张村-13	张村-14	张村-15	张村-16

图 3-10　数字顺序标号法

3）以 1:5000 编号为基础的编号法。如图 3-11 所示，当测区同时有多种比例尺地形图时，通常以 1:5000 地形图为基础，将测区四等分后得到 4 幅 1:2000 地形图，在对应的 1:5000 地形图编号后分别加上罗马数字Ⅰ、Ⅱ、Ⅲ和Ⅳ，即为该 4 幅图的编号。同理，根据 1:2000 或 1:1000 地形图与编号可得 1:1000 或 1:500 地形图及编号。

4）行列编号法。行列编号法的横行是指以 A、B、C、D、…编排，由上到下排列；纵列以数字 1、2、3、…，从左到右排列来编排。编号是"行号-列号"，如图 3-12 所示，"C-4"为其中 3 行 4 列的一幅图幅编号。

3.4.2　地形图的阅读

（1）图名和图号

图名即本幅图的名称，是以所在图幅内最著名的地名、厂矿企业和村庄的名称来命名的。为了区别各幅地形图所在的位置关系，每幅地形图上都编有图号。图号是根据地形图分幅和编号方法编定的，并

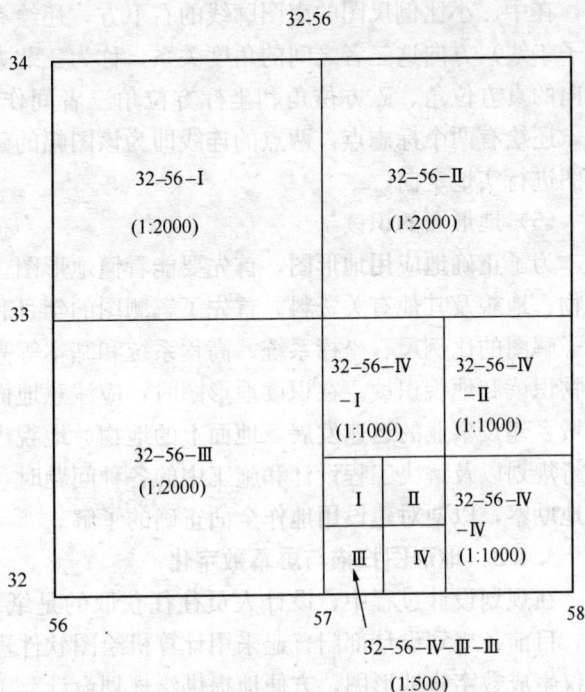

图 3-11　以 1:5000 编号为基础的编号法

37

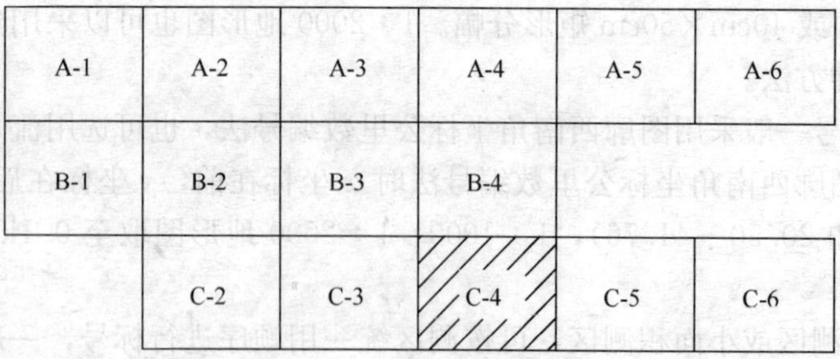

A-1	A-2	A-3	A-4	A-5	A-6
B-1	B-2	B-3	B-4		
	C-2	C-3	C-4	C-5	C-6

图 3-12　行列编号法

把它标注在北图廓上方的中央。

（2）接图表

说明本图幅与相邻图幅的关系，供索取相邻图幅时用。通常是中间一格画有斜线的代表本图幅，四邻分别注明相应的图号（或图名），并绘注在图廓的左上方。在中比例尺各种图上，除了接图表以外，还把相邻图幅的图号分别注在东、西、南、北图廓线中间，进一步表明与四邻图幅的相互关系。

（3）图廓

图廓是地形图的边界，矩形图幅只有内、外图廓之分。内图廓就是坐标格网线，也是图幅的边界线，用 0.1mm 细线绘出。在内图廓外四角处注有坐标值，并在内廓线内侧，每隔 10cm 绘有 5mm 的短线，表示坐标格网线的位置。在图幅内绘有每隔 10cm 的坐标格网交叉点。外图廓是最外边的粗线，起到修饰作用，用 0.5mm 粗线绘出。在城市规划以及给水排水线路等设计工作中，有时需用 1∶1 万或 1∶2.5 万的地形图。这种图的图廓有内图廓、分图廓和外图廓之分。内图廓是经线和纬线，也是该图幅的边界线。内、外图廓之间为分图廓，它绘成为若干段黑白相间的线条，每段黑线或白线的长度，表示实地经差或纬差 1′。分度廓与内图廓之间，注记了以公里为单位的平面直角坐标值。

（4）三北方向关系图

在中、小比例尺图的南图廓线的右下方，还绘有真子午线、磁子午线和坐标纵轴（中央子午线）方向这三者之间的角度关系，称为三北方向图。利用该关系图，可对图上任一方向的真方位角、磁方位角和坐标方位角三者间作相互换算。此外，在南、北内图廓线上，还绘有两个标志点，两点的连线即为该图幅的磁子午线方向，有了它利用罗盘可将地形图进行实地定向。

（5）地形图的识读

为了正确地应用地形图，首先要能看懂地形图。地形图用各种规定的符号和注记表示地物、地貌及其他有关资料。首先了解测图的年月和测绘单位，以判定地形图的新旧；然后了解图的比例尺、坐标系统、高程系统和基本等高距以及图幅范围和接图表，然后进行地物识读和地貌识读。在识读地形图时，应注意地面上的地物和地貌不是一成不变的。由于城乡建设事业的迅速发展，地面上的地物、地貌也随之发生变化，因此，在应用地形图进行规划以及解决工程设计和施工中的各种问题时，除了细致地识读地形图外，还需进行实地勘察，以便对建设用地作全面正确的了解。

3.4.3　地形图扫描与屏幕数字化

在规划设计过程中，设计人员往往获取的是纸质地形图，随着计算机绘图技术的发展，目前各规划设计部门普遍采用计算机绘图软件进行规划设计。纸质地形图需要通过扫描仪生成数字化地形图，方便地提供给规划设计、工程 CAD 和 GIS 使用，关键问题是必须具有功能完善、方便使用的地形图扫描矢量化软件，方能快捷地完成扫描栅格数据向图形矢量数据的转换。

（1）扫描栅格数据

扫描仪可分为滚筒式、平板式、CCD 直接摄像式三种，其中大幅面的地图以滚筒（卷纸）式用得最多。普通的扫描仪大都按灰度分类扫描，高级的可按颜色分类扫描。目前市场上常见的 A0 幅面的滚筒式单色分灰度扫描仪的分辨率为 400～800dpi。利用扫描仪得到的地形图信息是按栅格数据结构的形式存储的，相当于将扫描范围的地形划分为均匀的网格，每个网格作为一个像元，像元的位置由所在的行列号确定，像元的值即扫描得到的该点色彩灰度的等级（或该点的属性类型代码），称为像素。绝大多数扫描仪是按栅格方式扫描后将图像数据交给计算机来处理。

（2）数据矢量化

数据矢量化的主要目的是能方便地提取地物、地貌特征点的三维坐标及各类地物实体的空间位置、长度、面积等信息，以供使用，或用计算机控制绘图仪自动绘图。通过记录坐标的方式，用点、线、面等基本信息要素来精确表示各类地形实体，这种数据结构称为矢量数据结构。

一条曲线是通过一系列带有 x，y 坐标的采集点给出的，点位越密，表示的曲线越精确，计算机绘图时可以通过软件自动计算并拟合，绘制出平滑曲线。要想在计算机屏幕上显示、绘图仪自动绘制该曲线，或求算曲线上某点的坐标、曲线的长度等信息，必须首先通过对扫描栅格数据的细化处理，提取图形的构图骨架（即中心线），再经过计算机软件计算，跟踪处理，将栅格图像数据（中心线）转换成用一系列坐标表示其图形要素的矢量数据。

如果底图存在污点，线条不光滑等，再受到扫描系统分辨率的限制，就有可能扫描出噪声（误差或缺陷）。所以一般在细化和矢量化之前，应利用专门的计算机算法对栅格数据进行噪声和边缘的平滑处理，除去这些噪声，以防矢量化的误差和失真。

此外，由于存在图纸的变形及扫描变形的影响，使得扫描后的图像产生某种程度的失真，因此，需要对图形进行纠正，这项工作称为数据的预处理。

3.4.4 用图的基本内容

（1）求图上某点的坐标和高程

1）确定点的坐标

在地形图上进行规划设计时，往往要用图解法量测一些设计点的坐标，每幅地形图的内外图廓线之间均按一定格式注有坐标数字，图的西南角是该幅图的坐标始点。如图 3-13 所示，其始点坐标为 $X=500m$，$Y=1200m$。根

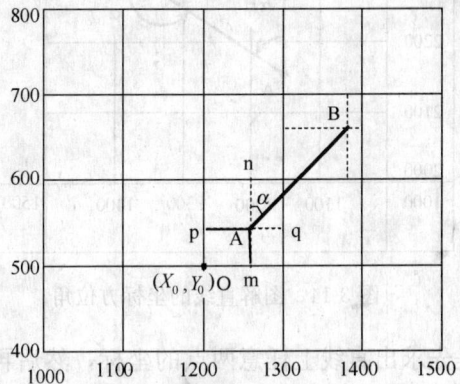

图 3-13　点坐标的确定

据 A 点所在的方格，按测图比例尺量出 pA 和 mA 的距离，再加上小方格的 O 点坐标，即为 A 点在图上的坐标值。

$$X_A = X_0 + mA \times M; \quad Y_A = Y_0 + pA \times M \tag{3-3}$$

式中　X_0、Y_0 为 O 点坐标；M 为比例尺分母。

由于图纸会产生伸缩，使方格边长往往不等于理论长度。为了使求得的坐标值精确，可采用乘伸缩系数进行计算。

随着计算机的快速发展和电子地图的广泛应用，通过计算机可以很精确地确定点的坐标，如矢量化后可在 AutoCAD 中通过 id 命令很快确定点的坐标。主要应注意的是高斯坐标系和屏幕坐标系的转换关系。

2）确定点的高程

在地形图上的任一点，可以根据等高线及高程标记确定其高程。如果所求点不在等高线上，则作一条大致垂直于相邻等高线的线段，量取其线段的长度，按比例内插求得，有时也可以根据相邻两等高线的高程目估确定。因此，目估高程精度低于等高线本身的精度。规范中规定，在平坦地区，等高线的高程中误差不应超过 1/3 等高距；丘陵地区，不应超过 1/2 等高距；山区，不应超过一个等高距。由此可见，如果等高距为 1m，则平坦地区等高线本身的高程误差允许到 0.3m，丘陵地区为 0.5m，山区可达 1m。所以，用目估确定点的高程是允许的。

（2）确定图上直线的长度、坐标方位角及坡度

1）确定图上直线的长度

确定图上直线的长度可采用直接量测或通过坐标计算。用卡规在图上直接卡出线段长度，再与图示比例尺比量，即可得其水平距离。也可以用毫米尺量取图上长度并按比例尺换算为水平距离，但后者受图纸伸缩的影响。当距离较长时，为了消除图纸变形的影响以提高精度，可用两点的坐标计算距离。在 AutoCAD 图中可以通过 Dist 或 list 命令很快确定直线长度。

2）求某直线的坐标方位角

求某直线的坐标方位角可用图解法或解析法。当精度要求不高时，可由量角器在图上直接量取其坐标方位角。如图 3-14 所示，利用图解法求某直线的坐标方位角时，可先过线上的 A、B 两点精确地作平行于坐标格网纵线的直线，然后用量角器的中心分别对准 A、B 两点量出直线 AB 的坐标方位角 α'_{AB} 和直线 α'_{BA} 的坐标方位角 α'_{BA}，则直线 AB 的坐标方位角可用式（3-4）求得。利用解析法

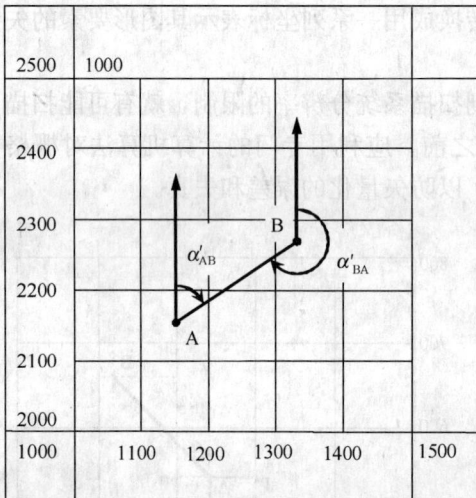

图 3-14　图解直线的坐标方位角

是先求出直线上任意两点的坐标，然后再按式（3-5）计算该线的坐标方位角，当直线较长时，解析法可取得较好的结果。在 AutoCAD 图中可以通过 Angle 命令很快确定直线的坐标方位角。

$$\alpha_{AB} = \frac{1}{2}(\alpha'_{AB} + \alpha'_{BA} \pm 180°) \tag{3-4}$$

$$a_{AB} = \arctan\frac{y_B - y_A}{x_B - x_A} = \arctan\frac{\Delta y_{AB}}{\Delta x_{AB}} \tag{3-5}$$

3) 确定直线的坡度

设地面两点间的水平距离为 D，高差为 h，而高差与水平距离之比称为坡度，以 i 表示，常以百分率或千分率表示。如果两点间的距离较长，中间通过疏密不等的等高线，则所求地面坡度为两点间的平均坡度。在地形图上求得直线的长度以及两端点的高程后，可按下式计算该直线的平均坡度 i，即

$$i = \frac{h}{d \cdot M} = \frac{h}{D} \tag{3-6}$$

式中　d——图上量得的长度（mm）；

　　　M——地形图比例尺分母；

　　　h——两端点间的高差（m）；

　　　D——直线实地水平距离（m）。

坡度有正负号，"＋"正号表示上坡，"－"负号表示下坡，坡度常用百分率（%）或千分率（‰）表示。

（3）按一定方向绘制纵断面图

在各种线路工程设计中，为了进行填挖方量的概算，以及合理地确定线路的纵坡，都需要了解沿线路方向的地面起伏情况，为此，常需利用地形图绘制沿指定方向的纵断面图。如图 3-15 所示，欲沿 AC 绘制断面图，可在绘图纸或方格纸上绘制一水平线 AC，过 A 点作 AC 的垂线作为高程轴线。然后在地形图上用卡规自 A 点分别卡出 A 点至各点的距离，并分别在图上自 A 点沿 AC 方向截出相应的点。再在地形图上读取各点的高程，按高程轴线向上画出相应的垂线。最后，用光滑的曲线将各高程线顶点连接起来，即得 AC 方向的断面图。绘制纵断面图也可以在计算机中快速实现。断面过山脊、山顶或山谷

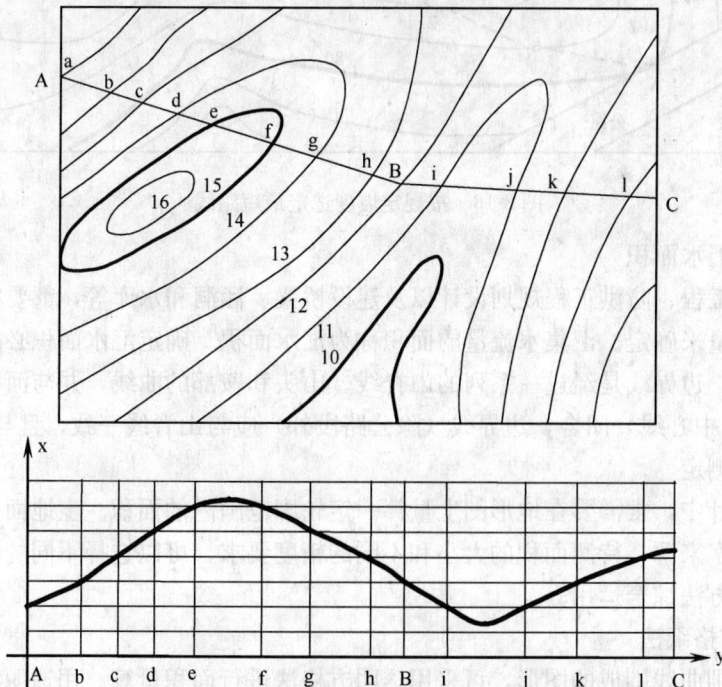

图 3-15　绘制已知方向线的纵断面图

处的高程变化点的高程，可用比例内插法求得。绘制断面图时，为了使地面的起伏变化更加明显，高程比例尺比水平比例尺大 10～20 倍。如，水平比例尺是 1：2000，高程比例尺为 1：200。

（4）按限制坡度在地形图上选线

在道路、管线、渠道等工程设计时，都要求线路在不超过某一限制坡度的条件下，选择一条最短路线。如图 3-16 所示，设从 A 点到高地 B 点要敷设一条输水管线，要求其坡度不大于 5%（限制坡度）。设计用的地形图比例尺为 1：2000，等高距为 1m。为了满足限制坡度的要求，根据计算得出该线路经过相邻等高线之间的最小水平距离 D，以 A 点为圆心，以 D 为半径画弧交等高线于点 1，再以点 1 为圆心，以 D 为半径画弧，交等高线于点 2，依此类推，直到 B 点附近为止。然后连接 A、1、2…B，便在图上得到符合限制坡度的路线。这只是 A 到 B 的路线之一，为了便于选线比较，还需另选一条路线，同时考虑其他因素，如少占农田，建筑费用最少，避开易塌方或崩裂地带等，以便确定路线的最佳方案。在选线过程中，有时会遇到两相邻等高线间的最小平距大于 D 的情况，即所作圆弧不能与相邻等高线相交，说明该处的坡度小于指定的坡度，则以最短距离定线。

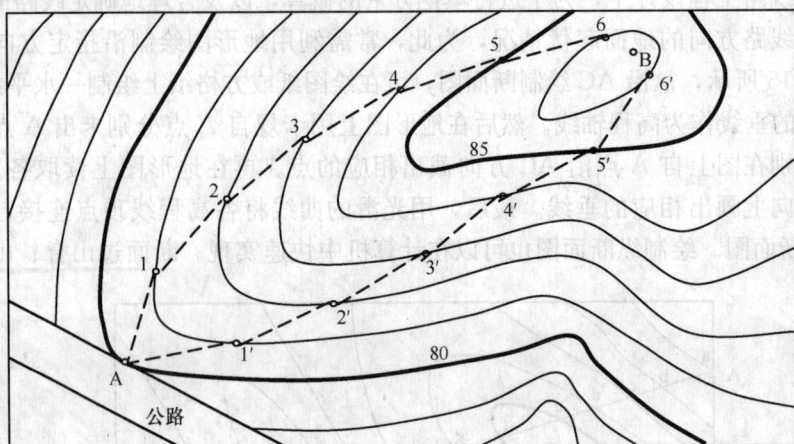

图 3-16　按规定坡度选定最短路线

（5）确定汇水面积

城市雨水工程、防洪工程规划设计以及建设桥梁、涵洞和水库等，都要根据汇集于这个地区的水流量来确定。汇集水流量的面积称为汇水面积。确定汇水面积必须先确定汇水面积的边界线，边界线是经过一系列的山脊线、山头和鞍部的曲线，并与河谷的指定断面（公路或水坝的中心线）闭合，边界线（除公路段外）应与山脊线一致，且与等高线垂直。

（6）面积测定

在规划设计中，常需要在地形图上量算一定轮廓范围内的面积。土地面积量算的方法很多，根据数字来源、待测面积的大小和不同的精度要求，可以选择不同的量算方法，也可以结合不同方法综合运用。

1）透明方格纸法

对于不规则曲线围成的图形，可采用透明方格法进行面积量算。用透明方格网纸（方格边长一般为 1mm、2mm、5mm、10mm）蒙在要量测的图形上，先数出图形内的完整方格数，然后将不够一整格的用目估折合成整格数，两者相加乘以每格所代表的面积，即为所量算图形的面积。

2）平行线法

量算面积时，将绘有间距 $d=1mm$ 或 $2mm$ 的平行线组的透明纸覆盖在待算的图形上，则整个图形被平行线切割成若干等高 d 的近似梯形，上、下底的平均值以 l_i 表示，如图 3-17 所示。图形的总面积可按下式计算。

$$S = d \sum_{i=1}^{n} \Sigma l_i M^2 \tag{3-7}$$

式中　M——地形图的比例尺分母。

3）解析法

如果图形为任意多边形，且各顶点的坐标已在图上量出或已在实地测定，可利用各点坐标以解析法计算面积。如图 3-18 所示，欲求四边形 ABCD 的面积，已知其顶点坐标为 $A(x_1、y_1)$、$B(x_2、y_2)$、$C(x_3、y_3)$ 和 $D(x_4、y_4)$，则其面积相当于相应梯形面积的代数和。

$$S_{ABCD} = S_{ABB'A'} + S_{BCC'B'} - S_{ADD'A'} - S_{DCC'D'} \tag{3-8}$$

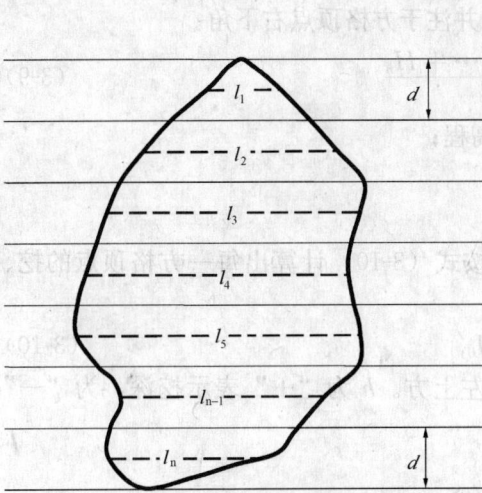

图 3-17　平行线法量算面积　　　　　　图 3-18　解析法计算面积

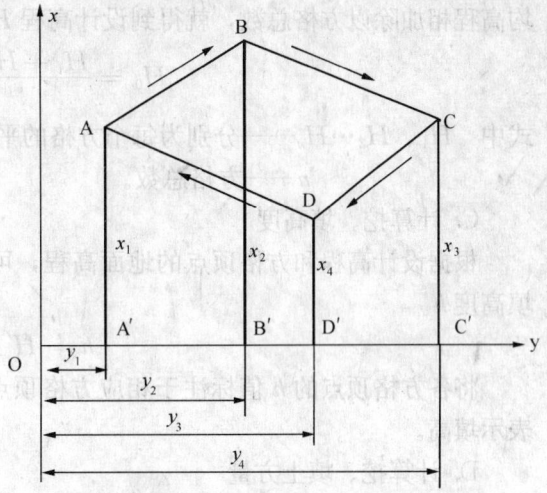

4）求积仪法

求积仪是一种专门供图上量算面积的仪器，其优点是操作简便、速度快、适用于任意曲线图形的面积量算，且能保证一定的精度。求积仪分机械求积仪和电子求积仪两种。电子求积仪是采用集成电路制造的一种新型求积仪，性能优越、可靠性好、操作简便。

除了上面的传统方法外，用得比较多的还有几何图形法。这种方法就是将图形划分为若干个简单的几何图形，然后用比例尺量取计算所需的元素，应用面积计算公式求出各个简单几何图形的面积，最后取代数和，即为多边形的面积。

目前，在电子地图或 AutoCAD 图中广泛利用计算机快速测量。如在进行城市规划时，地形可通过矢量化导入 AutoCAD 图形中，通过 Area 命令快速测出面积和周长。

（7）平整土地中的土石方量估算

在各种工程建设中，除对建筑物要做合理的平面布置外，往往还要对原地貌做必要的改造，以便适于布置各类建筑物，排除地面水以及满足交通运输和敷设地下管线等，这种地貌改造称之为平整土地。给水厂、污水处理厂以及泵站等厂区规划中需要考虑场地的平整。在平整土地工作中，常需预算土石方的工程量，即利用地形图进行填、挖土石方量的概算。采用的方法有多种，其中方格法（或设计等高线法）是应用最广泛的一种。下面分两种情况介绍该方法。

1）要求平整成水平面

将原地貌按挖填土方量平衡的原则改造成水平面，其计算土石方量的步骤如下。

A. 在地形图上绘方格网

在地形图上拟建场地内绘制方格网。方格网的大小取决于地形复杂程度、地形图比例尺大小以及土方概算的精度要求。例如，在设计阶段采用 1∶500 的地形图时，根据地形复杂情况，一般边长为 10m 或 20m。方格网绘制完后，根据地形图上的等高线，用内插法求出每一方格顶点的地面高程 H'，并注记在相应方格顶点的右上角。

B. 计算设计高程

先将每一方格顶点的高程加起来除以 4，得到各方格的平均高程，再把每个方格的平均高程相加除以方格总数，就得到设计高程 H_0，并注于方格顶点右下角。

$$H_0 = \frac{H_1 + H_2 + \cdots + H_n}{n} \tag{3-9}$$

式中　H_1、$H_2 \cdots H_n$——分别为每个方格的平均高程；

　　　　　n——方格总数。

C. 计算挖、填高度

根据设计高程和方格顶点的地面高程，可以按式（3-10）计算出每一方格顶点的挖、填高度 h。

$$h = H' - H_0' \tag{3-10}$$

将各方格顶点的 h 值标注于相应方格顶点的左上方。h 为"＋"表示挖深，为"－"表示填高。

D. 计算挖、填土方量

根据方格顶点的填、挖高度及方格面积，分别计算各方格内的填、挖方量及整个场地总的填、挖方量。总挖方量和总填方量应相等。

2）要求按设计等高线整理成倾斜面

将原地貌改造成统一坡度的倾斜面，一般可根据填、挖平衡的原则，画出设计倾斜面的等高线。但是，有时要求所设计的倾斜面必须包含不能改动的某些高程点（称为设计斜面的控制高程点）。例如，已有道路的中线高程点、永久性或大型建筑物的外墙地坪高程等。

将原地貌按设计等高线改造成倾斜面，其计算土石方量的步骤同前，不同之处是各方格顶点的设计高程是根据设计等高线内插求得的，并注记在方格顶点的右下角。

第4章 给水排水工程规划与勘测

4.1 给水排水工程规划设计对勘测的要求

城市规划和建设始于城市地形图，城市建设止于竣工测量和归档图件，因此，城市勘测的作用在现代城市活动中是其他行业无法替代的。充分、准确的勘测资料，是保证工程规划设计质量的前提。为了做到多快好省地完成工程勘测设计任务，应根据设计的不同阶段布置勘测工作。在布置勘测工作之前，应搜集核对建设区域内已有的勘测成果，在保证质量的前提下尽量加以利用，以缩小新的勘测范围，减少勘测工作量。本节只讨论城市给水排水工程规划对勘测的一般要求，以供规划设计人员在收集资料时参考。

4.1.1 地形测量的要求

（1）总平面图

应包括地形、地物、等高线、坐标等。比例尺 1：10000～1：50000。

（2）枢纽工程平面图

最好用 20～50m 小方格导线施测，实测范围视具体需要确定，图上应包括地形、地物、等高线等。比例尺 1：200～1：500。

（3）取水口测量

1）地形图：比例尺 1：200～1：1000。

2）河床断面图：比例尺横向 1：200～1：1000；纵向 1：50～1：100。通常由取水口上下游每隔 50～100m 测河床断面，一般测三处，河床变化复杂的河流则另定。

（4）给水排水管道测量

1）平面地形图：比例尺 1：500～1：2000（一般 1：1000～1：2000。遇管线综合复杂的街道时采用 1：500）。测量范围一般按管道每侧不小于 30m 考虑，其中每侧 10m 范围内应详测。

2）定线测量：按设计提出的定向条件在平面地形图上测量订桩（此项工作可与平面地形图测量同时进行，亦可先测绘平面地形图，后进行定线测量），订出管道中心桩。管道的起点、终点、转折点，除测出桩号外应给出坐标，并绘出点桩距。

3）纵断面图：比例尺横向宜与平面图比例相同；纵向 1：100～1：200。应沿管道中线测绘现有地面高程。沿线如有现状地下交叉管线，应测出交叉点桩号。

4）穿越铁路、公路、河道、堤坝处应测其横断面详图：比例尺横向 1：100～1：500；纵向 1：10～1：50。除交叉段地形高程外，应分别测出铁路轨顶高程、交叉点的铁路里程数、公路、河床、堤坝断面，路边沟深度，水面高程等。测量宽度视具体情况确定。

4.1.2 工程地质勘察的要求

（1）枢纽工程勘察要求

1）枢纽工程范围内的地形地物概述；

2）地下水概述，包括勘察时实测水位；

3）土壤物理分析及力学试验资料；

4）钻孔布置。主要构筑物（建筑物）如泵房、沉淀池、滤池、清水池、办公管理楼等一般须布置 2～10 个钻孔，其深度决定于构筑物（建筑物）基础下受力层的深度，一般应钻至基底下 3～6m。水工构筑物及取水构筑物的探孔深度应达到河床最大冲刷深度以下不小于 5m 或钻至中等风化岩石为止。

5）勘察成果除满足上述要求外，应对设计构筑物的基础砌置深度、基础及上层结构的设计要求、施工排水、基槽处理以及特殊地区的地基（如可液化土地基、淤泥、高填土等）提出必要的处理建议。

（2）输配水干管勘察要求

一般钻孔布置间距 300～500m，孔深 4～6m。技术要求可查阅枢纽工程勘察要求中的具体规定。

（3）不同设计阶段对勘察内容的要求

1）初步设计阶段：要求勘察部门对枢纽工程场地稳定性作出评价，对主要构筑物地基基础方案及对不良地质防治工程方案提供工程地质资料及处理建议。

2）施工图设计阶段：要求勘察部门根据设计确定的构筑物位置，在初步设计勘察结论的基础上进行勘察部门认为需要进行的补充勘察工作，并提出补充报告。

4.1.3 水文地质勘察的要求

在可能作为水源地的地区范围内进行水文地质勘察工作。

（1）一般规定

1）水文地质测绘宜在比例尺大于或等于测绘比例尺的地形地质图基础上进行。当只有地形图而无地质图或地质图的精度不能满足要求时，应进行地质、水文地质测绘。

2）水文、地质测绘的比例尺：普查阶段宜为 1∶50000～1∶100000；详查阶段宜为 1∶5000～1∶25000；勘探阶段宜为 1∶10000 或更大的比例尺。

3）水文地质测绘的观测路线宜按下列要求布置。

A. 沿垂直岩层或岩浆岩体构造线走向；

B. 沿地貌变化显著方向；

C. 沿河谷、沟谷和地下水露头多的地带；

D. 沿含水层带走向。

4）水文地质测绘的观测点宜布置在下列地点。

A. 地层界线、断层线、褶皱轴线、岩浆岩与围岩接触带标志层、典型露头和岩性、岩相变化带等；

B. 地貌分界线和自然地质现象发育处；

C. 井泉钻孔、矿井、坎儿井、地表坍陷岩溶水点（如暗河出入口、落水洞、地下湖）和地表水体等。

5）地质测绘每平方公里的观测点数和路线长度可按表 4-1 确定。

6）进行水文地质测绘时可利用现有遥感影像资料进行判释与填图，减少野外工作量和提高图件的精度。

测绘比例尺	地质观测点数（个/km²）		水文地质观测点数（个/km²）	观测路线长度（km/km²）
	松散层地区	基岩地区		
1：100000	0.10～0.30	0.25～0.75	0.10～0.25	0.50～1.00
1：50000	0.30～0.60	0.75～2.00	0.20～0.60	1.00～2.00
1：25000	0.60～1.80	1.50～3.00	1.00～2.50	2.50～4.00
1：10000	1.80～3.60	3.00～8.00	2.50～7.50	4.00～6.00
1：5000	3.60～7.20	6.00～16.00	5.00～15.00	6.00～12.00

注：1. 同时进行地质和水文地质测绘时表中地质观测点数应乘以 2.5，复核性水文地质测绘时观测点数为规定数的 40%～50%。

　　2. 水文地质条件简单时采用小值，复杂时采用大值，条件中等时采用中间值。

7）遥感影像资料的选用宜符合下列要求。

A. 航片的比例尺与填图的比例尺接近；

B. 陆地卫星影像选用不同时间各个波段的 1：500000 或 1：250000 的黑白相片以及彩色合成或其他增强处理的图像；

C. 热红外图像的比例尺不小于 1：50000。

8）遥感影像填图的野外工作应包括下列内容。

A. 检验判释标志；

B. 检验判释结果；

C. 检验外推结果；

D. 补充室内判释难以获得的资料。

9）遥感影像填图的野外工作量，每平方公里的观测点数和路线长度宜符合下列规定。

A. 地质观测点数宜为水文地质测绘地质观测点数的 30%～50%；

B. 水文地质观测点数宜为水文地质测绘水文地质观测点数的 70%～100%；

C. 观测路线长度宜为水文地质测绘观测路线长度的 40%～60%。

（2）水文地质测绘内容和要求

1）地貌调查宜包括下列内容。

A. 地貌的形态、成因类型及各地貌单元间的界线和相互关系；

B. 地形、地貌与含水层的分布及地下水的埋藏、补给、径流排泄的关系；

C. 新构造运动的特征、强度及其对地貌和区域水文地质条件的影响。

2）地层调查宜包括下列内容。

A. 地层的成因类型、时代、层序及接触关系；

B. 地层的产状、厚度及分布范围；

C. 不同地层的透水性、富水性及其变化规律。

3）地质构造调查宜包括下列内容。

A. 褶皱的类型、位置、长度及延伸和倾状方向；两翼和核部地层的产状、裂隙发育特征及富水地段的位置；

B. 断层的位置、类型、规模、产状、断距、力学性质和活动性；断层上、下盘的节理发育程度、断层带充填物的性质和胶结情况；断层带的导水性、含水性和富水地段的位置；

C. 不同岩层层位和构造部位中节理的力学性质、发育特征、延伸和交接关系及其富水性；

D. 测区所属的地质构造类型、规模、等级和测区所在的构造部位及其富水性。

4）泉的调查宜包括下列内容。

A. 泉的出露条件、成因类型和补给来源；

B. 泉的流量、水质、水温、气体成分和沉淀物；

C. 泉的动态变化、利用情况。若有供水时，应设观测站进行动态观测。

5）水井调查宜包括下列内容。

A. 井的类型、深度、井壁结构、井周地层剖面、出水量、水位水质及其动态变化；

B. 地下水的开采方式、开采量、用途和开采后出现的问题；

C. 选择有代表性的水井进行简易抽水试验。

6）地表水调查宜包括下列内容。

A. 地表水的流量、水位、水质、水温、含砂量及动态变化以及地表水与地下水（包括暗河和泉）的补排关系；

B. 利用现状及其作为人工补给地下水的可能性；

C. 河床或湖底的岩性和淤塞情况以及岸边的稳定性。

7）水质调查应包括下列内容。

A. 水质简易分析：取样点数不应少于前面规定的水文地质观测点总数的40%。分析项目包括颜色、透明度、嗅和味、沉淀值、可溶性固形物总量、总硬度等指标；

B. 水质专门分析：取样水点数不应少于简易分析点数的20%。分析项目包括：生活饮用水应符合国家现行的生活饮用水卫生标准的要求；生产用水应按不同工业企业的具体要求确定；在有地方病或水质污染的地区，应根据病情和污染的类型确定；

C. 划分地下水的水化学类型，了解地下水水化学成分的变化规律、水污染的来源、途径、范围、深度和危害程度。

各类地区水文地质测绘的专门要求按水文地质勘察有关规程办理，这里不赘述。

4.2 环境水文地质调查

环境水文地质调查是环境水文地质工作的基础。包括对已有资料的收集和野外调查，环境水文地质调查工作的主要内容是：了解城市的一般概况，查明城市环境水文地质条件和环境水文地质问题。

（1）城市环境情况调查

1）城市的发展和变迁；

2）工农业生产现状与发展规划；

3）城市建设规模及其布局调整；

4）现有人口密度和控制指标；

5）城市供水状况及其历史沿革，生活与工农业用水的供需平衡概况；

6）地下水开发利用的历史沿革和现状；

7）土地利用状况等。

（2）天然环境水文地质条件调查

1）气候、水文、土壤和植被状况；

2）地层岩性、地质构造和地貌特征及主要矿产；

3）包气带岩性、厚度与结构，含水岩层的岩性、结构、厚度和富水性以及隔水岩层岩性、厚度、结构；

4）地下水水位、水质和水温特征，地下水类型、补给、径流和排泄条件以及地下水环境背景值（污染起始值）或对照值。

（3）人为环境水文地质条件调查

1）地下水开发利用状况调查

应了解主要开采层的层次、开采量、开采强度、开采井的密度、深度、施工结构质量，开采过程中水质、水量、水位的变化状况。

2）地下水污染源调查

应查明工业污染源的位置、主要污染物及其浓度、年排放量、排放方式、排放途径和去向、处理及综合利用状况；应了解生活污水和医疗卫生废水的排放量、排放方式、排放途径、去向与处理程度；生活垃圾、粪便的排放、储存、处理利用状况；露天厕所分布状况；郊区化肥、农药和农家肥施用量及其历年的变化；较大的牲畜场分布、规模与发展状况；污灌区位置、范围、污灌量、灌溉方式、污水的主要成分和作物种类。

3）大气、地表水和土壤污染状况调查

应调查大气、地表水与土壤中的主要污染物及其污染程度、范围与演变过程、污染原因和途径。

4）与地下水有关的其他人类工程活动调查

应收集调查改变天然地质结构的各种地下工程，改变环境化学条件的矿产开发等工程活动及其对环境生态的影响等有关资料。

（4）主要环境水文地质问题调查

1）地下水水质问题调查

应查明地下水中主要物质成分及含量的时空分布、过高或过低物质成分含量程度和范围、不良水质形成原因、对环境和生态（包括人体健康）的影响；应查明地下水中的主要污染物及其分布特征、污染程度和污染范围、污染原因、污染类型及其对环境和生态的影响。

2）地下水资源衰减状况调查

在开采地下水历史比较长，机井密度比较大的城市，每1～2年要统测一次丰、枯水期水位，了解集中开采区地下水位降落漏斗的规模和发展趋势；查明漏斗中心的水位、漏斗面积和形状、漏斗形成的原因，计算各年和多年累计的开采量；了解下降幅度和下降速度；在机井开采量调查的基础上，应对集中开采区的代表性机井，每1年进行一次丰、枯水期开采量调查，了解开采量衰减情况，查明地下水开采量衰减程度和原因；分析研究机井密度、水位下降幅度与机井开采量变化关系，了解地下水开采量衰减趋势。应查明被疏干含水层的位置、疏干形状和面积，被疏干含水层类型、岩性和厚度、疏干量、疏干原因和发展趋势。

3）地面沉降与地面塌陷调查

调查沉降和塌陷的位置、范围及面积、沉降量和塌陷量、沉降区和塌陷区的环境水文地质条件、沉降和塌陷原因以及发展趋势。

4）其他环境水文地质问题调查

A. 开采深层热水和热矿泉对环境和生态的影响程度、范围、原因和途径；

B. 海水入侵的原因、程度、范围、途径及其对环境和生态的影响；

C. 黄土湿陷的形成原因、程度、范围、途径及其对环境和生态的影响。

（5）环境水文地质调查方法与基本要求

1）环境水文地质调查中的水质采样点，平均每 $1\sim5km^2$ 1 个。一般调查点（包括地质、地貌、水文地质和环境水文地质调查点）应为水质采样点的三倍左右；

2）重要环境水文地质调查点和采样点应有照片附在调查卡片中；

3）地下水化验项目应包括常量元素、微量元素、特殊成分和细菌分析。其中，必测项目有：三氮、酚、氰、汞、铬、砷和化学耗氧量等；

4）在环境水文地质调查中，应尽量在现场测定 pH、Eh、DO、电导率和水温等不稳定项目。

采样和化验方法按有关标准规范的规定执行。

4.3 环境水文地质勘探与试验

环境水文地质勘探与试验是环境水文地质工作的重要组成部分，是在环境水文地质调查的基础上，针对某些需要进一步查明的环境水文地质问题而进行的。

（1）环境水文地质勘探的任务

1）查明环境水文地质条件在垂直方向上的分布特征与规律；

2）查明地下水污染、地面沉降、塌陷等环境水文地质问题在垂直方向上的分布特征与规律；

3）施工专门监测井和有关试验井。环境水文地质勘探的方法应根据当地的环境水文地质条件和不同的环境水文地质问题的性质分别采用钻探、物探、坑探，并可同时采用水土化学分析及室内外测试。

（2）环境水文地质试验的任务

1）有关地下水污染物的分布范围、运移、扩散规律、土体对污染物质的吸附、解吸等作用的强度和有关参数的研究；

2）了解天然状态和人为活动影响下地下水均衡条件、均衡要素，测定各均衡要素的参数，配合地下水动态观测和开采调查进行地下水均衡计算；

3）查明其他环境水文地质问题的形成机制，并取得有关参数。

4.4 环境水文地质监测

环境水文地质监测是通过对地下水水位、水量、水温、水质的长期监测查明地下动态变化的重要手段，是进行城市环境水文地质质量评价，解决地下水合理开发、科学管理的基础工作。

地下水监测网的布设应以最少的监测点控制较大的面积，获得大量典型动态资料。具体布设应考虑以下要求。

(1) 控制不同的水文地质单元；

(2) 控制不同的含水层（组），特别是易污染层，监测重点是主要供水目的层及已污染的含水层；

(3) 控制地下水水位下降漏斗区，地面沉降区以及控制其他专门环境水文地质问题等。

地下水监测点必须是具有代表性的单孔或孔组，其基本水文地质资料齐全，取水结构清楚，并可以保持监测时间的连续性。作为水质监测的点应该是常年使用的生产井或泉。地下水监测点分类可分为区域性监测点和专门性监测点两类。区域性监测点又可分为控制性监测点和辅助性监测点。控制性监测点一般是在供水勘探过程中选留下来作为长期监测的钻孔和专门施工的监测孔。它主要构成不同水文地质单元和不同含水层地下水动态特征的基本监测线。辅助性监测点属于面上均匀分布的点，一般选择机井、民井即可。专门性监测点是指为某种或某些专门目的，如为了解某一环境水文地质问题而布置的监测点，包括监测地下水位下降漏斗、监测地面沉降、监测海水入侵、监测某一污染源对地下水污染的影响等的监测点。监测点的密度可根据工作比例尺、环境水文地质条件及环境水文地质问题的复杂程度而定。一般 1:2.5 万、1:5 万、1:10 万监测点的数量可考虑每平方千米 0.1~1 个，控制性监测点数量占监测点总数的百分比一般不应低于 20%。

地下水水位监测频率是根据水动态变化幅度和监测点分类来确定。控制性监测点每五天监测一次（其中 20% 的点应安装自记水位计），监测日期一般要求为逢五逢十日。辅助性监测点可每十天或每月监测一次。南方岩溶地区的控制点每三天一次，雨季还要加密至每天监测二次。地下水水质监测频率一般每年采样两次，即在地下水的枯水期与丰水期各采一次。根据具体情况，采样次数可适当增加，在已了解水质变化规律的情况下也可 1~2 年采样一次。控制性监测点水质监测项目除简分析项目外还包括铁、锰、铜、锌、硝酸盐、亚硝酸盐、氨氮、化学耗氧量、生物耗氧量、氟化物、硒、砷、汞、镉、总铬、铬、氰化物、挥发酚、细菌及大肠菌群等。辅助性监测点水质监测项目根据调查区具体情况而定。

4.5 工程地质勘察

岩土工程地质勘察是基本建设过程中的基础环节，以了解、查明建设地点的岩土构成、地层、构造、水文地质情况，建设地点的地质环境情况为目的。通过地面地质调查、钻探、物探、浅井、钎探、原位测试，岩、土、水样的室内测试等手段为基本建设的设计、预算、施工提供岩土构成，岩土力学性质、地质环境，基础方案等方面的第一手技术资料，使工程基础的设计、预算、施工做到科学、合理和可靠。

工程地质勘察报告是对工程地质勘察所获得的各种资料进行分析整理后提交建设部门使用的成果资料。它主要包括地质剖面图及各种相关地质图件、钻探测试数据的统计、反演分析、工程地质条件分析与评价、建设工程基础方案可行性论证等。

城市规划工程地质勘察必须结合任务要求，因地制宜，选择运用各种勘察手段，提供符合城市规划要求的勘察成果。在勘察工作中要积极采用有效的新技术（如遥感、电子计算机技术等）和地质学科新理论。

城市规划工程地质勘察，除应符合相关规范外，尚应符合国家现行标准的有关规定。

（1）城市规划工程地质勘察阶段应与规划阶段相适应。分为总体规划勘察阶段（简称总体规划勘察）和详细规划勘察阶段（简称详细规划勘察）。

（2）城市规划工程地质勘察应以搜集整理、分析利用已有资料和工程地质测绘与调查为主，辅以必要的勘探、测试工作。

（3）城市规划工程地质勘察的工作内容、工作方法和工作量，应按下列因素综合考虑确定。

1）勘察阶段及其任务要求；

2）规划区的地理、地质特征和工程地质条件的复杂程度；

3）规划区已有资料和工程地质环境特征的研究程度，以及当地的工程建设经验。

（4）城市规划区内的各场地，应根据其场地条件和地基的复杂程度分类，见表4-2。

场 地 分 类   表 4-2

Ⅰ类	Ⅱ类	Ⅲ类
按现行的国家《建筑抗震设计规范》划分的对建筑抗震危险的场地和地段	按现行的国家《建筑抗震设计规范》划分的对建筑抗震不利的场地和地段	地震设防烈度为6度或6度以下或按现行的国家《建筑抗震设计规范》划分的对建筑抗震有利的场地和地段
不良地质现象强烈发育	动力地质现象一般发育	不良地质现象不发育
地质环境已经或可能受到强烈破坏	地质环境已经或可能受到一般破坏	地质环境基本未受破坏
地形地貌复杂	地形地貌较复杂	地形地貌简单
土种类多，性质变化大，地下水对工程影响大，且需特殊处理	岩土种类较多，性质变化较大，地下水对工程有不利影响	岩土种类单一，性质变化不大，地下水对工程无影响
变化复杂，作用强烈的特殊性岩土	不属Ⅰ类的一般特殊性岩土	非特殊性岩土

注：1. 表中未列项目可按其复杂性比照推定；
2. 从Ⅰ类开始向Ⅱ类、Ⅲ类推定，六项中其中一项属于Ⅰ类即划为Ⅰ类场地，依次类推。

（5）详细规划勘察阶段，近期建设区内的拟建工程的等级，应根据地基损坏造成工程破坏的后果（危及人的生命、造成经济损失和社会影响及修复可能性）的严重性划分，见表4-3。

工 程 等 级   表 4-3

工程等级	破坏后果	工 程 类 型
一级	很严重	重大工程：20层以上的高层建筑；体型复杂的14层以上的高层建筑；对地基变形有特殊要求的建筑物；单桩荷载在4000kN以上的建筑物；120000吨以上的污水处理厂等
二级	严重	一般工程
三级	不严重	次要工程

4.5.1 总体规划阶段的工程地质勘察

总体规划勘察应对规划区内各场地的稳定性和工程建设适宜性作出评价，并为确定城市的性质、发展规模、城市各项用地的合理选择、功能分区和各项建设的总体部署以及编制各项专业总体规划提供工程地质依据，还应研究和预测规划实施过程及远景发展对地质环境影响的变化趋势和可能发生的环境地质问题，并提出相应的建议和防治对策。

(1) 总体规划勘察工作应符合下列要求。

1) 搜集整理、分析研究已有资料、文献，调查了解当地的工程建设经验；

2) 调查了解规划区内各场地的地形、地质及地貌特征、地基岩土的空间分布规律及其物理力学性质、动力地质作用的成因类型、空间分布、发生和诱发条件等以及它们对场地稳定性的影响及其发展趋势，并应调查了解规划区内存在的特殊性岩土的典型性质；

3) 调查了解规划区内各场地的地下水类型，埋藏、径流及排泄条件，地下水位及其变化幅度，地下水污染情况，并采取有代表性的水试样进行水质分析。在缺乏地下水长期观测资料的规划区应建立地下水长期观测网，进行地下水位和水质的长期观测；

4) 对于地震区的城市，应调查了解规划区的地震地质背景和地震基本烈度，对地震设防烈度等于或大于 7 度的规划区，尚应判定场地和地基的地震效应；

5) 在规划实施过程及远景发展中，应调查研究并预测地质条件变化或人类活动引起的环境工程地质问题；

6) 综合分析规划区内各场地工程地质（地形、岩土性质、地下水、动力地质作用及地质灾害等）的特性及其与工程建设的相互关系，按场地特性、稳定性、工程建设适宜性进行工程地质分区，并结合任务要求进行土地利用控制分析，编制城市总体规划勘察报告。

(2) 总体规划勘察前，必须取得下列文件和图件。

1) 城市规划部门下达的勘察任务书，并应附有城市总体规划区（市区、新开发区及卫星城镇）的范围图以及城市类别、性质、发展规模和重点建设区等文件；

2) 规划区现状地形图，其比例尺大、中城市宜为 1：10000～1：25000；各类城市的市区、新开发区及卫星城镇宜为 1：5000～1：10000，市域城镇体系规划图宜为 1：50000～1：10000。

(3) 总体规划勘察搜集资料应符合下列要求。

1) 规划区及其邻近地区的航天和航空遥感影像资料；

2) 规划区的历史地理、江湖河海岸线变迁、城市的历史沿革和城址变迁，河、湖、沟、坑的分布及其演变等资料；

3) 规划区气候的基本性质、气温（平均气温、最高气温、最低气温、四季的分配、采暖和防暑降温期、无霜期、最大冻结深度）、降雨（降雨量、降雨强度）、风（风向、风速、风口）、气压、湿度、日照（日照时数、日照角）和灾害性天气等气象要素资料；

4) 规划区的水系分布、流域范围、江湖河海水位、流量、流速、水量和洪水淹没界线、洪涝灾害等水文资料，以及现有水利、防洪设施的资料；

5) 区域地质、地貌、水文地质和工程地质以及地下水长期观测和建筑物沉降观测等资料；

6) 地震地质资料。如活动构造体系和深部地质构造、近期地壳形变观测、历史地震和地震现今活动特点及其构造活动特征、地震危险区、地震基本烈度和宏观震害、地震液化和其他强震地面破坏效应、强震观测记录以及地震反应分析等资料；

7) 自然资源（水资源、矿产资源和燃料动力资源、天然建筑材料资源以及旅游景观资源等）的分布、数量、开发利用价值等资料；

8) 地下工程设施（地下铁道、人防工程等）和地下采空区分布情况的资料；

9) 土地利用现状资料；

10) 当地工程建设经验资料。

（4）总体规划勘察的工程地质测绘与调查应符合下列要求。

1) 工程地质测绘与调查的范围应包括规划区以及对规划区的地层、地质构造、地貌特征和场地稳定性有重要意义的邻近地段；

2) 实测地质界线、地貌界线的测绘精度在相应比例尺图上的误差不应超过3mm，对工程建设有特殊意义的地质单元体（如崩塌、滑坡、错落、断裂带、软弱夹层、岸边冲刷带、洞穴、泉等）均应测绘，必要时可用扩大比例尺表示；

3) 工程地质测绘与调查所用地形图的比例尺宜比编制成果图图纸比例尺大一级；

4) 观测点的密度取决于场地的工程地质条件的复杂程度、成图比例尺及工程建设的特点和规模，地点应具代表性，数量以能控制重要的地质、地貌界线，并能掌握规划区内各场地的工程地质环境现状特征的基本情况为原则。观测点在图上的距离，宜控制在2～6cm；也可根据场地工程地质条件的复杂程度，并结合对工程建设的影响程度，适当加密或放宽；

5) 在地质构造线、地层接触线、岩性分界线、标准层面和每个单元体均应有观测点；

6) 观测点应充分利用天然和人工露头，当露头少且必要时，可根据具体情况布置一定数量的钻探工作，当条件适宜时，可配合进行物理勘探工作；

7) 工程地质测绘与调查，一般包括下列内容。

A. 研究地形、地貌特征，划分地貌单元，分析各地貌单元的形成过程、相互关系及其与地层、构造及不良地质现象的联系；

B. 研究岩石和土的性质、成因类型、时代、厚度及分布范围。对基岩尚应查明风化程度及不同地层的接触关系；对土层应着重区分新近堆积土、特殊性土的类别、分布范围及其工程地质特征；

C. 研究岩层的产状及构造类型、软弱结构面的产状及其性质，如断层的位置、类型、产状、断距、破碎带的宽度及充填胶结情况，岩、土接触面及软弱夹层的特性等；第四纪构造活动的形迹、特点与地震活动的关系，以及与区域主要构造的排列序次和组合关系；

D. 研究地下水的类型，井、泉的位置、补给来源、排泄条件、含水层的岩性、埋藏深度、水位变化幅度和污染情况及其与地表水体的关系等，并调查研究由于地下水位的升降对工程建设的影响以及过量汲取地下水而导致岩土体的塌陷和地面沉降等问题；

E. 分析洪水淹没范围，河流水位、径流、排泄情况以及内涝的分布范围；

F. 研究岩溶、土洞、滑坡、崩塌、冲沟、泥石流、断裂、地震液化、地裂缝、岸边冲刷、岸边滑移等的分布、形态、规模、发育情况及其对工程建设的影响程度；

G. 调查研究已有建筑物的变形情况和建筑经验，以及人类工程活动引起的场地稳定性问题和不良地质现象的防治措施和经验。

（5）勘探点、勘探线、网的布置应符合的要求。

总体规划勘察的勘探工作应在充分搜集、分析利用已有资料和工程地质测绘与调查的基础上进行。

1）勘探线应垂直地貌单元边界线、地质构造及地层界线；

2）勘探点应沿勘探线布置，在每个地貌单元和不同地貌单元交界的部位均应布置勘探点；

3）在工程地质简单的Ⅲ类场地，勘探点可按方格网布置；

4）勘探线、点间距应符合表 4-4 的规定。

大、中城市的市区、重点开发区，勘探线、点的间距可按表 4-4 中规定的最小值确定；大、中城市的郊区，勘探线、点间距可按表 4-4 中规定的最大值确定。总体规划勘察的勘探孔可分一般孔和控制孔两类，其深度应根据任务要求和岩土条件确定：一般勘探孔深度，应为 8～15m；控制勘探孔深度，应为 15～30m；控制勘探孔应占勘探孔总数的1/5～1/3，且每个地貌单元均应有控制勘探孔，其数量不宜少于 3 个。当场地地形起伏较大时，应根据整平地面高程调整孔深；当遇基岩时，主要控制勘探孔应钻入基岩适当深度，其他勘探孔钻至基岩顶板；当基础埋置深度下有超过 3～5m 厚均匀分布的坚实土层（如碎石、老堆积土等），其下又无软弱下卧层时，主要的控制勘探孔钻至预定深度，其他勘探孔钻至该层适当深度；当预定深度内有软弱地层存在，应适当加深或予以钻穿；在软土地区，勘探孔深度宜钻进较坚硬地层不少于 1.0m。

（6）总体规划勘察的取试样和原位测试工作应符合下列要求。

1）取土试样和进行原位测试的勘探孔，应在平面上均匀分布，其数量不得少于勘探孔总数的1/2；竖向间距应根据地层特点和土的均匀程度确定，各土层均应采取土试样或取得原位测试数据；

2）在规划区内，应根据地下水埋藏特征，采取有代表性的水试样进行水质全分析，取水试样数量，不宜少于每 5km² 取 1 个。

除了上面的要求外，总体规划勘察，对不良地质条件和将来由于地质条件的自然改变或人为活动引起环境工程地质问题的调查和预测的内容、场地稳定性类别及场地工程建设适宜性类别均应符合规范的要求。

总体规划勘探线、点间距（m） 表 4-4

间距 城市类别 场地类别	线　　距		点　　距	
	大城市、中等 城市	小城市，大城市的 卫星城镇	大城市、中等城市	小城市、大城市的 卫星城镇
Ⅰ类场地	300～500	500～700	200～400	400～600
Ⅱ类场地	500～800	700～1000	400～600	600～800
Ⅲ类场地	800～1000	1000～1500	600～800	800～1000

注：①城市类别按《中华人民共和国城市规划法》的规定划分；

②勘探点包括钻孔、探井、铲孔和原位测试孔。

4.5.2 详细规划阶段的工程地质勘察

详细规划勘察应对规划区内各建筑地段的稳定性作出工程地质评价，为确定规划区内近期房屋建筑、市政工程、公用事业、园林绿化、环境卫生及其他公共设施的总平面布置，以及拟建的重大工程地基基础设计和不良地质现象的防治等提供工程地质依据、建议及其技术经济论证依据。

（1）详细规划工作应符合下列要求。

1）搜集总体规划区内各项工程建设的勘察资料和勘察报告，以及已编制的城市工程地质图系；

2）初步查明地质（地层、构造）、地貌、地层结构特征、地基岩土层的性质、空间分布及其物理力学性质、土的最大冻结深度，以及不良地质现象的成因、类型、性质、分布范围、发生和诱发条件等对规划区内各建筑地段稳定性的影响程度及其发展趋势；并应初步查明规划区内存在的特殊性岩土的类型、分布范围及其工程地质特性；

3）初步查明地下水的类型、埋藏条件、地下水位变化幅度和规律以及环境水的腐蚀性；

4）进一步分析研究规划区的环境工程地质问题，并对各建筑地段的稳定性作出工程地质评价；

5）在抗震设防烈度大于或等于7度的规划区，应判定场地和地基的地震效应；

6）在综合整理、分析研究各项勘察工作中所取得资料的基础上，编制近期建设区详细规划勘察报告。

（2）详细规划勘察前必须取得下列文件和图件。

1）规划部门下达的勘察任务书，并应附有近期建设区的规划范围图，包括已建和拟建的各项工程建设总平面布置及其工程特点的文件等；

2）规划区范围的现状地形图，其比例尺可为1∶1000～1∶2000，也可采用1∶500的比例尺。

（3）详细规划勘察中，在地质条件较复杂或具有多种地貌单元组合的场地应进行工程地质测绘与调查，并应符合下列要求。

1）工程地质测绘与调查的范围应包括：对规划区的工程建设有影响的动力地质作用的成因类型、分布范围、发生和诱发条件、强烈程度等所必须扩展的地貌单元；对查明规划区的地貌单元，地层、地质构造等有重要意义的邻近地段及工程活动引起的不良地质现象的影响范围；

2）建筑地段地质、地貌界线的测绘精度，在相应比例尺图上的误差不应超过3mm，其他地段不应超过5mm；

3）工程地质测绘所用地形图的比例尺，宜大于编制成果图的图纸比例尺；

4）测绘点的选点应具代表性。观测点数量应能满足控制重要的地质、地貌界线，初步查明规划区工程地质条件以及对建筑地段稳定性作出工程地质评价的要求；观测点的间距在图上的距离宜控制在2～5cm，必要时也可适当加密或放宽；

5）在地质构造线、地层接触线、岩性分界线、标准层面和每个地质单元均应有观测点；

6）观测点应充分利用天然和人工露头，必要时，可布置一定数量的钻探、坑探；

7）工程地质测绘与调查的内容应根据任务要求和规划区工程地质环境特征确定。

（4）详细规划勘察的勘探工作，应在充分搜集、分析已有资料和工程地质测绘与调查的基础上进行。勘探点、线、网的布置应符合下列要求。

1）勘探线应垂直地貌单元边界线、地质构造线及地层界线；

2）勘探点可按勘探线布置，但在每个地貌单元和不同地貌单元交界部位应布置勘探点，在微地貌和地层变化较大的地段应予加密；

3）工程地质条件简单的Ⅲ类场地，勘探线可按方格网布置；

4）拟建重大建筑物的场地，应按建筑物平面形状的纵、横两个方向布置勘探线；

5）勘探线、点间距应符合表4-5的规定。

城市中主要干道沿线地带和大型公共设施（如体育中心、文化中心、商业中心等）建设地区详细规划勘察的勘探线、点间距，应根据场地类别，按表4-5中规定的最小值确定；城市中主要干道沿线地带详细规划勘察的勘探线，在干道每侧不应少于2条。在具体建设项目尚未全部落实的情况下，为编制详细规划而进行的勘察，其勘探线、点间距，应根据场地类别，按表4-5中规定的最大值确定。详细规划勘察的勘探孔可分一般孔和控制孔两类，其深度应符合表4-6的规定。控制性勘探孔，一般占勘探孔总数的1/5~1/3，且每个地貌单元或拟建的每幢重大建筑物均应有控制性勘探孔。

详细规划勘探线、点间距（m）   表4-5

场地类别	间 距	
	线 距	点 距
Ⅰ类场地	50~100	<50
Ⅱ类场地	100~200	50~150
Ⅲ类场地	200~400	150~300

注：勘探点包括钻孔、探井、铲孔和原位测试孔。

详细规划勘探孔深度（m）   表4-6

工程安全等级	勘探孔深度	
	一般孔	控制孔
一级	>15	>30
二级	10~15	15~30
三级	8~10	10~15

注：勘探孔包括钻孔及原位测试孔。

（5）详细规划勘察取试样和原位测试工作应符合下列要求。

1）取土试样和原位测试的勘探孔，应在平面上适当均匀分布，其数量宜占勘探孔总数的1/3~1/2；

2）取土试样和原位测试的竖向间距，应按地层特点和土的均匀程度确定，各土层均应采取试样或取得原位测试数据；

3）规划区内拟建重大建筑物的地段，取土试样和进行原位测试的勘探孔不得少于3个，且每幢重大建筑物的控制性勘探孔，均应取试样或进行原位测试；

4）当地下水有可能浸湿基础，且具有不良环境条件时，应采取有代表性的水试样进行腐蚀性分析，取样地点不宜少于3处。

此外，当详细规划区的建筑地段存在影响场地稳定性的不良地质条件和环境工程地质问题时，应按要求进行工程地质测绘与调查、勘探及测试工作，查明建筑地段的稳定性。当在基岩地区进行详细规划勘察时，应根据岩石类别和任务要求选做一些岩石物理性质、强度及变形性质试验项目，如重度、吸水率、单轴抗压强度、直剪、变形等。城市规划勘察的土试验项目应符合表4-7的要求。

城市规划勘察土试验项目　　　　　　　表 4-7

土的类别	城市规划勘察阶段	物理性质试验								静强度及变形性质试验				
		含水量	界限含水量	相对质量密度	重度	颗粒分布	相对密度	渗透	有机物及有机质含量	三轴剪切	三轴压缩	无侧限抗压强度	直接剪切	固结
碎石土	总体规划	—	—	—	—	(√)	—	—	—	—	—	—	—	—
	详细规划	—	—	—	—	(√)	—	—	—	—	—	—	—	—
砂土、粉土、黏性土	总体规划	√	√	√	√	√	(√)	(√)	(√)	—	—	—	—	√
	详细规划	√	√	√	√	√	(√)	(√)	(√)	(√)	(√)	(√)	(√)	√

注：①表中符号√为必做项目，（√）根据需要选做；

②本表不包含特殊性岩土；

③必要时，需进行土的动力性质试验。

4.5.3　现场调查的任务与方法

设计人员应深入现场查勘，了解实地情况，搜集有关资料。

（1）现场查勘的目的

1）了解现有给水排水设施和设计现场情况，增加感性认识；

2）选择水源、取水地点、管线、水厂和泵站的位置；

3）搜集并核实必要的设计基础资料；

4）与有关单位联系配合取得协作的有关协议；

5）提出可能的方案，并听取当地有关单位的意见。

为此，进行现场查勘时必须深入细致，不能只局限于主观方案而忽略实践，一般查勘后应提出查勘报告和方案。

（2）现场查勘的步骤

1）现场查勘前了解设计任务书的要求和内容；

2）熟悉相关地形资料，列出查勘提纲；

3）到现场后，可先听取规划、管理等有关部门对区域情况的介绍及考虑的意见；

4）进行查勘、访问，搜集有关资料。并整理分析提出初步的设计方案；

5）向当地有关领导部门汇报查勘情况、初步方案和下步设计工作的考虑和要求。

（3）现场查勘注意事项

1）对可能作为水源的地下水、河流等水体均需查勘；

2）地表水源应了解河岸坍涨变迁、冲淤变化、最高洪水位时情况、取水构筑物与航运的关系，对同一河流上的现有取水构筑物须深入调查，了解运转情况、存在问题和改进意见。从湖泊或水库取水，应了解湖泊或水库的特性，了解藻类、微生物的情况和繁殖季节以及影响程度；

3）地下水源查勘应了解地下水源开发利用情况，现有水井的结构、水位、出水量等情况；

4）对附近水厂，要了解水源水质、处理方法及效果。药剂品种、用量、价格和货源情况，运转经验和存在的问题等；

5）选择厂址时，须了解防涝、防洪以及排水出路；

6）进行给水排水管线查勘时，必须沿线步行实地查勘，提出几条线路位置方案进行比较。

另外现场踏勘，应做到"三勤两多"：腿勤——多到现场踏勘，踏勘最好是步行，并且应多走田野小径，才能把地形看得全面详细；眼勤——要看得仔细，对于某一件不熟悉的事物，多观察几遍能帮助记忆和发现问题；手勤——应随时把所看到的问题记录下来，如果发现地形图中有遗漏或不符合实际的地方，应随手记在笔记本上或在图上补充校正；多问——对不清楚和不了解的事物，应随时提出，请教当地有关人员；多想——要多思考。这样，对现状的情况能更进一步的认识清楚，设计时才不容易脱离实际。

4.5.4 资料整理和报告编制的基本要求

（1）勘察报告编制所依据的全部原始资料，包括搜集的资料和工程地质测绘与调查，以及勘探、测试资料，均应检查、整理、分析、鉴定，确认无误后才能利用；

（2）勘察报告应永久存档或输入地质数据库，对当地城市建设、勘察和地质环境研究有重要意义的勘探点的点位和标高，应分别按统一的坐标系统、高程系统测定和记载；

（3）岩石和土的物理力学性质指标，应按工程地质区（段）及层位分别统计，当同层土的指标差别很大时，应进一步划分土质单元进行统计。总体规划和详细规划勘察均可提供平均值、标准差及变异系数。

4.5.5 勘察报告编制基本内容

勘察报告编制包括勘察报告正文和工程地质图系两个部分。

（1）勘察报告正文编写提纲

1）前言。主要包括任务委托单位、承担单位；规划区的地理位置、范围和勘察面积；编制总体规划的城市类别，关于城市性质、发展规模和各项建设总体部署的规划设想或编制近期建设区详细规划的类别、建设规模和工程建设特点，以及拟建重要工程建筑物位置的简要说明；勘察目的、任务和要求；以往的勘察工作和已有资料内容简介，以及规划区工程地质环境特征研究程度的说明以及勘察工作日期。

2）勘察方法和工作量布置。主要包括遥感影像和判释方法的说明；工程地质测绘与调查的说明；勘探、测试方法和资料整理方法的说明，以及勘探、取试样和测试成果质量的评估；各项勘察工作的数量、布置原则及其依据。

3）规划区的地理和地质环境特征概述。主要包括：规划区的历史地理简况；地形形态特征；水文和现有水利、防洪设施的概述；气候的形成和基本性质、气象要素的概述；区域地质简况；岩土接触面及软弱夹层特性等的概述；第四纪地质、地貌的概述；规划区内各场地的论述；特殊性岩土的类型、分布、地层岩性及其工程地质特性的论述；地下水的论述；动力地质作用的论述；地下采空区与地下工程设施的分布和概况。

4）与当地城市建设和发展有关的水资源、矿产资源、燃料动力资源和天然建筑材料的分布、储量、开采条件和开采情况的说明，以及有关景观旅游资源开发的论述。

5）工程地质评价、建议及其技术经济论证。

（2）总体规划勘察报告编写内容

1）规划区内各场地的稳定性（或危险性）分析与评价；

2）规划区内各场地的工程建设适宜性评价；

3）有关确定城市的性质、发展规模、城市各项用地的合理选择和各项工程建设总体部署，以及对协调各项设施建设的建议及其技术经济论证依据；有关地质灾害和洪涝灾害防治的建议及其技术经济论证依据；

4）在规划实施过程中及远景发展中，由于地质条件的自然改变或人为活动可能引起的某些环境工程地质问题的论述、建议和对策及其技术经济论证依据。

（3）详细规划勘察报告编写内容

1）规划区内各建筑地段的稳定性分析及评价；

2）有关确定规划区内各项工程建设总平面布置方案的建议及其技术经济论证依据；

3）有关规划区内拟建重大工程地基基础设计方案选择的建议及其技术经济论证依据；

4）有关不良地质现象防治工程方案的建议及其技术经济论证依据；

5）工程地质图系编制的原则、内容及其他需要说明的问题；

6）结语和使用勘察报告应注意的问题，以及下一阶段勘察工作中尚需进行调查研究的主要工程地质问题。

4.6 地下管线调查

4.6.1 城市地下管线探测意义

地下管线是城市基础设施的重要组成部分，地下管线大致分为给水管和中水管、雨水与污水管、燃气管道、供热管道、石油与化工管道、照明电缆与有线电视电缆、工业与其他专用性动力电缆、通信电缆与光缆等。地下管线被誉为城市的"生命线"，是城市赖以生存和发展的物质基础，日夜进行着水、电、信息和能量的供配与传输。因此，查明城市中现有地下管线的分布和规划好未来的地下管线，就成为我国城市建设、国民经济和社会发展中一件重要的基础性工作。

由于地下管线分布与状况不明，因而在城建施工中地下管线遭到破坏的现象频繁发生，造成停水、停电、停气、通信中断，甚至发生火灾和爆炸事故，不但造成经济损失，而且易造成人员伤亡。此外，由于城市各类地下管线的经费来源和所属单位不同，没有统一管理体制，埋设时间不同，因而很多城市地下管线的管径、管材、走向、埋深等十分混乱，错综复杂。掌握和摸清城市地下管线的现状是城市自身经济、社会发展的需要，是城市规划建设管理的需要，是抗震防灾和应付突发性重大事故的需要。对维护城市"生命线"的正常运行，保证城市人民的正常生产、生活和社会发展都具有重大的现实意义和深远的历史意义。

4.6.2 隐蔽地下管线探测的物探方法

目前，隐蔽地下管线的探测方法主要有全球卫星定位系统（GPS）和物探方法。GPS是一种精确确定管线位置的重要技术，已在一定范围内得到应用，该方法能准确地确定标志的经度、纬度和高度数据，精度可小于1英寸（≈25.4mm）。物探方法较多，一般根据地下管线的材质、埋深和地质条件不同，采取不同的探测方法。下面简要介绍地下管线物探方法。

（1）直接法和插钎法

当阀门井和消防井分布较密时，可采取在井内直接观测的方法，这是一种可行又直观的简便方法。在埋深较浅且覆盖层又很松软时，可采用钢钎触探方法，这是一种经济、简便、有效并可行的方法。

（2）磁探测法

磁探测法是属于地球物理探测法中的一种，通常称为磁法探测。由于铁质性管道在地球磁场的作用下被磁化，便或多或少地带有磁性。管道被磁化后的磁性强弱与管道的铁磁性材料有关，钢、铁管的磁性强，铸铁管的磁性较弱，非铁质管则无磁性。被磁化的铁质管道就成了一根磁性管道，因而形成它自身的磁场，通过在地面观测铁质管道的磁场的分布，便可发现铁质管道并推算出管道的埋深。

（3）电探测法

这也属于地球物理探测法之一，通常称之为电法探测。电法探测可分为直流电探测法与交流电探测法两大类。

1）直流电探测法。这种方法是用人工通过两个供电电极向地下供直流电，电流从正极供入地下再回到负极，在地下形成一个电流密度分布空间，当存在金属管线时，由于金属管线的导电性良好，它们对电流有"吸引"作用，使电流密度的分布产生异常情况，若地下存在水泥或塑料管道，它们的导电性极差，于是对电流则有"排斥"作用，同样也使电流密度的分布产生异常情况，通过在地面布置的两个测量电极便可观测到这种异常，从而可以发现金属管线或非金属管线的存在及其位置。

2）交流电探测法。这种方法是利用交变电磁场对导电性或导磁性或介电性的物体具有感应作用或辐射作用，从而产生二次电磁场，通过观测发现被感应的物体或被辐射的物体。常用的交流电探测法可分为：甚低频法、电磁感应探测法和电磁辐射探测法。

甚低频法借助强功率长波电台所发射的甚低频电磁波对地下管线产生感应作用来发现地下管线的存在及其位置；电磁感应探测法是利用人工发射的电磁波对地下管线产生电磁感应作用来发现地下管线的存在及其位置；电磁辐射探测法是利用电磁波的感应与辐射作用来探测地下管线。

物探方法探测的准确性、精度决定于管线及其周围土或其他介质的特性。采用物探方法探测地下管线必须具备：被探测的地下管线与其周围土或其他介质之间有明显的物性差异；被探测的地下管线所产生的异常场有足够的强度，能从干扰背景中清楚地分辨出其异常；探测精度要求范围之内。电磁感应法探测钢筋混凝土地坪下的管线时，接受机应离地坪一定高度，以克服钢筋网的干扰。

4.6.3 地下管线测量的工作内容与特点

地下管线测量可分为已有地下管线的整理测量（普查）和新埋设管线的竣工测量或新建地下管线的施工测量（规划放线），对管线测量本身而言，不管是管线普查、管线施工测量还是管线竣工测量，都称为地下管线测量。它们不同之处在于竣工测量是在管线施工后回土前，地下管线特征点部位明显的情况下进行，施测对象明确，管线变化情况清楚，无需采用管线仪或其他探测手段来查明管线点位置，即可进行管线测量；而普查必须先对己埋设的地下管线，用探查手段探查出管线在地面上投影位置后，才能开始测量，由于增加了管线的探查，不仅增加了工作量，而且管线点的位置精度比竣工测量要差。普查除增加了探查误差，同时还可能对一些复杂地段，留下一些一时查不清的情况，所以从提高地下管线测量的质量出发，应尽量能做到边施工边测量。不论何种测量，最终目的是测量出管线点（或地面标志点）的平面坐标、高程或直接测绘出地下管线图，或利用获得的管线点成果绘制地下管线专业图、综合管线图等。

地下管线测量与地形图测绘的区别在于，地形图测绘只测绘地面的地物、地貌，而地下管线测量除测绘管线两侧地物、地貌外，还要测量出地下管线特征点的位置（平面坐标和高程）和特征点之间的相互关系。地下管线测量工作基本内容有：测区已有控制成果和地形图的收集；地下管线点的连测；测量成果资料的整理，以及管线图的绘制。对缺少已有控制成果和地形图的测区，还需进行管线点连测所需的基本控制网和补测管线经过区域的地形图，对已有控制成果和地形图检测和补测。

4.6.4 城市地下管线图的编绘

（1）地下管线图编绘的原则

1）地下管线图编绘应按任务书或任务委托书进行。任务委托书一般有三种情况：一是由专业探测单位的上级部门以任务书的形式下达；二是由用户以委托书的形式委托；三是由探测单位以委托书的形式委托。前两种情况是指探测与编绘同属于一个单位的两支作业队或一支作业队的情况，探测和编绘都执行同一份任务书或委托书即可，后一种是指探测和编绘属于两个不同单位的两支作业队伍，探测单位或用户单位应以委托书的形式进行委托。任务书或委托书的内容包括：工程名称、工作内容、时间要求以及应提交的成果等。

2）地下管线图的编绘应在已有新测或经修测合格的地形图和地下管线探测成果的基础上进行。如果没有达到此条件，资料不足时，应由上道工序负责解决，在特殊情况下，也可委托编绘单位解决。

3）地下管线图编绘的对象应是埋设于地下的给水、排水、燃气、热力、工业等各种管道以及电力和电信电缆。地下管线图应反映地下管线的平面位置、走向、埋深（或高程）、规格、性质、材质等。但对地面部分的管线也应适当考虑，因为地上地下的管线均属于管线系统的组成部分，为了体现管线的系统性，增加管线图的功能，只要管线图上负荷量允许，宜将地面部分的管线绘到地下管线图上，专业管线图应尽可能绘到图上。

4）地下管线图编绘的任务，虽然分市政公用管线探测区、厂区或住宅小区管线探测区、施工场地管线探测区和专用管线探测区四类，但对城市地下管线图的编绘，一般是指市政公用管线探测区管线图的编绘，并由城市规划部门负责管理。其他三类对整座城市来说是属于局部性的，编绘管线图时应按局部性的要求进行。

5）地下管线图编绘，除应符合《城市地下管线探测技术规程》外，尚应符合现行的《城市测量规范》或《工程测量规范》以及城市当地的有关规定。地形、地貌应符合现行国家标准《1∶500、1∶1000、1∶2000 地形图图式》，管线及其附属设施的符号宜按《城市地下管线探测技术规程》附录 E 地下管线图图例执行，工厂或住宅小区也可采用本地区规划、设计单位的现用图例。范围较小的工程，可用较简单的办法，直接在图上注记管线与附近建、构筑物的距离及埋深，以表示管线的位置即可。

6）坐标和高程系统可区别情况采用，市政公用管线区和专用管线区应采用与当地城市坐标和高程系统一致的系统，厂区或住宅小区管线区和施工场地管线区可采用本地的建筑坐标系统，但应与当地城市坐标系统建立换算关系式。

7）地下管线图编绘的图幅和比例尺，专业管线图和综合管线图宜采用与城市大比例尺地形图一致的图幅和比例尺，局部放大示意图可采用任意比例尺，但应考虑示意图的大小以能清楚表示管线位置和管线图相协调、美观的要求。对于带状图、工厂或住宅小区和施工场地等的图幅可按现行国家标准《建筑制图标准》规定的标准。

（2）地下管线编绘的工作内容

本章所叙述的地下管线图的编绘，是在已有新测或经修测合格的地形图和地下管线探测成果的基础上进行的，是地下管线探测工程中的一道工序，是最终出成果的工作。

地下管线图的编绘，是指综合地下管线图、专业地下管线图、管线纵横断面图和放大示意图的编绘。地下管线图上的内容除表示测区内的管线、附属设施、建（构）筑物以及地形外，根据不同情况和需要还包括管线点成果、文字说明、图例、指北针及图签等。地下管线探测区不同，其范围和要求也不同，在编绘地下管线图时应根据不同的测区不同的要求进行，但其编绘的工作内容和技术方法基本是一致的。地下管线图编绘包括：编图、绘图、编制成果表三项内容。编图，是指将实地探测所取得的地下管线成果或已有的地下管线成果，以及已有的地形图，按规定的比例尺、规范、规程、图式图例以及任务委托的技术要求，编绘成地下管线的铅笔图；绘图，是将地下管线铅笔图上墨或描绘、着色、整饰等，使之成为地下管线成果的正式图；编制成果表，是将管线的起点、终点、拐弯点、交叉点、变径点等特征位置测量的坐标、高程以及管线性质、规格、管径、管材等，按一定的规格和方法绘制成表或册，作为工程成果的一部分。

地下管线图编绘的工作内容主要有：工作准备、方案制订、图幅尺寸选定、地形图复制、管线展绘、文字数字注记、成果表编制、文字说明、图廓整饰、原图上墨、质量检查等。

目前编绘地下管线图的人员组织，大致有两种情况，一是"一条龙"作业法，即从接受任务、管线调查、管线探测、编绘地下管线图、编写报告书到成果提交，同属于一支作业队伍；二是统一组织分工作业法，即整个工程由承担任务单位的项目负责人统一组织，现场的调查、探测由一支作业队伍完成，编绘地下管线图由另一支作业队伍完成，编写报告书、成果验收到提交由项目负责人负责。作业方法不同，虽然在地下管线图编绘这一环节的工作中没有什么不同，但对编绘地下管线图的上、下工序的工作有所不同，"一条龙"作业法是由一支作业队完成所有的工作，工序之间不存在交接问题；分工作业法，必须要做好上、下工序的交接工作和熟悉资料的工作。

（3）编绘工作的资料准备

地下管线图的编绘，首先要作好资料准备，主要工作是资料收集和资料分析与整理。

1）资料收集

资料收集，包括地下管线资料和大比例尺地形图两部分。地下管线资料，主要是收集各种管线的实测资料、管线施工图设计资料、施工变更设计通知书（图）以及技术说明资料等。

实测资料是编绘地下管线图的基本资料。实测资料又分两部分：已有地下管线现状探查、测绘的资料；在管沟覆土前测量的竣工图资料。

管线施工设计图是施工的依据，严格按其施工的设计图纸对于编绘地下管线图也是可靠的资料，它与实地探测的资料所不同的，仅仅在于设计图纸所提供的坐标、标高和尺寸是设计的，而实地探测的资料则是实际测量出来的，两者的精度有一定的差别，但对于管线图编绘可作为主要的参考依据。

按施工要求，在施工中必须严格按施工图施工，若不能按施工图施工时，则需由设计单位变更设计，并须下达施工变更通知书（图），施工单位则按变更通知书（图）进行施工。因此，按设计图编绘管线图时，凡遇到有变更通知书（图）处，都应采用变更通知书（图）的资料，而不能再采用原设计图的资料。若施工时不能严格按设计图施工，则此设计资料只能作为参考而不能直接用于编图，必须是实测资料才能用于编绘。

地形图是编绘地下管线图的基础图，编绘哪个探测区的地下管线图，就需要有反映哪个探测区地形现状的大比例尺地形图。选择作为编绘地下管线图底图的地形图，其比例尺应与编制地下管线图的比例尺一致，一般都是以城市最大比例尺基本地形图作为编绘地下管线图的底图。地形图的来源，一是从城市测绘资料管理部门取得；二是由任务委托单位提供；三是实测。凡城市已有符合要求的地形图，都可以从城市测绘资料管理部门取得，若城市地形图部分不符合要求，则需按现行《城市测量规范》进行修测或补测。对于工矿等企事业单位，其资料基本由自己管理，所需的地形图，一般是由任务委托单位提供；施工场地管线探测区范围一般较小，但需要的精度往往较高，在探测地下管线的同时，对地形图进行实测。

地下管线图编绘工作阶段的资料收集工作，主要是向承担地下管线探测任务的作业单位收集。收集的资料主要包括以下内容。

A. 地下管道和地下电缆明显管线点调查表；

B. 地下管线探查记录表；

C. 管线点成果表；

D. 探测工作示意图及管线附属设施草图；

E. 节点放大示意图、管沟剖面图；

F. 探测前向城市自来水公司、市政工程管理处、煤气热力公司、供电局、市话局、长话局以及厂矿专业部门、设计单位等广泛收集符合现行标准的现状的地下管线资料；

G. 符合编绘地下管线图需要的地形图；

H. 其他有参考价值的资料。

如果地下管线图编绘人员就是实际地下管线探测人员，则部分资料不存在再收集的问题。

2）资料的分析与整理

A. 对地形图的质量分析。

a. 收集的地形图一般应为聚酯薄膜底图，其质量应符合国家现行的各部、委批准颁发的各种大比例尺地形测量技术标准；

b. 地形图的比例尺不应小于所编绘管线图的比例尺；

c. 坐标、高程系统应与管线测量一致；

d. 图上地物、地貌基本反映测区现状；

e. 对不符合质量要求的部分，按现行的《城市测量规范》的技术标准进行实测或修测合格。

B. 对管线资料的质量分析。

除实测管线资料以外，对编绘用的各种管线资料均应进行质量分析，一是对管线在地面的露头及各种窨井与地形图上的同一地物符号应作核对，对有遗漏或平面位置误差大于图上 1mm 的部分进行实地检查和修正；二是对坐标、高程、尺寸等成果数据进行精度分析，其精度应满足《城市地下管线探测技术规程》的要求。

C. 对资料的全面性分析。

根据编绘地下管线图的工作任务，检查各种管线资料是否齐全，每种管线应有的成果资料是否齐全，应有的地形图是否齐全，还有那些遗漏问题，应如何处理等。

D. 对管线编号的分析。

在管线探查阶段、管线点测量阶段和管线图的编绘阶段，管线点的编号是一个比较麻烦的工作，因此，在编绘管线图前，应对管线探查和测量阶段的编号方法进行分析，为后续工作提供更科学的编号方法。因此，同一管线点在不同工序中的编号应列出对照表，以利于对照，防止出错。

E. 对资料的整理。

资料整理的目的是为了编图的方便和提高工作效率。一个工程特别是大工程的资料是很多的，整理时应按管线探测区集中，然后按每种专业分别集中，再按编绘的先后顺序集中，同类的成果资料集中，并编好目录分别存放，以保证使用时方便。

F. 地形图复制。

作为编绘地下管线图的地形图，不应直接在地形原图上编绘，只能在原图的二底图上编绘，因为地形图原图是作为档案资料保存的，不应随便取作他用或改动；另外，作为编绘地下管线图的地形图，一般还要根据地下管线图的需要对地形原图的内容进行取舍，在编绘管线图前必须对地形原图进行复制。复制的方法有三种：一是映绘，其方法是在地形图原图或新编绘的地形图上覆盖专用于绘图的聚酯薄膜，用绘图工具按地形底图原样描绘成二底图。映绘二底图，必须保持良好的精度，坐标格线在图上应小于 0.2mm，坐标对角线在图上应小于 0.3mm，明显地物点在图上应小于 0.5mm，不明显地物在图上应小于 0.75mm；二是使用平版印刷的方法复制，这需到有复制能力的业务单位复制；三是探测区若已有数字化基本地形图，则可通过数字化地形图机助成图系统输出地下管线图所需要的地形地物的二底图，或通过数字化（只选择地下管线图所需要的地形地物数字化）处理，用计算机成图的方法绘制二底图。对于只需单张二底图或份数很少的二底图，一般采用映绘方法或计算机成图方法，对于需要同样二底图份数较多的工程，一般应用平版印刷，亦可用计算机成图方法绘制。复制二底图的数量应顾及编绘综合地下管线图、专业地下管线图的需要。

3）编绘材料、工具的准备

编绘地下管线图所需的材料，主要是图纸、墨水、颜色等，图纸有透明纸和聚酯薄膜。薄膜绘图要求墨色黑实，附着牢固，不涨线，因此墨水选用常以炭黑骨胶制成的原墨膏中加入重铬酸铵、醋酸、甘油和水配制成的墨水或用树脂为粘合剂配制的墨水。薄膜图上色，为增加不透明度和附着力，可选用特殊的有色塑料油漆，塑料油漆绘到薄膜上，色泽鲜明，便于复印蓝晒，不易脱落，可长久保存。

工具的准备主要是：铅笔、小刀、橡皮、分方尺、展点器、直尺、三角板、绘图仪、写字仪和图板等。另外还应准备有关规范、规程、图式图例、手册等工具书。随着计算机技术的发展，目前各设计单位普遍采用计算机绘制底图，上面提到的材料和工具目前用得已经很少了。

4）编绘方案的制定

对于大中型工程的地下管线图编绘任务，都应制定出科学、实用的编绘工作方案。方案制定应由承担编绘任务的负责人起草，并会同分项目负责人或全体作业人员讨论、修改定稿，最终由主管领导审批执行。方案主要包括以下内容。

A. 工程名称，管线图编绘的工作内容、任务量、时间要求及应提交的成果；

B. 管线图编绘的技术要求，应执行的规范、规程、细则、图式图例等；

C. 人员组织、工作步骤、日程安排工作进度表。

第5章 GIS 基础知识

5.1 GIS 的 概 念

地理信息是指与所研究对象的空间地理分布有关的信息，表示地表物体和环境固有的数据、质量、分布特征、联系和规律。地理信息属于空间信息，它与一般信息的区别在于具有区域性、多维性和动态性。区域性是指地理信息的定位特征，这种定位特征是通过公共的地理基础所体现的。例如，用经纬网或公里网坐标来识别空间位置，并指定特定的区域。多维性是指在一个坐标位置上具有多个专题和属性信息。例如，在一个地面点上，可取得高程、污染、交通等多种信息。动态性是指地理信息具有明显的时序特征。这就要求及时采集和更新，并根据多时相的数据和信息寻求随时间变化的分布规律，进而对未来作出预测。

地理信息系统（Geographic Information System，GIS）是近十年来发展起来的一门基于计算机的综合应用系统。GIS 能把各种数据与地理信息和有关的视图结合起来，把地理学、几何学、计算机科学及各种应用对象、遥感（RS）、全球定位系统（GPS）、网络与多媒体技术及虚拟现实技术等融为一体，利用计算机图形与数据库技术采集、存储、编辑、显示、转换、分析和输出地理图形及其属性数据，并根据用户需要将这些信息图文并茂地输送给用户，便于分析及决策使用。GIS 的应用遍及国民经济各领域，如测绘与地图制图、资源调查与管理、城乡规划、土地利用、灾害监测、环境保护、国防、宏观决策等。

5.2 学 科 基 础

GIS 的研究对象的多种类特点决定了地理信息的多语义性。对于同一个地理信息单元，其几何特征是一致的，但却对应着多种语义，如地理位置、海拔高度、气候、地貌、土壤等自然地理特征，同时也包括经济社会信息，如行政区界、人口分布、工业企业、农业生产等。

GIS 作为传统学科（地理学、地图学和测量学等）与现代科学技术（遥感技术、全球定位系统、计算机科学等）相结合的产物，正逐渐发展成为处理空间数据的多学科综合应用技术。从计算机技术角度看，其主体是空间数据库技术；从数据收集角度看，其主体是3S（GIS/GPS/RS）技术的有机结合；从应用角度看，其主体是数据互访和空间分析决策的专门技术；从信息共享角度看，其主体是计算机网络技术。

GIS 数据不仅表达空间实体（真实体或者虚拟实体）的位置和几何形状，同时也记录空间实体对应的属性，这就决定了 GIS 数据源包含有图形数据（又称空间数据）和属性数据两部分。图形数据又可以分为栅格格式和矢量格式两类。传统的 GIS 一般将属性数据存储在关系数据库中，而将图形数据存储在专门的图形文件中。不同的 GIS 软件采取不同的文件存储格式，而不同手段获得的数据的存储格式、提取及处理方法也不同。

5.3 GIS 的 类 型

GIS 的应用面广，技术潜力大，且发展极为迅速，很难用一个固定方法进行分类，通常可从下列四种角度来分类。

（1）按研究对象的性质和内容，可分为两类。

1）综合性地理信息系统。按国家统一标准，存储管理全国范围内的各种自然和社会经济数据，或对全球气候、环境、资源等进行存储管理的全球地理信息系统。如加拿大国家地理信息系统、中国自然环境综合信息系统等。

2）专题性地理信息系统。以某一专业、任务或现象为目标建立的地理信息系统，其数据项的内容及操作功能的设计都是为某一特定专业任务服务的。如小流域综合治理地理信息系统、森林资源管理信息系统等。

（2）按研究对象的分布范围，可分为两类。

1）全球性地理信息系统。研究区域往往涉及全球范围。

2）区域性地理信息系统。以某种区域为对象进行研究管理和规划。如美国明尼苏达州地理信息系统、中国黄土高原地理信息系统等。

（3）按 GIS 的应用功能，可分为两类。

1）工具型地理信息系统。也称地理信息系统开发平台或外壳，是具有地理信息系统基本功能，供其他系统调用或用户进行二次开发的操作平台。用户能借助地理信息系统上具有的功能直接完成应用任务，或者利用工具型地理信息系统及专题模型完成应用任务。国外已有很多商品化的工具型地理信息系统，如 ARC/INFO、GENAMAP、MAPINFO 和 MGE 等著名软件。国内近几年也正在积极开发工具型地理信息系统，并取得了巨大的成绩。

2）应用型地理信息系统。根据用户的需求和应用目的而设计的解决一类或多类实际应用问题的地理信息系统，除了具有地理信息系统的基本功能外，还具有解决地理空间实体及空间信息的分布规律、分布特性及相互依赖关系的应用模型和方法。应用型地理信息系统按研究对象的性质和内容又可分为专题地理信息系统和区域地理信息系统。专题地理信息系统具有有限目标和专业特点，为特定目的服务；而区域地理信息系统主要以区域综合研究和全面信息服务为目标，有不同的规模，如国家级、地区或省级、市级和县级等，也有以自然分区或流域为单位的。

（4）按 GIS 的数据结构类型，可分为三类。

1）矢量数据结构地理信息系统。采用一个没有大小的点（坐标）来表达基本点元素（空间数据的点、线和面等图形）的地理信息系统。

2）栅格数据结构地理信息系统。以二维数组来表示空间点特征的地理信息系统。

3）混合数据结构地理信息系统。矢量数据结构和栅格数据结构的特点不同，适用范围也不同，相互之间不能替代，因此出现了矢量数据结构和栅格数据结构并行的地理信息系统，即混合数据结构。

5.4　系统组成及解决的问题

一个 GIS 系统，主要包括空间数据输入子系统、空间数据存储与管理子系统、数据处理与分析子系统、输出子系统。一个 GIS 系统的功能构成包括数据输入、存储和编辑、操作运算、数据查询和检索、应用分析、数据显示和结果输出、以及数据更新。

在 GIS 中每类数据可作为一个专题数据层。这些数据的主要来源有：常规基础地图、各种专题图、电子地图、遥感数据、社会经济统计资料、环境质量报告书、水文水质年鉴、气象资料、实地调查等。

GIS 能回答和解决以下五类问题。

(1) 位置。即在某个地方有什么。位置可以是地名、邮政编码或地理坐标等。

(2) 条件。即符合某些条件的实体在哪里。如在某个地区寻找面积不小于 $1000 m^2$ 的、不被植被覆盖的、且地质条件适合大型建筑的区域。

(3) 趋势。即在某个地方发生的某个事件及其随时间的变化过程。

(4) 模式。即在某个地方的空间实体的分布模式。模式分析揭示了地理实体之间的空间关系。

(5) 模拟。即某个地方如果具备某种条件会发生什么。模拟是通过基于模型的分析来实现的。

5.5　GIS 发展历史

"地理信息系统"概念的提出，要追溯到 20 世纪 50 年代。由于电子计算机科学的兴起及其在测量学与地图制图学中的应用，使人们开始有可能用电子计算机来收集、存储和处理各种与空间和地理分布有关的图形和属性数据，并希望通过计算机对数据的分析来直接为管理和决策服务。

1956 年，奥地利测绘部门首先利用电子计算机建立了地籍数据库，随后各国的土地测绘和管理部门都逐步发展土地信息系统用于地籍管理。1963 年，加拿大测量学家 R. F. Tomlinson 首先提出地理信息系统这一术语，并建立了世界上第一个 GIS——加拿大地理信息系统（CGIS），用于自然资源的管理与规划。

其后，其他人继续挑战"计算机化的设施管理"，包括计算机制图系统，并且诞生了自动制图（AM）。FM、AM、计算机辅助设计（CAD）及数据库管理（Database Management）等学科的发展为 GIS 技术的发展创造了条件。许多大学研制了 GIS 软件包，如哈佛计算机图形与空间分析实验室开发了 SYMAP 系列软件。

进入 20 世纪 70 年代，受计算机软硬件技术飞速发展的促进，GIS 技术朝实用化方向发展。一些发达国家先后建立了许多专业性的土地管理信息系统和地理信息系统。与此同时，GIS 软件市场活跃，GIS 技术受到政府部门、商业公司和大学的普遍重视，成为一个引人注目的领域。

20 世纪 80 年代是 GIS 普及和推广应用的阶段。随着图形工作站和 PC 机性能价格比的大为提高，计算机和空间信息系统在许多部门被广泛应用。GIS 软硬件的发展使 GIS 应用从空间数据管理向空间决策支持分析迈进。GIS 软件研制和开发也取得了很大成绩，涌现出一些有代表性的 GIS 软件。

自 20 世纪 90 年代起，GIS 步入快速发展阶段。执行地理信息系统和遥感联合科技攻关计划，强调地理信息系统的实用化、集成化和工程化，力图使地理信息系统从初步发展时期的研究实验、局部实用走向实用化和生产化，为国民经济重大问题提供分析和决策依据。努力实现基础环境数据库的建设，推进国产软件系统的实用化、遥感和地理信息系统技术一体化。

5.6   GIS 应 用 领 域

GIS 广泛应用于资源调查、环境评估、灾害预测、国土管理、城市规划、邮电通信、交通运输、军事公安、水利电力、公共设施管理、农林牧业、统计、商业金融等几乎所有领域。

GIS 在水环境及水文学领域的应用主要有以下几个方面。

（1）水文预报。建立降雨径流及河道汇流模型，实现短期定量和定性预报、长期预报，建立无资料地区水文模型和实时预报系统。

（2）洪水模型。用于实时洪水调度、洪泛区管理、洪水淹没标注、洪水监测、洪灾损失评估、防洪策略、洪灾保险、防洪法律和法规、洪水对泥沙、污染及生态的影响。

（3）全球水文循环。建立全球气候模型、分布式物理水文模型、土壤—填被—大气转换模型、分析土地利用对水文循环的影响、水文规律的变异性。

（4）城市水文学。用于城市排水系统规划设计、排水系统管理，建立城市降雨径流模型、城市暴雨洪水模型、城市给水排水系统模型。

（5）水资源。用于不确定性条件下的水资源规划，建立流域模型、地区水资源管理和可持续发展、社会—经济—文化模型、地表水—地下水交互模型。

（6）水质和污染。建立水质监测、水质模型、暴雨洪水和污染管理模型，用于城市暴雨和水质管理、污水和废水处理技术。

5.7   GIS 在城市给水排水中的应用

由于城市给水排水问题具有鲜明的空间地理特性，GIS 的应用必将给其管理决策带来巨大的辅助功能，主要体现于以下几方面。

（1）提高工作效率。利用 GIS 的空间查询功能可迅速得到所需要的信息并显示对应的空间位置，而不必像以前那样查阅大量的图纸数据。

（2）改善工作质量。利用 GIS 软件可有效地组织数据可视化，准确定位所需要的信息。

（3）拓展工作范围。对于给水排水管网的分析，以前只能基于简单模型，而 GIS 能够提供路径分析、现状分析和管网改扩建模型分析，还可以实现多媒体技术和网络技术的集成，使得不同领域数据共享变得简单高效。

5.7.1   城市给水管网 GIS 管理与设计

由于城市给水管网在地下呈立体交叉网状分布，具有分布集中性和不可见性，其管理的难度越来越大，应用传统的图纸和图表管理方式难以对大量的管网信息进行有效的管理和利用。

应用 GIS 并结合给水管网水力计算模型、优化设计与调度管理模型、数据采集与监控系统、PLC 编程软件等给水管网计算机管理系统，可很好地实现管网信息更新、模型管理与实测数据统一，避免工作重复，提高工作效率，有效地为管理决策者提供重要信息。如图 5-1 所示，以 GIS 为基础的给水管网计算机管理系统，包括数据库、现状分析、管网模型、GIS、优化调度等模块。GIS 提供管网图形信息，可实现管网现状分析，对 GIS 基础数据进行校正，使 GIS 符合实际工作的要求；管网模型是对管网系统进行水力分析，其基础数据来源于 GIS；改扩建模型对新建或扩建管网进行分析；水量预测系统以数据库中的历史数据为基础进行分析；数据采集与监控系统用于把管网、水厂、泵站等实测数据传送到数据库，便于其他系统利用这些数据进行分析；优化设计则是在现状分析和 GIS 的基础上进行规划和分析；CAD 则直接利用 GIS 的基础数据和优化设计结果，进行施工图设计；报表输出系统按照自来水公司的要求，定期产生报表；图形管理是对 GIS 图形的添加和删除，并对工程施工图、管网模型图、现状分析图等进行管理；优化调度是利用数据库的基础资料、当日当时的现状资料、GIS 的图形资料、水量预测的供水资料等进行全范围调度，并发送调度指令。

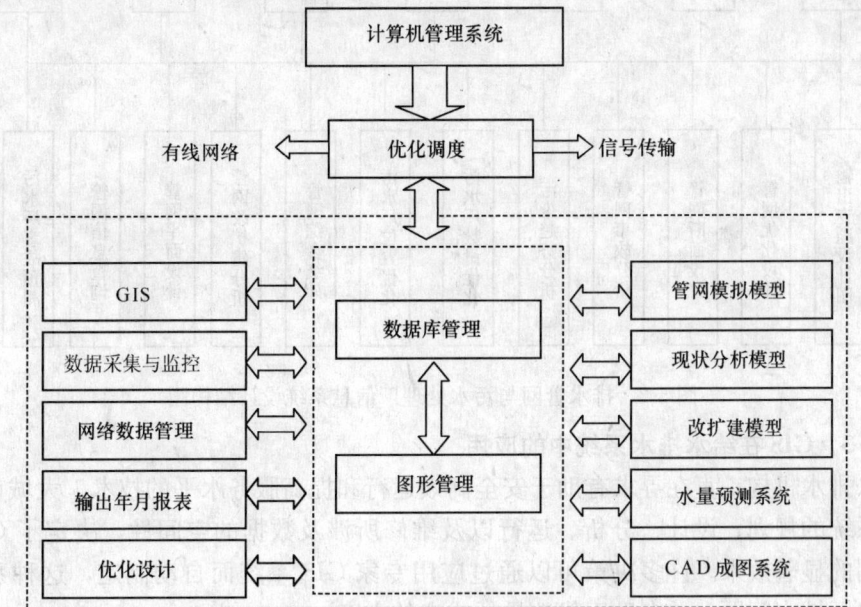

图 5-1　给水管网计算机管理系统流程

5.7.2　城市排水管网及污水处理厂 GIS 管理与设计

城市排水管网系统是一个四维的系统，隐藏性决定了它的复杂性，而隐藏性、埋设位置的集中性也决定了排水管线数据的重要性，因此系统数据必须完整、准确，具有显示性，这要求排水管网系统是一个动态可维护的系统。由于 GIS 具有图文并茂、动态更新的特点，可满足专业管线管理部门对管线空间信息和属性信息的要求，能进行空间定位、属性查询和空间分析功能，能够建立四维矢量拓扑关系，特别是网络分析功能，为城市排水管网的规划设计、管理调控提供了强有力的支持，网络分析包括以下一些功能：最优路径、事故决策、网络特殊中断处理等。

地下管线信息系统能实现数据输入、管理、查询、输出及一些基本的空间分析操作，例如空间叠加、缓冲区分析等。应用 GIS 空间分析功能能进行排水管网系统的设计，如排水泵站地理位置分布、管线空间布置和主干管的埋设，从而降低排水管网系统工程造价。利用 GIS 技术和排水系统模型程序包在设施管理——自动成图技术的联合使用下可以更好地进行排水管网系统的优化分析。

建立城市各工业及生活小区污水排放污染源空间和属性数据库，通过将水质模型与各种规划模型扩展到 GIS 分析模块，可建立实用的决策支持系统，用来优化选择城市或区域污水处理厂的数量及其位置分布。图 5-2 为排水管网与污水处理厂信息系统设计结构图。

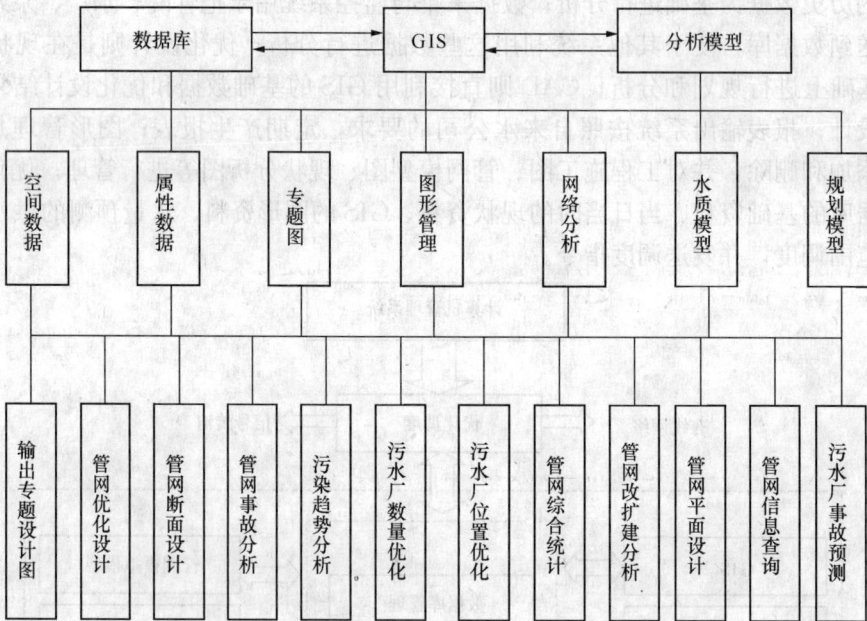

图 5-2　排水管网与污水处理厂信息系统设计结构图

5.7.3　GIS 在给水排水系统中的应用

给水排水机构一直在寻求有助于安全高效运行和提高服务水平的技术。大城市地区给水排水系统的规划、设计、分析、运行以及维修所涉及数据的空间性，决定了 GIS 在该领域应用的显著效果。许多决策可以通过应用专家 GIS 系统而自动制定，这种系统可以自动解决区域水问题，并有助于优选最低成本的方案。

（1）给水系统模型与 GIS 对接。能大大克服这些模型在图形信息显示上的局限性，准确预测需水量和实现当前及未来供需平衡在供水管理中相当重要。传统的预测区域需水量的手段忽视了一些与用户相关的独特特性，这些特性包括家庭规模、财产价值、订购数量、土壤特性等，这些都会因地理位置的改变而出现差异。GIS 考虑了这些与各个地理位置有关的重要特性，从而提高了区域水资源规划中需水量预测的精度。

（2）GIS 网络工具可以用于定线及分配问题分析。最新的研究集中在水分配系统的模拟与分析方面。在该研究中应用了 AUTO CAD/ARC CAD GIS，包含研究区布局信息的地图扫描成栅格图并通过 ArcScan 软件包将图像转换成矢量格式。然后，这幅包含全部信息的图像可以根据需要分解为许多层，如管网层、道路层、排水层，等等。与各层有关的数据，如管道长度和直径等，可以通过数据库软件（如 Dbase）与相应的对象连接起来。一旦这些连接全部完成，就可以在网络上任何一点进行模拟，并预测和显示结果，从而作出决策。

（3）GIS 用于编制排水系统总体规划。其有效性能得到了充分体现，将现有数据库中有关排水能力及条件等数据引入到一个地理分析环境中去，形成文字和图像信息。能预测未来的废水流量，评估现有的处理及收集系统设备，制订排水系统修缮计划，确定和评估扩大排水设备的方案，并准备相应的实施和筹资的阶段性计划。

（4）GIS 用于管网应急预警系统分析。城市给水排水管网的功能会因各种类型故障而被破坏，如何快速、准确地找出事故点的位置，及时调度阀门，使维修时间最短、停水区域最小、关闭的阀门最少，即阀门的应急预警问题，成为保证供水和排水可靠性的关键所在。传统的处理方案是由工程技术人员在图纸上来描述，但是因为工程图纸量非常大，常常难以及时、准确、全面地提供管网的拓扑结构信息，不仅浪费了大量的人力物力，而且还可能造成决策上的失误。应用 GIS 管网应急预警系统，实际中如果管网中某处发生爆炸，用户首先以电话通知自来水公司或排水处有关部门，系统操作人员根据用户反映的街区名称，在管网地图和属性数据库中查找相关图档，确定爆管的管段编号、管径、管材、埋设日期和准确地理位置，然后运行阀门调度程序，可得出阀门优化调度的方案，将这些资料打印出来交给施工人员，以便迅速准确地准备材料、进入现场抢修。

（5）利用 GIS 进行水环境评价与规划。水环境评价与规划是在决策和开发建设活动中实现水资源可持续利用的一种有效手段和方法。GIS 具有叠加分析、缓冲区分析、三维分析等功能，可作为水环境评价与规划的有效工具。如利用 GIS 的空间叠加功能，将地理信息与水环境要素的监测数据集中到一起，进行区域水环境质量现状评价；把每个栅格位置上有关适宜性指标组合到一起进行分析与评价，以解决厂址选择问题。

（6）GIS 用于水资源的管理和分析。GIS 能够管理与场地位置密切相关的地形、水文、土地利用及其他环境数据，并将它们与特定应用程序相关联，从而对复杂的水资源问题进行综合分析，所以 GIS 在该领域的应用研究非常多。

（7）GIS 可用于区域水环境管理。区域水环境管理就是为保障一定区域内生活或生产活动对水资源的需求，以防止水环境恶化或改善水环境质量为目标，对水资源利用及其他可能对水环境质量产生影响的活动进行的一系列调整、控制和协调活动。GIS 在区域水环境管理中的应用有以下两方面：一是区域内各种与水环境管理相关数据的存储、显示、查询、统计和输出；二是与各种评价模型、规划模型、水质模型及其他社会经济模型等相结合，集成为区域水环境管理信息系统、决策支持系统或专家系统，为区域水环境管理决策提供依据。

（8）GIS 可用于水质污染状况和趋势分析。在区域水体质量现状评价工作中，根据水体上监测断面的监测数据，对整个区域的水体污染指标进行客观、全面的评价，以反映出区域中水体受污染的程度、空间分布情况以及排放到该水体工业污染源的比例，为环境保护决策人员及时提供信息。应用 GIS 空间分析功能，如通过叠加分析，可以提取行政区域内水体分布图、水体污染程度图；通过缓冲区分析，可对图上要素作出分析，如显示水体污染源影响范围；通过路径分析，可以得到废水排放去向。

第6章 水资源分析与评价

6.1 水资源概述

1977年联合国教科文组织（UNESCO）提出，水资源是指"可资利用或有可能被利用的水源，这个水源应具有足够的数量和可用的质量，并能在某一地点为满足某种用途而被利用"。

6.1.1 水资源的用途

水作为一种重要的资源，其用途可用图6-1概括。图中直接利用中的水流利用以及间接利用中的傍水利用一般来说不会直接引起水资源量的改变，但是对水资源的量有很高的要求；图中直接利用中的抽水利用是为了直接满足人们生活、生产的要求，将从水源中抽取一定的水量，当然也对水资源的量有很高的要求。图示的各种用途是广义上的水资源利用，而满足生活、生产需要的抽水利用是狭义上的水资源利用。生活、生产用水以外的水资源利用往往会被人们所忽视，但它们也是水资源利用价值的重要体现。

```
                               ┌── 航    运
                   ┌─ 水流利用 ─┤── 水上观光
                   │           ├── 商    贸
                   │           └── 水力发电
          ┌─ 直接利用 ─┤
          │        │           ┌── 生活用水
水的用途 ─┤        └─ 抽水利用 ─┤── 工业用水
          │                    └── 农业用水
          │                            ┌── 观    光
          └─ 间接利用 ── 傍水利用 ──────┤── 娱    乐
                                       └── 休    闲
```

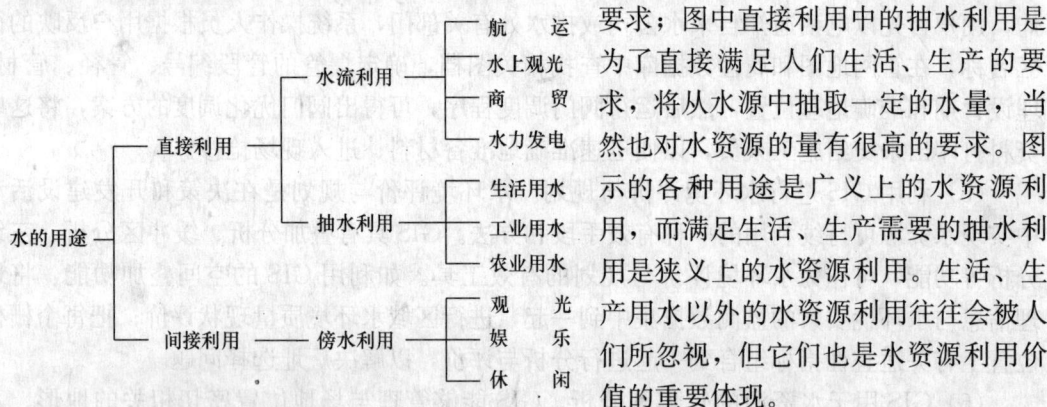

图6-1 水资源的用途

从与人的生存和生活质量的相关度来说，生活用水应当说是水资源最基本、最重要的用途。它通常包括饮用水（饮水、炊事等）、卫生用水（洗涤、沐浴、厕所冲洗等）、市政用水（绿化、清扫等）、消防用水等。工业用水和农业用水则与人们的生产活动密切相关。

6.1.2 水资源的价值

2003年在日本京都举行的第三届世界水论坛上，水资源的价值成为重要的论题之一。对水资源的价值可以从如下几个方面来考虑。

（1）水的生命维持价值

水是人类赖以生存的源泉。目前一个公认的观点是，讲人权或人的生存权就不能不考虑获得安全供水的权力。世界卫生组织提出了供水服务标准，见表6-1。表中以取水距离或时间以及获取水量作为两个量化标准来评价供水的水平。

（2）水的社会价值

水资源与社会发展具有密不可分的关系。我们生活的地球因为有丰富的水资源才孕育了人类，人类文明的发祥地都离不开江河等重要的水资源。肥沃的农田离不开充足的灌溉用水条件，工业的发展在很大程度上取决于水的供应条件。在当今的世界上，工业化国家要么是依靠得天独厚的丰富水资源条件得到迅猛发展，要么是利用高科技很好地解决了水资源问题而得到发展，而发展中国家大都存在亟待解决的水资源不足问题。这些都是水资源的重要社会价值的例证。

（3）水的环境与生态价值

世界资源保护联盟针对 21 世纪全球性的水资源与生态环境问题进行了多方面的研究，提出了环境水流的概念。所谓环境水流，是指河流、湿地、海湾这样的水域中，赖以维持其生态系统以及抵御各种用水竞争的流量。环境水流是保障河流功能健全，进而提供发展经济，消除贫穷的基本条件。从长远的观点来看，环境水流的破坏将对一个流域产生灾难性的后果，其原因就在于流域基本环境生态条件的丧失。环境水流既包括天然生态系统维系自身发展而要求的环境生态用水，也包括人类为了最大程度地改变天然生态系统，保护物种多样性和生态整合性而提供的环境生态用水。专家们提出了生态需水量和绿水的概念，提醒人们注意生态系统对水资源的需求，水资源的供给不仅要满足人类的需求，而且生态系统对水资源的需求也必须得到保证。

世界卫生组织的供水服务标准 表 6-1

服务水平	取水距离/时间	获取水量	满足的需求	问题解决的紧迫性
无供水服务	距离＞1km 所需时间＞30min	＜5L/（人·d）	不能保障最低生活需求；不能保障基本卫生条件	非常紧迫（急需提供基本供水服务）
最低水平	距离＜1km 所需时间＜30min	平均20L/（人·d）	基本保障最低生活需求；难以保障基本卫生条件；到较远处入厕	紧迫（进行卫生教育，提供较好供水服务）
中等水平	室外公用自来水	平均50L/（人·d）	保障生活需求；能保障基本卫生条件；院内就近入厕	低（进一步改善卫生条件，提高健康水平）
高水平	室内自来水	平均100～200 L/（人·d）	保障生活需求；保障卫生条件；室内卫生间	非常低

（4）水的经济价值

由于水资源在人类文明社会的发展和环境保护中占据中心位置，整个社会为水资源的开发、利用以及保护所付出的经济代价是巨大的。目前全世界发展中国家从水费得到的受益都远远低于投入的资金，2003 年的统计结果显示，印度主要城市的水费约为实际成本的 1/9～1/5，我国一些城市为 1/3 左右。水的昂贵经济价值是贫穷国家无法保证安全饮用水供应的根本原因。

6.1.3 水资源可持续开发与利用

从 20 世纪 80 年代起，在资源和环境领域有一个重要的理念——"可持续发展"。可持续发展是指既满足现代人的需求又不损害后代人满足需求的能力。换句话说，就是指经济、社会、资源和环境保护协调发展，它们是一个密不可分的系统，既要达到发展经济的目的，又要保护好人类赖以生存的自然资源和环境，使子孙后代能够永续发展和安居乐业。2003 年国家发展和改革委员会颁发的《中国 21 世纪初可持续发展行动纲要》中，一个重要的发展目标就是"合理开发和集约高效利用资源，不断提高资源承载能力，建成资源可持续利用的保障体系和重要资源战略储备安全体系。"为此，针对自然资源中居极其重要位置的水资源，其开发利用的战略必须符合可持续发展的理念和方针。所谓可持续水资源开发，就是要充分认识水资源系统的规律，科学地评价水资源的储量和可供开发利用的潜力，在此基础上制定开发利用的计划。随着工农业的发展，城市化进程的加速，人口的增加和相对集中化，生活水平的改善和提高，人们对水资源的需求量必然增大。面对需求量—供水量—水资源开发利用潜力这三者之间的矛盾，必须研究符合可持续发展方针的水资源开发利用战略，确保需求量—供水量—水资源开发利用潜力三者之间的平衡和协调。

6.1.4 水资源承载能力

水资源承载能力的定义为：在某一具体历史发展阶段下，以可预见的技术、经济和社会发展水平为依据，以可持续发展为原则，以维护生态环境良性循环发展为条件，在水资源得到合理开发利用的条件下，某地区的水资源（包括数量、质量）持续支持人类社会发展规模（即一定生活质量的人口数量）的最大支撑能力与限度。

对水资源可持续承载能力应做两方面的理解：1) 在可持续发展范围内，某一状态下的社会经济发展规模为此状态下的承载状况，水资源可持续承载能力是这些承载状况的最大值，具有最大的含义；2) 如果在某种发展模式下发生不可逆转的社会、生态等问题，导致人类社会的不可持续发展，如资源使用过度、环境破坏严重等，那么，即使此时承载能力有所提高，也不能认为是水资源可持续承载能力。

可持续发展是目标，水资源系统是可持续发展的支撑。水资源系统能否支撑社会的可持续发展，要看社会的发展是否满足可持续性、协调性、公平性的要求。水资源系统支撑社会可持续发展的能力有多大，则要分析随着水资源系统所支撑社会经济发展规模的扩大，水资源系统由能够支撑社会可持续发展到不能支撑社会可持续发展的临界点。临界点处的社会经济发展规模就是该水资源系统所能支撑的社会经济发展的最大规模，也就是该水资源系统的承载能力，即水资源可持续承载能力。

水资源承载能力受多方面的因素影响，主要可以归为自然因素和社会因素两方面。这两种因素相互联系同时又互相制约。

（1）自然因素

1) 水资源总量。水资源总量是指流域水循环过程中可更新恢复的地表水与地下水资源总量。水资源总量的确定是水资源承载力研究的基础资料，是决定流域水资源承载力的关键因素之一。在水资源承载能力的研究中，水资源总量又分为可开发水资源量和不可开发水资源量。前者是指在一定的用水结构和开发利用程度下可被开发利用的最大水资源阈值，可以直接提取用于工业、农业及生活的水资源量。后者是指在现有技术水平下暂不能开发的水资源量，如冰川等。

2) 水资源分布。水资源具有自然属性，时空上分布不均会导致区域间水资源承载能力的不同。即使是同一地区，由于水资源时间分布的差异也会影响该地区的水资源承载能力。

3) 生态环境状态。生态环境不但自身需要一定的水资源量维系生态系统生物群落的基本生存，对水文循环的影响在相当程度上决定了水资源总量的大小。如果将水资源承载能力纳入可持续发展的范畴，那么生态环境就是一个不可或缺的因素。

（2）社会因素

1）社会经济技术条件。在不同阶段，一定社会经济与技术条件决定了可开发利用的水资源量和水资源利用效率。

2）社会生产力水平。不同历史时期或同一历史时期的不同地区具有不同的生产力水平，决定了水资源可承载社会经济发展规模的差异。

6.2 地表水资源

6.2.1 基本概念

地表水资源是指河流、湖泊、冰川、沼泽等一切地表水体的总称。地表水资源量即是指这些地表水体的动态流量，一般用河川径流量综合反映，大气降水是地表水体的主要补给来源，在一定程度上反映水资源的丰枯情况。任何一个自然水体都存在着水量的补充和排泄，其水量平衡关系如图6-2所示。

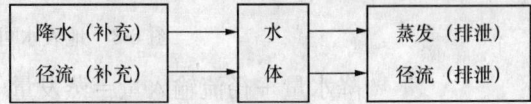

图 6-2　水量平衡关系

降水包括大气降雨和降雪；径流包括地下径流和地表径流，有流入也有流出；蒸发是指从水体表面向大气蒸发。降水和径流流入是收入项，蒸发和径流流出是支出项。收入项和支出项要保持平衡，水体才能保持总水量不变；如果收入项小于支出项，水体的总水量将会减少；如果收入项大于支出项，水体的总水量将会得到恢复和增加。

在一个流域内，如果忽略不计从地下进出的潜流量，则在多年均衡情况下可建立下列水量平衡方程式。

$$P = R + E \tag{6-1}$$

式中　P——降水量；

　　　R——河川径流量；

　　　E——蒸发量。

该式表示降水量与河川径流量的关系，降水是地表水资源的收入项，河川径流和蒸发是地表水资源的支出项。通常人们所说的地表水资源量基本上是指河川径流量 R。

河川径流量 R 和降水量 P 一般可以根据各流域的水文监测资料计算而得，蒸发量 E 则可以用降水量减去河川径流量求得。

一个水体的水资源总量可以用下式表示。

$$W = R + R_g - R_r \tag{6-2}$$

式中　W——水资源总量；

　　　R——河川径流量；

　　　R_g——地下水补充量；

　　　R_r——重复水量。

重复水量指由于地表水和地下水相互联系又相互转化，河川径流量中有一部分水量是由地下水补给的，而地下水补给量中也有一部分来源于地表水的入渗，因此在计算水资源总量时应扣除相互转化所重复计算的水量，用 R_r 表示。

6.2.2 地表水的可利用性

评价地表水可利用性的要素主要包括水量可利用性、水质可利用性、技术经济可行性和环境影响评价等。

（1）水量可利用性

要利用地表水，首先要考虑该地表水体的水量是否充足，是否能够满足开采目标取水量的水量要求。一般是考虑对该水体输出项的截留，同时要保证在截留利用输出量后不能影响下游已有水利工程或取水工程的正常运行及生态环境需求，如图 6-3 所示。开采过程中应该保持地表水体原有的水量平衡关系。

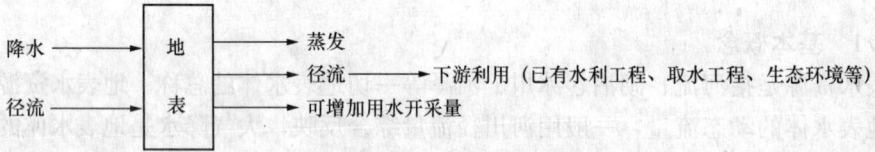

图 6-3　地表水可利用水量

$$降水量＋径流输入量＝蒸发量＋下游利用量＋可利用量$$

地表水的水量可利用性的必要条件是其取水量必须小于输入项（降水量及径流输入量的总和），水量可利用性的充分条件是其取水量必须小于输出项（蒸发及径流输出量的总和）。在满足蒸发，保证下游已建水利工程、已建取水工程及生态环境需水量的情况下，利用水体输出项总量的富裕部分。

$$可利用量＝（降水量＋径流输入量）－（蒸发量＋下游利用量）$$

当开采量小于可利用量时，新增取水量不会影响水体本身的水量平衡（水体正常蓄水量及蒸发量），也不会发生与下游已建水利工程、已建取水工程及生态环境需水量竞争水源的情况。这种取水属于合理取水，符合可持续发展的原则；当开采量大于可利用量时，水体的水量支出项增大，新增取水量将会严重影响水体本身的水量平衡，水体正常蓄水量将会不断减少，同时由于所开采水量过量截留输出项，与下游已建水利工程、已建取水工程及生态环境需水量发生竞争水源的现象，造成下游可利用水量不足，影响下游工农业生产，引起下游生态环境缺水、生态逐渐恶化。这种取水属于掠夺性开采，不符合可持续发展的原则。因此，评价一个水体的水量可利用性，需要按照可持续发展的原则，不仅考虑当地的发展及生态环境，也要顾及下游的工农业生产需要及生态环境平衡。

（2）水质可利用性

地表水的水质必须达到一定的标准，水量才有可能被利用。我国对地表水体的水质进行了分类，制定了《地表水环境质量标准》GB 3838—2002。按照本标准，地表水的水质被划分为五类，分别称Ⅰ类水源、Ⅱ类水源、Ⅲ类水源、Ⅳ类水源和Ⅴ类水源。

Ⅰ类和Ⅱ类水源水质良好，经过简单的处理及消毒后可供生活饮用；Ⅲ类水源水质受到轻度污染，经过常规净化处理（如混凝、沉淀、过滤、消毒等）可供饮用；Ⅳ类及Ⅴ类水源水质受到严重污染，不能作为生活饮用水源，部分可以作为农业及林牧用水。

（3）技术经济可行性

地表水的可利用性还应考虑水源被处理达到目标水质的技术可行性，同时要考虑取水工程费用和处理成本及一次性投资，即技术经济可行性评价。

（4）环境影响评价

从地表水体中取水，水体的总水量或水量平衡会受到一定的影响，最终可能会影响到水体周围的环境与生态，直至影响周边居民的生活环境，因此要对取水工程进行环境影响评价。

6.3 地 下 水 资 源

6.3.1 基本概念

地下水是指埋藏于地表以下的各种形态的水分，包括液态水（亦称重力水）、固态水、气态水、吸着水、薄膜水、毛细水等六种。地下水资源则是指具有直接或间接使用价值的地下水的总称。地下水埋藏、分布在各种岩石和地质结构里，将地下水所处的这种地质环境称为地下水的埋藏条件。在自然条件下，地下水的聚集、运动的过程各不相同，因而在埋藏条件、分布规律、水力学特征、物理性质、化学成分、动态变化等方面都具有不同特点。

按照地下水的埋藏条件，地下水资源可以分为三大类：上层滞水、潜水、承压水，如图 6-4 所示。按照含水层的空隙性质，地下水资源又可以分为三类：孔隙水、裂隙水、岩溶水。将上述两种分类的地下水组合起来，地下水资源可以分为多种类型，见表 6-2。

影响地下水径流的主要因素有含水层的空隙率、地下水的埋藏条件、地下水补给量、地形状况、地下水化学成分、人类活动因素等。

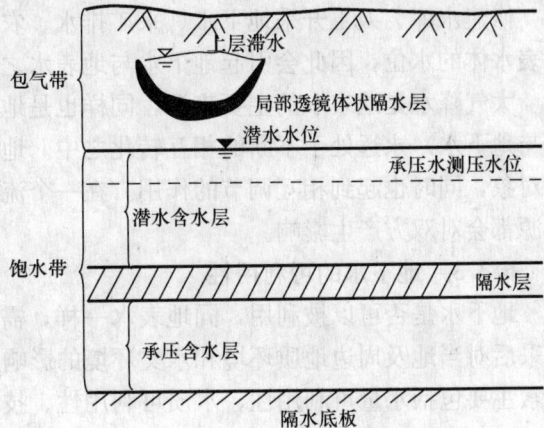

图 6-4　地下水资源的埋藏类型

地下水资源分类　　　　　　　　　　　　　　　　　表 6-2

按照地下水的埋藏条件	按照含水层的空隙性质		
	孔隙水	裂隙水	岩溶水
上层滞水	季节性存在于局部隔水层上的重力水	出露于地表的裂隙岩层中季节性存在的水	裸露岩溶化岩层中季节性存在的悬挂水
潜水	上部无连续完整隔水层存在的各种松散岩层中的水	基岩上部裂隙中的无压水	裸露岩溶化岩层中的无压水
承压水	松散岩层组成的向斜、单斜和山前平原自流斜地中的地下水	构造盆地及向斜、单斜岩层中的裂隙承压水，断层破碎带深部的局部承压水	向斜、单斜岩溶岩层中的承压水

6.3.2 地下水的补给、径流与排泄

由自然界的水循环可知，地下水运动既是自然界水的大循环的一个重要组成部分，同

79

时又是独立地、不停地进行着自身的补给、径流、排泄的小循环。

地下水经常不断地参与自然界的水循环。含水层或含水系统通过补给从外界获得水量，经过地下径流过程水由补给处输送到排泄处，然后向外界排泄。

在地下水的交换移动过程中，伴随着盐分的移动和交换。补给、径流、排泄无限往复进行着，构成了地下水循环。

当一个地区的自然条件发生变化，或者人工改变地下水位时（开采或回灌），地下水的径流方向会随着改变，补给区和排泄区也相应迁移，甚至排泄区有可能变为补给区。

（1）自然条件改变引起的转化

河流水位变化。当河流水位高于两岸的地下水位时，河水向两岸渗透补给，形成地表水向地下水补给方式；当大量取水或其他情况造成河水水位迅速降低，低于地下水位时，两岸的地下水就会反过来补给河流。

地质结构变化。由于地质运动，地质结构发生较大变化，引起地下分水岭改变，这样也会引起地下水的补给、径流、排泄条件及方式的转化。

（2）人类活动引起的转化

修建水库、人工开采地下水、采矿排水、农田灌溉、人工回灌等都会改变地下水位或地表水体的水位，因此会引起地下水与地表水之间的补给、径流、排泄的相互转化。

大气降水是地表水的主要来源，同样也是地下水的主要来源。三水（大气降水、地表水与地下水）永远处于不断的相互转化之中。地下水与地表水之间，双方互为补给源与排泄对象，同时也起到相互调节的作用。在一个流域内无论开发地表水资源还是开发地下水资源都会对双方产生影响。

6.3.3 地下水的可利用性

地下水是否可以被利用，同地表水一样，需要从地下水体的水量、水质、开采技术、开采后对当地及周边地质环境和水文环境的影响等多个方面进行综合分析，可利用性评价要素主要包括水量可利用性、水质可利用性、技术经济可行性、环境影响评价等。

（1）水量可利用性

有关地下水水量的表示方法有多种，如早期使用的静储量、动储量、调节储量、开采量，目前使用较多的是储存量、补给量、允许开采量、可利用量等。从水资源利用的角度，应充分重视允许开采量和可利用量。

1）允许开采量。是指在整个开采期内，出水量稳定、动水位不超过设计要求、水质和水温变化在允许的范围内，取水不影响已建水源工程，不发生危害性工程地质现象的情况下，单位时间的最大开采量，单位为 m^3/h、m^3/d、m^3/a。

2）可利用量。即实际取水能力，可利用量必须小于允许开采量。可按下式计算可利用量。

$$Q_k = \Delta Q_b + \Delta Q_p + \mu A \cdot (\Delta h / \Delta t) \tag{6-3}$$

式中　　　Q_k——地下水可利用量；

　　　　　ΔQ_b——利用期的补给自然增量；

　　　　　ΔQ_p——利用期的排泄减少量；

$\mu A \cdot (\Delta h / \Delta t)$——地下水位降低形成的利用量。

从维持地下水循环平衡的角度看，可利用量首先要充分利用开采期内的自然补给增量，其次要充分截流开采期的排泄量，但是要在不能因为截流排泄量而使得周围生态环境及地表水体发生不良变化的限度范围内；在前两项水量不足时，需要以牺牲地下水位为代价来增加地下水的可利用量，但是这种方式不宜提倡。

（2）水质可利用性

地下水一般水质较好，取水时尽量作为饮用水水源，不要将其大量作为工业、农业用水水源。

（3）技术经济可行性

开采地下水时，要考虑技术上能够达到，经济上合理，才可以考虑利用。

（4）对地质环境的影响性

可利用量必须在允许开采量之内，要考虑地下水位下降，同时要考虑是否影响其他取水工程的正常水量，也要考虑取水后是否会发生工程地质条件变化及影响生态环境等情况。

6.3.4 地下水资源水量评价

（1）评价前提

进行地下水的水量评价，应掌握下列资料。

1）勘察区含水层的岩性、结构、厚度、分布规律、水力性质、富水性以及有关参数；

2）地下水的开采现状和今后的开采规划；

3）含水层的边界条件，地下水的补给、径流和排泄条件；

4）水文、气象资料和地下水动态观测资料；

5）初步拟定的取水构筑物类型和布置方案。

（2）评价步骤

进行地下水的水量评价时，应根据实际要求，结合地区的水文地质条件，计算地下水的补给量和允许开采量，必要时，应计算储存量。

1）根据初步估算的地下水水量和拟定的开采方案，计算取水构筑物的开采能力和区域动水位；

2）确定开采条件下能够取得的补给量，包括补给量的增量、蒸发与溢出的减量；

3）根据工程的实际需要和水源地类型（常年的、季节性或非稳定型的），论证在整个开采期内的开采和补给的平衡；

4）确定允许开采量。地下水水量评价的方法，应根据需水量，勘察阶段和地区水文地质条件确定。

（3）补给量计算

补给量是指天然状态或开采条件下，单位时间从地下水径流的流入、降水渗入、地表水渗入、越层补给、人工补给等途径进入含水层（带）的水量。计算补给量时，应按天然状态和开采条件下两种情况进行。当开采条件下的补给量显著增加时，应主要计算开采条件下的补给量。

1）进入含水层的地下水径流量可按下式计算。

$$Q = K \cdot I \cdot B \cdot M \tag{6-4}$$

式中　Q——地下水径流量（m^3/d）；

K——含水层渗透系数（m/d）；

I——天然状态或开采条件下的地下水水力坡度；

B——计算断面的宽度（m）；

M——含水层厚度（m）。

2）降水入渗的补给量可按三种方法计算。

A. 当采用降水入渗系数计算时，用下式计算。

$$Q = F \cdot \alpha \cdot X/365 \tag{6-5}$$

式中　Q——日平均降水入渗补给量（m^3/d）；

F——降水入渗的面积（m^2）；

α——年平均降水入渗系数；

X——年降水量（m）。

B. 在地下水径流条件较差、以垂直补给为主的潜水分布区，按下式计算。

$$Q = \mu \cdot F \cdot \Sigma\Delta h/365 \tag{6-6}$$

式中　$\Sigma\Delta h$——年内每次降水后，地下水水位升幅之和（m）；

μ——潜水含水层的给水度。

C. 地下水径流条件良好的潜水分布区，可用数值法计算。

3）农田灌溉水和人工漫灌水的入渗补给量可根据灌入量、排放量减去蒸发量及其他消耗量进行计算。

4）河、渠的入渗补给量可根据勘察区上下游断面的流量差或河渠渗入的有关公式确定。

5）当利用各单项补给量之和确定总补给量时，应对各单项补给项目进行具体分析，确定对本区起主导作用的项目，并应避免重复。

6）当利用开采区内的地下水排泄量和含水层中地下水储存量之差计算补给量时，可按下式计算。

$$Q_B = E + Q_y + Q_j + Q_k + \Delta W/365 \tag{6-7}$$

式中　Q_B——日平均地下水补给量（m^3/d）；

E——日平均地下水蒸发量（m^3/d）；

Q_y——日平均地下水溢出量（m^3/d）；

Q_j——流向开采区外的日平均地下水径流量（m^3/d）；

Q_k——日平均地下水开采量（m^3/d）；

ΔW——连续两年内相同一天的地下水储存量之差（年储存量小于上年者取负值）（m^3/d）。

7）地下水总补给量可根据水源地上游地下水最小径流量与水源地影响范围内潜水最低、最高水位之间的储存量之和确定。

（4）储存量计算

储存量是指储存于含水层内的重力水体积。

1）潜水含水层的储存量可按下式计算。

$$W = \mu \cdot V \tag{6-8}$$

式中　W——地下水的储存量（m^3）；

　　　　V——潜水含水层的体积（m³）；

　　　　μ——潜水含水层的给水度。

　　2）承压水含水层的弹性储存量，可按下式计算。

$$W = F \cdot S \cdot h \tag{6-9}$$

式中　W——地下水的弹性储存量（m³）；

　　　　F——含水层的面积（m²）；

　　　　S——储存系数；

　　　　h——承压水含水层自顶板算起的压力水头高度（m）。

　　（5）允许开采量计算

　　允许开采量是指在可预见的时期内，通过经济合理、技术可行的措施，单位时间内从含水层中获取的最大水量。在整个开采期内，出水量不会减少，水质和水温在允许范围内变化，已建水源地正常开采不受影响，不发生危害性的工程地质现象。

　　1）在地下水的补给以地下水径流为主，含水层的厚度不大、储存量很少且下游又允许疏干的情况下，可采用地下水断面径流量法确定允许开采量，其值不宜大于最小的地下水径流量。

　　2）当水源地具有长期开采的动态资料，证明地下水有充足的补给，且能形成较稳定的下降漏斗时，可根据总出水量与区域漏斗中心处的水位下降的相关关系，计算单位下降系数，并应结合相应的补给量确定扩大开采时的允许开采量。当含水层埋藏较浅，水位下降后地表水能充分补给时，可根据取水构筑物的形式和布局，采用有关岸边渗入公式确定允许开采量。当需水量不大，且地下水有充足补给时，可只计算取水构筑物的总出水量作为允许开采量。

　　3）当地下水属于周期性补给，且有足够的储存量，采用枯水期疏干储存量的方法计算允许开采量时，宜符合下列要求。

　　A. 能够取得的部分储存量，应满足枯水期的连续开采，且抽水井中动水位的下降不超过设计要求；

　　B. 在补给期间可能得到的补给量，应保证被疏干的部分储存量能够得到补偿。

　　4）当利用泉作为水源，根据泉的动态观测资料，结合地区的水文、气象资料，进行评价泉的允许开采量时，按不同的具体情况，宜分别符合下列规定。

　　A. 当需水量显著小于泉的枯水流量时，宜根据泉的调查和枯水期的实测资料直接进行评价；

　　B. 当需水量接近泉的枯水流量时，宜根据泉流量的动态曲线和流量频率曲线进行评价，也可建立泉流量的消耗方程式进行评价；

　　C. 当需水量大于泉的枯水流量时，如有条件，宜在枯水期进行降低水位的试验，确定有无扩大泉水流量的可能性，并在此基础上进行评价。

　　5）当利用暗河作为供水水源时，可根据枯水期暗河出口处的实测流量评价允许开采量。如有长期观测资料，也可结合地区的水文、气象资料，根据暗河的流量频率曲线评价允许开采量。在暗河分布地区，个别地段的允许开采量可采用地下径流模数法进行简单评价，也可选择合适的断面，通过天然落水洞、竖井或钻孔进行抽水，计算过水断面上的总径流量进行评价。

6）当勘察区与某一开采区的水文地质条件基本相似，且开采区已有多年的实际开采资料时，根据两地区的典型比拟指标，可采用比拟法评价勘察区的允许开采量。当布置井群开采地下水时，允许开采量可根据干扰井群的总出水能力和开采条件下的相应补给量，并结合设计要求的动水位，反复试算和调整后确定。当水文地质条件复杂，补给条件难以查明时，可采用枯水期单孔或群孔开采试验的方法，根据抽水试验的实测资料直接（或适当推算）确定允许开采量。

7）对大厚度含水层的分段取水，每一井组的允许开采量，可选用有关公式或按实际干扰抽水试验资料确定。对复杂的大型水源地，宜采用数值法计算允许开采量，预报水位变化规律，也可采用模拟方法（如电模拟）确定允许开采量。在确定允许开采量的过程中，如需计算各抽水井内或近井区的水位下降值时，应考虑由于三维流、紊流、井损等因素的影响而产生的水位附加下降值。

8）允许开采量可划分为 A、B、C、D、E 五级，各级的精度，宜按下列内容进行分析和评价。

A. 水文地质条件的研究程度；

B. 动态观测时间的长短；

C. 计算所引用的原始数据和参数的精度；

D. 计算方法和公式的合理性；

E. 补给的保证程度。

各级允许开采量的精度应符合一定的规定，见表 6-3。

各级允许开采精度规定　　　　　　　　　　　　　　　　　　表 6-3

级　别	精　度　规　定
E 级	（1）根据现有地下水有关资料，结合必要的路线踏勘，概略了解区域水文地质条件；（2）推测圈定可能富水的地段；（3）粗略评价地下水资源，估算允许开采量
D 级	（1）初步查明含水层（带）的空间分布及水文地质特征；（2）初步圈定可能富水的地段；（3）概略评价地下水资源，估算地下水允许开采量
C 级	（1）基本查明含水层（带）的空间分布及水文地质特征；（2）初步掌握地下水补给、径流、排泄条件及其动态变化规律；（3）应根据带观测孔的抽水试验或枯水期的地下水动态资料确定有代表性的水文地质参数；（4）结合开采方案初步计算允许开采量，提出合理的采用值；（5）初步论证补给量，提出拟建水源地的可靠性评价
B 级	（1）查明拟建水源地区的水文地质条件与供水有关的环境水文地质问题，提出开采地下水必需的有关含水层的资料和数据；（2）根据一个水文年以上的地下水动态资料和互阻抽水试验或试验性开采抽水试验，验证水文地质计算参数，掌握含水层的补给条件及供水能力；（3）建立或完善数学模型，结合具体的开采方案，计算和评价补给量，确定允许开采量；（4）预测地下水开采条件下水位、水量、水质可能发生的变化；（5）提出保护和改善地下水水量和地下水水质的措施
A 级	（1）具有为解决开采水源地具体课题所进行的专门研究和试验成果；（2）根据开采的动态资料进一步完善地下水数学模型，并逐步建立地下水管理模型；（3）掌握 3 年以上水源地连续的开采动态资料，并对地下水允许开采量进行系统的多年的均衡计算和评价；（4）提出水源地改造、扩建及保护地下水资源的具体措施

6.4 水环境质量标准

为了控制水中成分产生的不良作用，每一种用水都制定了一套由一系列水质参数所定义的水质标准。每一项水质参数表征一项由水质成分所产生的物理的、化学的或生物的特征。水质标准则对这些参数加以量的界定。

水环境质量标准是针对水体水质的标准，尤其是对于地表水，主要是以水域功能分类作为水环境质量的标准基础，是政府部门制定的强制性或指导性标准。我国的水环境质量标准分为国家标准与地方标准两级。国家标准在全国范围内统一使用；地方标准则结合当地环境状况与生态特点，用以补充国家标准的不足，即对国家标准中未规定的项目予以补充。地方标准必须以国家标准为依据，并应等于或严于国家标准。

美国不仅有国家标准，而且还有地方性标准，如《美国用作公共水源的地面水水质标准》、《华盛顿州地面水水质标准》。日本既有保障人体健康的水质标准，又有保障生活条件的水质标准。某些国家之间还联合发布标准，如澳大利亚、新西兰于 1999 年联合发布了新饮用水标准(AS/NZS 4020：1999)。总的来看，其标准指标比我们国家的要求严格。

我国水环境质量标准的制定首先是贯彻"优先保护集中的公共的饮用水源地"的原则。因为饮用水源地的保护直接关系到人体健康，必须优先考虑。同时，与人体健康有密切关系的非集中饮用水源地和水产水域等也属于重点保护对象，也应满足水环境质量要求，特别是应满足生态环境对水质的要求，以维护良好的生态环境。

6.4.1 地表水环境质量标准

我国现行的地表水环境质量标准是由国家环境保护总局和国家质量监督检验检疫总局于 2002 年 4 月 28 日发布，同年 6 月 1 日实施的《地表水环境质量标准》（GB 3838—2002）。该标准按照地表水环境功能分类和保护目标，规定了水环境质量应控制的项目及限值，以及水质评价、水质项目的分析方法和标准的实施与监督，适合于江河、湖泊、运河、渠道、水库等具有使用功能的地表水水域。本标准依据环境功能和保护目标，按功能高低将地表水水域依次划分为五类。

Ⅰ类主要适用于源头水、国家自然保护区；

Ⅱ类主要适用于集中式生活饮用水地表水源地一级保护区、珍稀水生生物栖息地、鱼虾类产卵场、仔稚幼鱼的索饵场；

Ⅲ类主要适用于集中式生活饮用水地表水源地二级保护区、鱼虾类越冬场、洄游通道、水产养殖区等渔业水域及游泳区；

Ⅳ类主要适用于一般工业用水区及人体非直接接触的娱乐用水区；

Ⅴ类主要适用于农业用水区及一般景观要求水域。

对应地表水上述五类水域功能，将地表水环境质量标准基本项目标准值分为五类，不同功能类别分别执行相应类别的标准值。同一水域兼有多类功能类别的，依最高类别功能划分。同时，将水环境项目分为地表水环境质量标准基本项目、集中式生活饮用水地表水源地补充项目和集中式生活饮用水地表水源地特定项目。其中，地表水环境质量标准基本项目适用于全国江河、湖泊、运河、渠道、水库等具有使用功能的地表水水域，集中式生活饮用水地表水源地补充项目和特定项目适用于集中式生活饮用水地表水源地一级保护区和二级保护区。

本标准项目共计 109 项，其中地表水环境质量标准基本项目 24 项，集中式生活饮用水地表水源地补充项目 5 项，集中式生活饮用水地表水源地特定项目 80 项。地表水的监测项目大体上分为三类。

（1）常规组分。包括水温、pH 值、溶解氧、高锰酸盐指数、化学需氧量、氨氮、总氮、总磷。

（2）有害物质。包括铜、锌、氟化物、硒、砷、汞、隔、铬、铅、氰化物、挥发酚、石油类、硫化物、阴离子表面活性剂。

（3）细菌。主要是粪大肠菌群。

6.4.2 地下水环境质量标准

为保护和合理开发地下水资源，防止和控制地下水污染，保障人民身体健康，促进经济建设，1993 年 12 月 30 日国家技术监督局批准了《地下水环境质量标准》GB/T 14848—93），并于 1994 年 10 月 1 日实施，作为地下水勘察评价、开发利用和监督管理的依据。

依据我国地下水水质现状、人体健康基准值及地下水质量保护目标，并参照生活饮用水、工业用水及农业用水的水质最高要求，将地下水质量划分为五类。

Ⅰ类主要反映地下水化学组分的天然低背景含量，适用于各类用途。

Ⅱ类主要反映地下水化学组分的天然背景含量，适用于各类用途。

Ⅲ类以人体健康基准值为依据，主要适用于集中式生活饮用水水源及工、农业用水。

Ⅳ类以农业和工业用水要求为依据，除适用于农业和部分工业用水外，适当处理后可作生活饮用水。

Ⅴ类不宜饮用，其他用水可根据使用目的选用。

对应地下水上述五类质量用途，将地下水环境质量标准基本项目的标准值也分为五类，不同质量类别分别执行相应类别的标准值。

6.4.3 饮用水水质标准

饮用水的安全性对人体健康至关重要。根据国际标准组织技术委员会的定义，饮用水水质不仅适宜于饮用目的，而且在感官性状和公共卫生方面是公众可以接受的水。即饮用水水质要同时满足卫生和美感两个要求，水质不仅要有益或无损于人的健康，还要在饮用时感到晶莹可口，主要体现在五个方面。

（1）感官性状良好，即外观、色、嗅、味良好。这是饮用者判断水质及其可接受程度的首要和直接指标，但感官良好的水并不意味着一定安全。

（2）满足人体的生理需要，水中应含有人体内生理、生化活动所需的各种营养成分，特别是无机盐类及微量元素。

（3）不含病原微生物，防止水传疾病的发生和流行，确保水质微生物学质量的安全性。

（4）水中所含化学物质及放射性物质不得危害人体健康，保证人终生饮用不引起急、慢性中毒及其他潜在的远期健康危害。

（5）不产生腐蚀和腐蚀引起的水污染。

依据对饮用水的水质要求，饮用水水质标准一般包括感观性状指标（主要包括色度、浊度、嗅和味等）、无机化学物指标（主要包括盐类、重金属类等）、有机化学物指标（主要包括合成有机化合物和消毒副产物两大类）、细菌学指标（以大肠菌和粪大肠菌为主）和放射性指标（α放射性和β放射性等）。

每个国家的饮用水水质标准都是结合本国具体的条件制定的，而且随着具体条件的改变不断修改。目前，全世界具有国际权威性、代表性的饮用水水质标准有三部：世界卫生组织（WHO）的《饮用水水质准则》、欧盟（EC）的《饮用水水质指令》以及美国环保局（USEPA）的《国家饮用水水质标准》，其他国家或地区的饮用水水质标准大都以这三种标准为基础或重要参考，来制订本国国家标准。如东南亚的越南、泰国、马来西亚、印度尼西亚、菲律宾、香港，以及南美的巴西、阿根廷，还有南非、匈牙利和捷克等国家都是采用WHO的饮用水标准；欧洲的法国、德国、英国（英格兰和威尔士、苏格兰）等欧盟成员国和澳门则均以欧盟指令为指导；而其他一些国家如澳大利亚、加拿大、俄罗斯、日本同时参考WHO、EC及USEPA饮用水水质标准；我国和我国的台湾省则有自行的饮用水水质标准。

6.4.4 我国的饮用水水质标准

我国1959年由卫生部颁发的第一个饮用水水质标准只有16项，1976年修订增加为23项。1986年实施的《饮用水水质标准》GB 5749—85共有水质标准35项，与同期的西方国家及WHO水质标准的差距主要在化学及毒理指标两类项目上，共计比WHO少14项，比其他国家差得更多。

2001年6月，卫生部拟定了《生活饮用水卫生规范》，分为"常规检验项目"和"非常规检验项目"，提出了124项水质指标及其限值。与国家标准和建设部（现为住房与城乡建设部）行业水质目标相比，该规范增加了铝、耗氧量、微囊藻毒素、亚氯酸盐以及一些卤代消毒副产物项目，对提高我国饮用水水质标准起到积极的促进作用。但是对国际上十分关注的亚硝酸盐、溴酸盐以及贾第虫和隐孢子虫，该规范未作出相应规定。同时，该规范是以卫生部文件的形式下发的，尚不具备国家标准的效力。

随着我国水源污染的日益严重以及医学对毒理指标检测水平的提高，2006年强制性国家标准《生活饮用水卫生标准》GB 5749—85完成第一次修订。新的《生活饮用水卫生标准（Standards for Drinking Water Quality)》GB 5749—2006在尽可能与国际先进水平接轨的同时，充分考虑到我国的国情，标准中的指标和要求与当前的经济和技术水平相适应。

GB 5749—2006自实施之日起代替GB 5749—85。新标准规定了生活饮用水水质卫生要求、生活饮用水水源水质卫生要求、集中式供水单位卫生要求、二次供水卫生要求、涉及生活饮用水卫生安全产品卫生要求、水质监测和水质检验方法，适用于城乡各类集中式供水的生活饮用水，也适用于分散式供水的生活饮用水。新标准对饮用水的水质安全要求更高，水质指标由原来的35项增加至106项，增加了71项，修订了8项。

（1）微生物指标由2项增至6项，增加了大肠埃希氏菌、耐热大肠菌群、贾第鞭毛虫和隐孢子虫，修订了总大肠菌群。

（2）饮用水消毒剂由1项增至4项，增加了一氯胺、臭氧、二氧化氯。

（3）毒理指标中无机化合物由 10 项增至 21 项，增加了溴酸盐、亚氯酸盐、氯酸盐、锑、钡、铍、硼、钼、镍、铊、氯化氰，并修订了砷、镉、铅、硝酸盐，毒理指标中有机化合物由 5 项增至 53 项，修订了四氯化碳。

（4）感官性状和一般理化指标由 15 项增至 20 项，增加了耗氧量、氨氮、硫化物、钠、铝，修订了浑浊度。

（5）放射性指标中修订了总 α 放射性。

（6）与当今的国际三大饮用水水质标准相比，我国现行的饮用水水质标准 GB 5749—2006 还有一些差距。

1）三大标准均列出了亚硝酸盐这项重要的指标，而我国却未规定。我国很多以水库水为原水的地区，每年 3～5 月氨氮较高期间，处理后的水往往亚硝酸盐值偏高，若不予以高度重视将对健康有所影响；

2）我国的水体以有机污染为主，但标准中有毒有害物质项目偏少，已列出的项目中，有的指标值要求过低。与三大标准相比，在有机物与消毒剂及消毒副产物方面，主要缺少总有机碳（TOC）、总三卤甲烷（THMs）和卤乙酸等几项关键性指标；

3）感官性指标中，我国浊度指标值为 1NTU。美国要求任何时候不得超过 1NTU，任何一个月中，95％水样小于 0.5NTU。日本则要求出厂水小于 0.1NTU，管网水小于 1NTU；

4）我国嗅和味的标准只是用无异臭、异味来表述，缺少量的描述，这使嗅和味的控制及产生臭味物质的去除缺乏明确的目标。而三大标准都已对嗅和味做了量化规定，如美国，嗅阈值为 3TON。

6.4.5　污水排放标准

污水排放标准是对排放到水体中的各种污染物浓度的最高限额。我国现行的污水排放标准为《污水综合排放标准》GB 8978—1996。该标准根据污染物的毒性及其对人体、动植物和水环境的影响，将工业企业和事业单位排放的污染物分为两类：Ⅰ类污染物，是指能在环境或动植物体内蓄积，对人体健康产生长期不良影响的污染物，对其一律执行严格的标准值，并规定在车间的排放口取样控制；Ⅱ类污染物，其长远影响小于Ⅰ类污染物，按排放水域的使用功能分区以及企业性质分为一级、二级和三级标准，并规定在工厂企业排放口取样控制。

6.4.6　各种水质标准之间的关系

上述针对水体水质的水环境质量标准、针对供水水质的饮用水水质标准、针对排水水质的污水排放标准构成了对水环境系统的质量标准体系。饮用水是人类生活用水中对水质要求最高的用水门类，且与保护人体健康密切相关，因此，饮用水水质标准在水环境标准体系中处于先导地位。事实上，在日本等国家，水环境质量标准和污水排放标准中与人体健康有关的项目（如重金属、有毒有害的有机化学物质）的标准值与饮用水水质标准值是相同的。原因在于，这些物质在水体中难以通过自净作用得到去除，而且在给水处理中也很难通过常规处理流程得到去除，所以很容易残存于处理后的饮用水中，或需进一步通过深度处理从饮用水中去除，这在经济和技术上都存在弊端。因此，最好的办法就是严格限制排入水体的污染物浓度，防止水体水质污染，从而保障饮用水质。

6.5 水质监测和水质评价

6.5.1 水质监测

（1）地表水水质监测

地表水水质监测项目一般可分为物理、化学和生物三种指标类型，见表6-4。其中以化学监测项目为主。

地表水水质监测项目 表 6-4

类　　别	监　测　项　目
物理指标	温度、色度、浊度、电导率、嗅和味、悬浮物
化学指标	有机污染物：DO、COD、BOD$_5$、TOC、挥发酚等 非金属无机污染物：pH、Cl$^-$、F$^-$、CN$^-$、As 等 金属污染物：硬度、Cr、Cd、Pb、Hg 等
生物指标	细菌总数、大肠杆菌数等

除了上述监测项目外，有时还要根据污染源的具体情况，增加某些特殊的监测项目。此外，在水质监测中，为了估计两个或几股水流混合后的污染情况或污染源对地表水体污染的影响，还要知道流量或排放量的大小。因此，流量或流速的测定也是水质监测中的内容。

地表水水质监测采用以流域为单元，优化断面为基础，连续自动监测分析技术为先导，手工采样及实验室分析技术为主体，移动式现场快速应急监测技术为辅助手段的自动监测、常规监测与应急监测相结合的监测技术路线。地表水水质监测的采样布点、监测频率应符合国家地表水环境监测技术规范的要求。

自动监测项目根据水质自动监测站配备的仪器确定，自动监测站的基本配置应保证必测项目所需的监测仪器。自动监测既可实时在线监测，也可根据实际需要自行设定各项目的监测频次。自动监测执行国家环境保护总局、EPA（USA）和 EU 认可的仪器分析方法，并按照国家环境保护总局批准的水质自动监测技术规范进行。

常规监测执行《地表水环境质量标准》GB 3838—2002 中规定的标准分析方法及项目标准值，要求水样采集后自然沉降 30min，取上层非沉降部分优先按本标准规定的方法进行分析，也可采用 ISO 体系方法等其他等效分析方法，但必须进行适用性检验。

（2）地下水水质监测

为了掌握地下水环境质量状况和地下水体中污染物的动态变化，应对地下水的各种特征指标取样测定。依据不同的水文地质条件和地下水监测井的使用功能，结合当地污染源、污染物排放实际情况，力求以最低的采样频率，取得最有时间代表性的样品，全面反映地下水水质状况及污染原因和规律。地下水采样频次与时间尽可能与地表水一致，以反映地下水与地表水的水力联系。

按照《地下水环境质量标准》GB/T 14848—93 要求的监测项目，依据地下水的功能用途及监测技术水平，酌情增加某些选测项目，见表6-5。分析方法选用国家或行业标准分析方法。也可采用经过验证的 ISO、美国 EPA 和日本 JIS 方法体系等其他等效分析方法，其检出限、准确度和精密度应能达到水质控要求，且不得低于常规分析方法。

地下水水质监测项目　　　　　　　　表 6-5

必 测 项 目	选 测 项 目
pH 值、总硬度、溶解性总固体、氨氮、硝酸盐氮、亚硝酸盐氮、挥发性酚、总氰化物、高锰酸盐指数、氟化物、砷、汞、镉、六价铬、铁、锰、大肠菌群	色、嗅和味、浊度、氯化物、硫酸盐、碳酸氢盐、石油类、细菌总数、硒、铍、钡、镍、六六六、滴滴涕、总 α 放射性、总 β 放射性、铅、铜、锌、阴离子表面活性剂

6.5.2　水质评价

水质评价是指根据水环境质量标准，选取正确的评价方法，对水体质量做出有效评判，确定其水质状况和应用价值，为防治水体污染及合理开发利用、保护与管理水资源提供科学依据。

（1）地表水水质评价原则

地表水水质评价是根据应实现的水域功能类别，选取相应类别的水质标准，进行单因子评价，评价结果应说明水质达标情况，超标的则应说明超标项目和超标倍数。丰、平、枯水期特征明显的水域，还应分水期进行水质评价。

地表水环境质量定性评价分为：优、良好、轻度污染、中度污染、重度污染五个等级。

1）河流断面水质评价

评价断面水质时，其水质类别与定性评价分级的对应关系见表 6-6。

2）河流整体水质评价

评价河流（包括河段、水系）整体水质状况时，计算出各水质类别断面数占评价断面总数的百分比，以表 6-7 所示的方法对其评价。当同一类别水质断面比例大于等于 60% 时，该类水质按照表 6-6 评价。

河流断面水质评价　　　　　　　　表 6-6

水质类别	水质状况	水质类别	水质状况
Ⅰ～Ⅱ类水质	优	Ⅴ类水质	中度污染
Ⅲ类水质	良好	劣Ⅴ类水质	重度污染
Ⅳ类水质	轻度污染		

河流水质评价　　　　　　　　表 6-7

水 质 类 别	水质状况
Ⅰ～Ⅲ类水质比例≥90%	优
75%≤Ⅰ～Ⅲ类水质比例＜90%	良好
Ⅰ～Ⅲ类水质比例＜75%，且劣Ⅴ类比例＜20%	轻度污染
Ⅰ～Ⅲ类水质比例＜75%，且 20%≤劣Ⅴ类比例＜40%	中度污染
Ⅰ～Ⅲ类水质比例＜75%，且劣Ⅴ类比例≥40%	重度污染

3）河流主要水质类别的判定

河流中的主要水质类别的判定条件为：当河流的某一类水质断面比例大于或等于60%，则称河流以该类水质为主。当不满足上述条件时，若Ⅰ～Ⅲ类，或Ⅳ～Ⅴ类水质断面比例大于或等于 70％，则称河流以Ⅰ～Ⅲ类水质或Ⅳ～Ⅴ类水质为主。除此之外，不指出主要水质类别。

（2）不同时段地表水环境质量对比分析

1）基本要求

进行同一水体与前一时段、前一年度同期水质比较时，为保证数据的可比性，必须满足：评价时选择的监测项目必须相同；评价时选择的断面基本相同；定性评价必须以定量评价为依据。

2）两时段断面浓度变化对比分析

评价某项污染项目的浓度值与前一时段的变化程度时，按以下规定进行：当评价指标浓度值升高或降低的幅度小于 20％时，且没有使该指标的水质类别发生变化，则属于水质无明显变化；当评价指标浓度值升高或降低的幅度大于或等于 20％时，且没有使该指标的水质类别发生变化，则属于水质有所好转或有所恶化；当评价指标浓度值的升高或降低使该指标的水质类别发生了一级或多级变化，则属于水质显著好转或显著恶化。

3）两时段的河流水质变化对比分析

对河流水质在不同时段的变化趋势分析，以断面类别比例的变化为依据，按以下规定评价：当水质状况等级不变时，则评价为无明显变化；当水质状况等级发生一级变化时，则评价为好转或恶化；当水质状况等级发生两级以上（含两级）变化时，则评价为显著好转或显著恶化。

（3）地表水水质评价方法

1）选取单项指标，分项进行达标率评价；

2）对于丰、平和枯水期特征明显的水体，应分水期进行达标率评价，所使用数据不应是瞬时一次监测值和全年平均监测值，每一水期数据不少于两个；

3）溶解氧、化学需氧量、挥发酚、氨氮、氰化物、总汞、砷、铅、六价铬、镉 10 项指标丰、平和枯水期水质达标率均应达到 100％。其他各项指标丰、平和枯水期水质达标率应达到 80％。

（4）地下水水质评价方法

可分为单项组分评价法和污染指数评价法两种。

1）单项组分评价

将地下水水质调查分析资料或水质监测资料与水质标准值对比，判明水质是否达标。水质评价因子应按国家标准和当地的实际情况确定。

$$I = C_i / C_0 \tag{6-10}$$

式中　C_i——地下水中某组分的实测浓度；

　　　C_0——背景值或对照值；

　　　I——单要素污染指数。

这种方法可以对各种污染组分按不同时段（枯、平、丰水期）分别进行评价。当 $I \leqslant 1$ 时，为未污染；当 $I > 1$ 时为污染，并可根据 I 值进行污染程度分级。此法的优点是直观、简便，被广泛应用。

2）综合评价

首先进行各单项组分评价，划分组分所属质量类别；对各类别按表 6-8 分别确定单项

组分评价分值 F_i；再按均方法和均值法计算综合评价分值 F，见式（6-11）、式（6-12）。根据 F 值，按表 6-9 规定划分地下水质量级别，并将细菌学指标评价类别注在级别定名之后，如"优良（Ⅱ类）"、"较好（Ⅲ类）"。

$$F = \sqrt{\frac{F^2 + F_{max}^2}{n}} \tag{6-11}$$

$$\overline{F} = \frac{1}{n}\sum_{i=1}^{n} F_i \tag{6-12}$$

式中　F_{max}——单项组分评价分值 F_i 中的最大值；

　　　n——项数。

单项组分评价分值 F_i　　　　　　　　　　　　　　　　　　表 6-8

类别	Ⅰ	Ⅱ	Ⅲ	Ⅳ	Ⅴ
F_i	0	1	3	6	10

地下水质量级别　　　　　　　　　　　　　　　　　　　　　表 6-9

级别	优良	良好	较好	较差	极差
F	<0.80	0.8~<2.50	2.5~<4.25	4.2~<7.20	>7.20

第7章 给水排水工程规划程序构成

城市给水排水工程是一项集城市用水的取水、净化、输送，城市污水的收集、处理、综合利用，降水的汇集、处理、排放以及城区御洪、防洪、排涝为一体的系统工程，是保障城市社会经济活动的生命线工程。

城市给水排水工程规划是城市规划中的一项专业规划，是对城市给水排水工程系统地作出统一安排，从时序上保证给水排水工程建设与城市发展相协调，促进城市的可持续发展，同时也是城市整体开发建设目标的一个重要组成部分。

《城市规划法》强调城市总体规划编制时应当编制给水排水工程规划，其重点是优化配置和合理利用水资源，发挥最优的综合效益。城市给水排水工程规划有一定的编制流程，如图 7-1 所示。

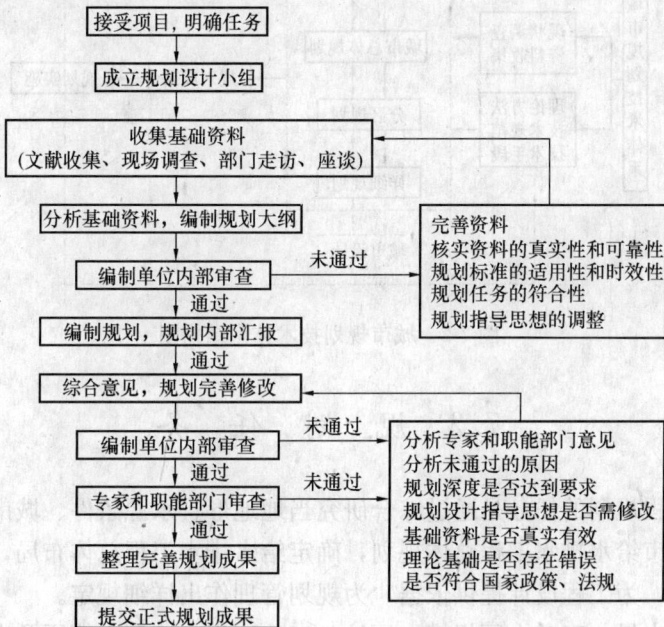

图 7-1　给水排水工程规划编制流程

7.1　规 划 的 层 次 结 构

城市给水排水工程规划作为城市规划的组成部分，可以形成不同空间层次与详细程度的规划。如城市总体规划中的给水排水工程规划、城市分区规划中的给水排水工程规划以及详细规划中的给水排水工程规划。另一方面，也可以针对整个城市单独编制该城市给水排水工程专项规划。专项规划中又包含有不同层面和不同深度的规划内容。这些不同层次、不同深度、不同类型、不同专业的专项规划由相应的政府部门组织编制，作为行业发展的依据。城市规划更多地是在吸取各专项规划内容的基础上，对各个系统之间进行协调，并将各种设施用地落实到城市空间中去。城市规划的编制程序一般是先编制区域规划和总体规划，然后根据总体规划编制详细规划，如图7-2所示。在小城市和县城规划时一般都将总体规划和详细规划合并起来，一次完成。如果城市总体规划编制比较详细，近期建设项目不多，用地范围不大，也可不编制详细规划，依据城市总体规划的要求直接进行建设项目设计。

给水排水工程专项系统规划的层次划分与相应的城市规划层次相对应。在拟定专项规划建设目标的基础上，按照空间范围的大小和规划内容的详细程度，依次为：城市给水排水工程总体规划、城市给水排水工程分区规划及城市给水排水工程详细规划。给水排水工程专项规划的工作程序依次为：首先对系统所应满足的需求进行预测分析；然后确定规划目标，并进行系统选型；最后确定设施及管网的具体布局。

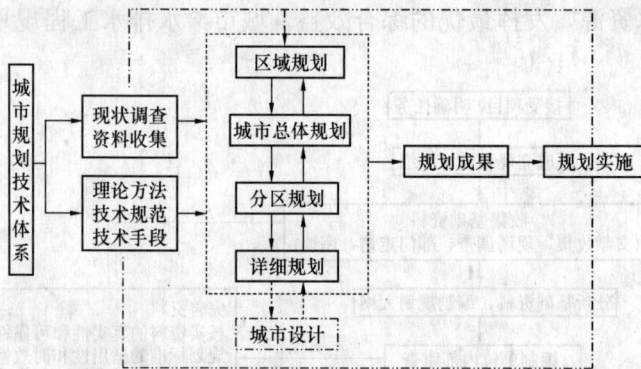

图 7-2　城市规划技术体系结构图

7.2　规　划　任　务

给水排水工程规划的任务是通过综合研究当地地形、水源条件、城市和工业布局之间的关系，编制城市给水排水工程总体规划，确定给水排水工程总体布局，指导城市给水排水事业合理发展，为工程设计提供依据，为规划管理作出详细规定。

（1）预测用水量，确定水厂规模、厂址、工艺流程、输配水管网及水质、水压要求。

（2）预测生活污水、工业废水等污水量和雨水量，确定污水处理厂、排水泵站的规模、厂址、污水污泥处理与利用、排水体制、排水管渠布置与坡度。

（3）确定近、远期分期规划和发展目标。

（4）与城市总体规划综合协调。

7.3　规划原则和指导思想

城市给水排水工程规划编制的原则和指导思想如下。

（1）以促进城市可持续发展及保证社会经济发展所需的水质、水量和改善水环境为目标，达到经济效益、社会效益和环境效益统一。

（2）坚持按"全面规划、合理布局、综合利用、化害为利"及"开源节流并重"的方针进行规划，从全流域的角度对城市功能布局进行统筹安排，充分考虑水资源容量和水环境承载力，协调各方用水关系，减少污染。

（3）根据统一规划、分期建设的原则，统筹兼顾近、远期工程内容，以近期建设为主，考虑远期发展的需要。

（4）充分考虑现状，尽量利用和发挥原有给水排水设施的作用，使规划的系统与原有系统有机结合。

（5）根据客观实际因地制宜，在保证水质的前提下，尽量节省工程投资、节省用地、节省能源、降低运行成本。

（6）充分考虑未来发展的先进技术、先进设备、新工艺、新材料对给水排水专业的影响，有利于科技进步、以节省资金、提高效率。

（7）与其他单项工程规划，如城市道路交通规划、防洪规划、环境保护规划、防灾工程规划等相互协调和密切配合。

7.4 规划设计组

规划管理部门在挑选规划编制单位时，一般把编制单位的能力和质量权重设为大于设计费用的权重。国家对规划编制单位资质有明文规定，为了便于规划衔接和协调，建议由同一具有规划设计资质的单位在编制城市总体规划时同步编制给水排水工程规划。

规划设计小组最终决定规划完成的质量，设计人员的教育和培训程度、工作经历及年限、在给水排水领域的工作经验等尤为重要。规划设计小组通常由给水排水、电气、经济、城市规划等专业人员组成，对于项目负责人不仅要具有扎实的给水排水理论知识和丰富的城市给水厂、污水处理厂及城市给水排水管网的设计、运行及管理经验，而且能站在城市总体规划的宏观立场上分析并解决水资源现状与城市发展、近期建设与远期规划之间存在的问题，还要具有解决各专业规划之间矛盾的综合能力。

7.5 规划基础资料

掌握真实可靠的基础资料是进行成功有效规划的保证。给水排水工程规划的基础资料通常包括气象、水文、地质、地形等自然因素资料，还包括环境保护、城市建设等与给水排水工程有关的规划资料和现状资料。其中给水排水现状资料非常重要，可以进一步细化。

（1）城市给水水源一般指清洁淡水，即传统意义的地下水和地表水，重点了解其水量与水质。

（2）城市给水厂的设计规模、供水能力、处理工艺、占地面积、投产时间、服务区域、设备运行安全性、水厂的水质、水压、成本、水价。

（3）输配水管路的走向、管径、闸门、消火栓，主干管的流量，测压点的水压。

（4）调节水池和加压泵站建造及投入使用时间，调节水池的容积、池底标高、水深、加压泵站规模、设备运行的安全性。

（5）污水处理厂的厂址、设计规模、处理等级、处理工艺、占地面积、投产时间、服务区域、设备运行安全性、排水口位置。

（6）污泥处理工艺、污泥量、污泥的最终出路。

（7）污水处理的运行成本、资金来源。

（8）排水体制（分流制和合流制）、排水系统平面布置、管渠走向、管径、排水坡度、排入水体所造成的污染情况。

7.6 规 划 提 纲

城市给水工程规划提纲包含选择和寻求城市水源，确定取水和净水方式，布置和建设各类取水、净水、输配水等工程设施和管网系统等。城市排水工程规划包含排水体制、排水量预测、污水处理及污泥处理后达到的标准、排水主干管的走向及管径和埋深、排水泵站、污水处理厂位置选择等。

7.7 规 划 编 制

分析基础资料、预测水量、设计系统和设施、管网规划方案等均是规划编制的内容。随着水污染加重和人民生活水平的提高，地表水环境质量标准和生活饮用水质量标准不断修订，国家关于给水排水工程的法律、规范及标准不断更新，编制规划的依据不断调整。同时，通过编制给水排水工程规划，结合当地实际，制定相关的实施办法，补充完善规划依据。

了解水量大、开采集中、水质要求严格、用水连续等城市用水的特点，对区域水资源和水污染控制进行研究，规划思路不能局限于规划期限和规划范围，要从更长的时间和更大的范围（远景）来探讨水量、水质的保证。

深入分析基础资料，用系统工程观念，从水源、水输送、水处理、水排放等环节，进行综合优化分析和技术经济比较，要有动态规划的概念，确定规划期内给水排水工程的分期实施，便于主管部门实施操作。

城市缺水属于资源型缺水、水质型缺水还是工程型缺水，需要针对不同原因，提出相应的解决办法，避免不加强水污染控制、动辄远距离调水的做法。现状供水水质与规划水质标准比较是否存在较大差距，能否达到饮用水卫生标准，属于水厂净化工艺还是二次污染造成，城市污水处理是采用集中统一处理还是分散处理，这些问题必须在规划编制中发现、分析并且得到解决。

7.8 规 划 成 果

规划成果包括文本、图件、说明书、基础资料汇编、展板（或挂图）和规划图纸等六部分。

（1）规划文本。规划文本是对规划的各项目标和内容提出规定性要求的文件，文本是说明书的结论概要，语言要求精练，是用作规划实施、监督的指导性文件，充分表达规划设计的意图和目标。

（2）图件。图件包括城市给水厂、加压泵站、调节水池等给水设施和污水处理厂、提升泵站等排水设施及城市给水排水管网（管径、管长、走向）的布置现状图及规划图，还包括城市水系图、水量分布图、给水排水工程系统规划图等。供方案评审和提交最终设计成果的附图一般图幅为 A3。

（3）规划说明。规划说明是对规划文本的具体解释，要求内容翔实，通常包含分析成果、设计方案等。

（4）展板（或挂图）。展板包括主要设计文件，一般以设计图纸为主，配以主要说明文字对图纸进行解释和补充，供方案评审使用（图幅 A0 或 A1，也可根据具体情况定）。随着计算机技术的发展，传统展板逐渐被电子展板所替代，通过 PPT 或 Flash 等电子文件供评审和展示使用。

（5）基础资料汇编。基础资料汇编主要是对现状基础设施进行分析。

（6）规划图纸。规划图纸包括部分设计图纸，能基本表达规划设计的意图和目标。图纸按一定比例（1∶500、1∶1000、1∶2000、1∶5000、1∶10000 等）绘制。

随着城市管理的现代化和计算机应用的普及，各城市一般都要求规划设计部门将最终的规划成果刻成光盘和纸质文件一并提交。

第8章　城市给水工程规划

8.1　城市给水工程规划的原则与内容

8.1.1　城市给水工程规划的一般原则

城市给水工程规划应符合国家的建设方针和政策，在城市总体规划的基础上，提出技术先进、经济合理、安全可靠的城市供水方案。城市给水工程规划应遵循如下规划设计原则。

（1）城市给水工程规划应能保证给水供应所需水量，符合对水质、水压的要求，并当消防或紧急事故时能及时供应必要的用水。

（2）给水工程规划必须正确处理城镇生活、工业及农业用水之间的关系，合理安排水资源利用，节约用地、少占农田、节约能耗和节省劳动力。

（3）城市给水工程规划应按近期设计，并考虑远期发展，远近期结合，作出全面规划。对于扩建或改建工程，应充分发挥原有工程设施的能力。

（4）给水系统的总体布局（统一、分区、分质或分压等）应根据水源、地形、城市和工业企业用水要求（水量、水质、水温和水压）及原有给水工程等条件综合考虑后确定，必要时提出不同方案进行技术经济比较。

（5）城市中工业企业生产用水系统的规划设计应充分考虑重复利用率（生产用水量与生产用水重复使用量之百分比）的提高，不仅要从经济效益上进行分析，还要兼顾社会效益和环境效益。

（6）给水工程规划应积极采用已被科学试验和生产实践所证明的经济而先进的新技术、新工艺、新材料和新设备。

（7）水源的选择应在保证水量满足供应的前提下，采用优质水源以确保居民健康。采用地下水为水源时，应慎重估计可供开采的储量，以防过量开采造成地面下沉或水质变坏。确定取水构筑物地点时，应注意水源保护的要求。在符合卫生要求条件下，取水地点愈靠近用水区愈经济，这样不仅投资省，而且维护管理费用较低。

（8）输配水管道工程往往是给水工程投资的主要部分，应多做方案比较。

（9）给水工程的自动化程度，应从科学管理和增加经济效益的角度出发，根据需要和可能妥善确定。

（10）给水工程规划执行现行的《室外给水设计规范》，并且符合国家与地方城乡建设、卫生、电力、公安、环保、农业、水利、铁道及交通等部门现行的有关规范或规定。地震多发、湿陷性黄土、多年冻土以及其他特殊地区的给水工程规划设计，还应按现行的有关规范或规定执行。

8.1.2　城市给水工程规划的内容与步骤

城市给水工程规划的基本任务，是保证经济合理、安全可靠地供给城市居民生活和生产用水及保障人民生命财产的消防用水，并满足对水量、水质和水压的要求。

（1）具体规划内容

1）分析城市给水工程现状和存在的问题；

2）确定用水量标准，估算城市总用水量和给水系统中各单项工程的设计流量；

3）进行区域水资源与城市用水量之间的供需平衡分析；

4）研究各种用户对水量、水质和水压的要求，制订水量、水质的规划原则和方案；

5）合理选择水源，确定取水位置、取水方式、水厂的规模、位置和净化方法；

6）根据城市的特点确定给水系统的组成，规划城市供水管网并进行平差计算，求出最佳方案；

7）对取水水体和周围环境提出较全面的环保要求和措施；

8）估算总投资，绘制城市给水工程规划图。规划过程中一定要进行多方案的技术经济比较，优化选定规划方案。

（2）规划一般步骤

1）明确规划任务的内容和范围，确定规划编制依据。了解规划项目的性质，明确规划设计的目的、任务与内容；取得规划项目主管部门提出的正式委托书，签订项目规划设计合同（或协议书）。

2）成立规划设计小组，根据规划设计合同（或协议书）制定规划设计进度与工作安排。

3）调查搜集基础资料，进行现场踏勘，建立基础资料汇编文件。

基础资料主要有：上一轮城市总体规划、分区规划和详细规划，规划范围最新地形图，城市近远期经济和社会发展规划；本轮城市总体规划布局、道路规划、竖向规划、人口分布，建筑密度、建筑层数和卫生设备标准，城市和工业区对水量、水质、水压的要求；现状给水卫生设备概况资料，用水人数、用水量、现有供水设施、供水管网状况等；气象、水文及水文地质、工程地质资料等；相关水资源论证报告、水利规划设计文件和相关工程建设项目环境影响评价报告等；同时还需收集有关部门对给水工程规划的指示、文件，与其他部门的分工协议等。在此基础上形成基础资料汇编文件。

在充分掌握上述资料的基础上，为了解实地情况，应进行一定深度的调查研究和现场踏勘。通过现场踏勘了解和核对实地地形，增加感性认识。现场踏勘过程中，需要准备必要的工器具和设备，对于无法取得现状文本或图纸资料的重要基础设施进行必要的勘测，现场绘制现状草图。

4）方案的分析与制定。

在掌握资料与了解现状和规划要求的基础上，根据调研资料拟定几个方案，绘制给水系统规划方案图，估算工程造价，对方案进行技术经济比较，从中选出最佳方案。

A. 经过充分调查研究，合理确定城市生活或工业企业用水定额，估算用水量，这是确定给水工程规模的依据。水量预测应采用多种方法计算，并相互校核，确保数据的科学性。

B. 制定给水工程规划方案。对系统体系结构，水源与取水点选择、给水处理厂厂址选择、给水处理工艺、给水管网布置等进行规划设计，拟定不同方案，进行技术经济比较与分析，最后确定最佳方案。

C. 根据规划期限，提出分期实施规划的步骤和措施，控制和引导给水工程有序建设，节省资金，有利于城市的持续发展，增强规划工程的可实施性，提高项目投资效益。

D. 编制给水工程规划文件，绘制工程规划图纸。

规划成果文件一般应包括项目规划建设规模、性质、基础资料、编制依据、方案的组成及优缺点、工程造价估算、所需主要设备材料和能源消耗。

图纸一般应包括给水水源和取水位置、给水厂厂址、泵站位置以及输水管渠和管网的布置。

8.1.3 城市给水工程规划内容的深度

给水工程规划的深度，就是给水工程规划的内容做到什么程度。某一项内容是在总体规划阶段体现，还是在分区规划或详细规划中体现，这就是深度问题。城市给水工程规划中，有些内容与规划阶段无太大的相关性。如居民用水量标准，在总体规划、分区规划或详细规划中任一阶段确定均可，且不会变化。有些内容与规划阶段相关性很强，各阶段深度不一致。《城市规划编制办法》及相关实施细则对给水规划的深度有所规定，但由于理解不同及其他一些原因，各地、各单位的做法不尽相同。

（1）城市给水工程总体规划内容的深度

1）城市给水工程总体规划文件（文本和附件）

A. 确定用水量标准，预测城市总用水量（生产、生活、市政用水总量）；

B. 水资源供需平衡分析；

C. 水源地选择，确定供水规模、取水方式及给水处理方案；

D. 输水管及配水干管布置，加压泵站、高位水池与水塔位置的确定；

E. 确定水源地防护范围与防护措施。

2）城市给水工程系统总体规划图纸

A. 城市给水系统现状图。主要反映城市给水设施的布局和给水管网布局的现状情况。

B. 城市给水系统规划图。主要反映规划期末城市给水工程基本情况，包括：水源及水源井、泵房、给水厂、贮水池位置；给水分区和规划供水量；输配水干管走向及管径；主要加压泵站、高位水池或水塔的规模及位置。

（2）城市给水工程分区规划内容的深度

1）城市给水工程系统分区规划文本

A. 分区规划的特点分析和估算分区用水量；

B. 综合各分区用水量，确定各分区给水规模、主要设施位置和用地范围；

C. 对总体规划中给水管网进行落实、修正或补充，估算主干管控制管径；

D. 对总体规划中所确定的其他内容进行局部调整，使之更合理，并落实给水设施建设时序。

2）城市给水工程系统分区规划图纸

A. 分区给水系统现状图；

B. 分区给水系统规划图；

C. 必要的附图。

（3）城市给水工程详细规划内容的深度

1) 城市给水工程控制性详细规划文本

A. 计算用水量，提出水质、水压要求；

B. 布局给水设施和给水管网；

C. 计算输配水管管径，校核配水管网水量及水压；

D. 提出给水设施、管线布置和敷设方式以及防护规定，选择管材；

E. 进行造价估算。

通过给水工程详细规划，落实城市总体、分区规划，并反馈总体、分区规划未预见的问题，以便完善总体、分区规划。在编制工程系统规划过程中，及时发现与城市详细规划布局的矛盾，提出调整和协调详细规划布局的建议，以便及时完善详细规划布局。

2) 城市给水工程详细规划图纸

A. 给水工程规划图。

图纸比例为1：1000～1：2000，图中标明规划区供水来源、给水厂及加压泵站等供水设施的容量、平面的位置、用地界线、主要控制点标高、供水管线走向和管径。

B. 必要的附图。

8.2 城市用水量预测与计算

城市总用水量由两部分组成：第一部分为规划期内由城市给水工程统一供给的居民生活用水、生产用水、市政用水（如道路保洁、绿化养护、建筑施工等）、消防用水以及包括输供水管网滴漏等在内的未预见用水等用水量的总和；第二部分为城市给水工程统一供给以外的所有用水量的总和，包括工业和公共设施自备水源供给的用水、河湖环境用水和航道用水、农业灌溉和养殖及畜牧业用水、农村居民和乡镇企业用水等。一般城市给水工程规划中，城市用水量系指第一部分用水量。由于城市所在地理位置、经济发展水平、生活习惯以及可供利用的水资源条件各不相同，规划应根据各个城市的特点，在对现状用水情况进行调研的基础上，根据城市规划确定的规划人口、产值、产业结构等因素，选用相应的规范和标准，最终叠加计算出城市总用水量。

8.2.1 城市用水分类

城市给水工程规划中，常将城市用水分为四类。

（1）生活用水

包括居住区居民生活用水、工业企业职工生活用水和淋浴用水及全市性公共建筑用水等。

（2）生产用水

生产用水包括：冷却用水，如高炉、炼钢炉、机器设备、润滑油和空气的冷却用水；生产蒸汽和用于冷凝的用水，如锅炉和冷凝器的用水；生产过程用水，如纺织厂和造纸厂的洗涤、净化、印染等用水；食品工业加工用水；交通运输用水，如机车和船舶用水等。

（3）市政用水

市政用水包括街道洒水、绿化浇水、环境卫生、公共厕所、游泳池和建筑施工等用水。

（4）消防用水

一般是从街道上消火栓和室内消火栓取水。消防给水设备不经常工作，可与城市生活饮用水给水系统合在一起考虑。对防火要求高的场所（如仓库或工厂）可设立专用的消防给水系统。

此外，给水系统本身也耗用一定的水量，包括水厂自用水量及未预见水量（含管网漏失水量）等。

8.2.2　用水量指标

（1）单位人口用水量指标

单位人口用水量指标系指按城市规划所确定的人口规模采用的平均用水量标准，有万人指标和人均分项指标两种。

1）万人综合用水指标

在城市规划阶段，由于各种基础数据比较缺乏，预测计算的不确定因素较多，导致用水量预测计算结果的精度一般不高。根据不同地区及其城市等级，我国现行的《城市给水工程规划规范》GB 50282—98 中推荐了城市万人最高日综合用水量指标，可用于总体规划阶段，见表 8-1。

城市单位人口综合用水量指标 $[\text{万 m}^3 /（\text{万人} \cdot \text{d}）]$ 　　　　表 8-1

区　域	城　市　规　模			
	特大城市	大城市	中等城市	小城市
一区	0.8～1.2	0.7～1.1	0.6～1.0	0.4～0.8
二区	0.6～1.0	0.5～0.8	0.35～0.7	0.3～0.6
三区	0.5～0.8	0.4～0.7	0.3～0.6	0.25～0.5

注：①特大城市指市区和近郊区非农业人口 100 万及以上的城市；大城市指市区和近郊区非农业人口 50 万及以上不满 100 万的城市；中等城市指市区和近郊区非农业人口 20 万及以上不满 50 万的城市；小城市指市区和近郊区非农业人口不满 20 万的城市；

②一区包括：贵州、四川、湖北、湖南、江西、浙江、福建、广东、广西、海南、上海、云南、江苏、安徽、重庆；二区包括：黑龙江、吉林、辽宁、北京、天津、河北、山西、河南、山东、宁夏、陕西、内蒙古河套以东和甘肃黄河以东的地区；三区包括：新疆、青海、西藏、内蒙古河套以西和甘肃黄河以西的地区；

③经济特区及其他有特殊情况的城市，应根据用水实际情况，用水指标可酌情增减；

④用水人口为城市总体规划确定的规划人口数；

⑤本表指标为规划期最高日用水量指标；

⑥本表指标已包括管网漏失水量。

2）人均分项指标

在资料比较齐全的总体规划、分区规划及控制性详细规划阶段常采用人均分项指标计算用水量。

A. 居民生活用水量指标

指城市居民平均日用水量或最高日用水量指标。生活用水量指标应根据城市的气候、生活习惯和房屋卫生设备等因素确定，各个城市的生活用水量指标并不相同。进行给水工程规划时，城市给水工程统一供给的居民生活用水量的预测，应根据当地国民经济和社会发展规划、城市特点、水资源充沛程度、居民生活水平等因素综合分析确定。居民生活用水量指标宜采用表 8-2 的数值。

地域分区	日用水量[L/（人·d）]	适 用 范 围
一	80～135	黑龙江、吉林、辽宁、内蒙古
二	85～140	北京、天津、河北、山东、河南、山西、陕西、宁夏、甘肃
三	120～180	上海、江苏、浙江、福建、江西、湖北、湖南、安徽
四	150～220	广西、广东、海南
五	100～140	重庆、四川、贵州、云南
六	75～125	新疆、西藏、青海

注：①表中所列日用水量是满足人们日常生活基本需要的标准值。在核定城市居民用水量时，各地应在标准值区
　　间内直接选定；

②城市居民生活用水考核不应以日作为考核周期，日用水量指标应作为月度考核周期计算水量指标的基
　　础值；

③指标值中的上限值是根据气温变化和用水高峰月变化参数确定的，一个年度当中对居民用水可分段考核，
　　利用区间值进行调整使用。上限值可作为一个年度当中最高月的指标值；

④家庭用水人口的计算，由各地根据本地实际情况自行制定的管理规则或办法；

⑤以本标准为指导，各地视本地情况可制定地方标准或管理办法组织实施。

B. 公共建筑用水量指标

公共建筑包括娱乐场所、宾馆、集体宿舍、商业、服务、办公、学校等，其用水量指
标宜采用表 8-3 中的数值。

公共建筑生活用水量标准　　　　　　　　　　　　　　表 8-3

序号	建筑物名称	单位	最高日生活用水定额	时变化系数	用水时间（h）
1	集体宿舍 有盥洗室 有盥洗室和浴室	L/（人·d） L/（人·d）	50～100 100～200	2.5 2.5	24 24
2	旅馆、招待所 有集中盥洗室 有盥洗室和浴室 设有浴盆的客房	L/（床·d） L/（床·d） L/（床·d）	50～100 100～200 200～300	2.5～2.0 2.0 2.0	24 24 24
3	宾馆 客房	L/（床·d）	400～500	2.0	24
4	医院、疗养院、休养所 有集中盥洗室 有盥洗室和浴室 设有浴盆的病房	L/（病床·d） L/（病床·d） L/（病床·d）	50～100 100～200 250～400	2.5～2.0 2.5～2.0 2.0	24 24 24
5	门诊部、诊疗所	L/（病人·次）	15～25	2.5	实际工作时间
6	公共浴室 有淋浴器 有浴池、淋浴器、浴盆和理发室	L/（顾客·次） L/（顾客·次）	100～150 80～170	2.0～1.5 2.0～1.5	12 12
7	理发室	L/（顾客·次）	10～25	2.0～1.5	12

序号	建筑物名称	单位	最高日生活用水定额	时变化系数	用水时间(h)
8	洗衣房	L/kg 干衣	40～80	1.5～1.0	实际工作时间
9	餐饮业 营业餐厅 工业企业、机关、学校食堂	L/(顾客·次) L/(顾客·次)	15～20 10～15	2.0～1.5 2.5～2.0	12 12
10	幼儿园、托儿所 有住宿 无住宿	L/(儿童·d) L/(儿童·d)	50～100 25～50	2.5～2.0 2.5～2.0	24 10
11	商场	L/(顾客·次)	1～3	2.5～2.0	10～12
12	菜市场	L/(m²·次)	2～3	2.5～2.0	8～10
13	办公楼	L/(人·班)	30～60	2.5～2.0	8～10
14	中小学校(无住宿)	L/(学生·d)	30～50	2.5～2.0	10
15	高等学校(有住宿)	L/(学生·d)	100～200	2.0～1.5	24
16	电影院	L/(观众·场)	3～8	2.5～2.0	3
17	剧院	L/(观众·场)	10～20	2.5～2.0	6
18	体育场 运动员淋浴 观众	L/(人·次) L/(人·场)	50 3	2.0 2.0	6 6
19	游泳池 游泳池补充水 运动员淋浴 观众	每日占水池容积 L/(人·次) L/(人·场)	10%～15% 60 3	 2.0 2.0	 6 6

C. 人均综合生活用水量指标

综合生活用水量为城市居民生活用水和公共建筑用水之和，但不包括浇洒道路、绿地、市政用水及管网漏失水量。人均综合生活用水量宜采用表8-4中的数值。

D. 工业企业内职工生活用水量和淋浴用水量指标

工业企业内职工生活用水量和淋浴用水量指标应根据车间性质决定，可参照表8-5估算。淋浴人数占总人数的比率大致范围如下：轻纺、食品、一般机械加工为10%～25%，化工、化肥等为30%～40%，铸造、冶金、水泥等为50%～60%。

人均综合生活用水量指标 [L/(人·d)]　　　　　　　　表 8-4

区　　域	城　市　规　模			
	特大城市	大城市	中等城市	小城市
一区	300～540	290～530	280～520	240～450
二区	230～400	210～380	190～360	190～350
三区	190～330	180～320	170～310	170～300

注：分区同表8-1。

工业企业内职工生活用水量和淋浴用水量指标　　　　　表 8-5

用水种类	车间性质	用水量 [L/(人·d)]	时变化系数 K_h
生活用水	一般车间	25	3.0
	热车间	35	2.0
淋浴用水	不太脏污身体的车间	40	1.0（每班淋浴时间以45min计）
	非常脏污身体的车间	60	

（2）单位面积用水量指标

1）单位建设用地面积综合用水量指标

城市总体规划阶段，常采用比较简单的单位建设用地面积综合用水量指标，见表8-6。

城市单位建设用地面积综合用水量指标 $[万 m^3/ (km^2 \cdot d)]$　　表8-6

区　　域	城　市　规　模			
	特大城市	大城市	中等城市	小城市
一区	1.0～1.6	0.8～1.4	0.6～1.0	0.4～0.8
二区	0.8～1.2	0.6～1.0	0.4～0.7	0.3～0.6
三区	0.6～1.0	0.5～0.8	0.3～0.6	0.25～0.5

注：本表指标已包括管网漏失水量。

2）单位建设用地分项指标

城市用地按城市中土地使用的主要性质可划分为居住用地、公共设施用地、工业用地、仓储用地、对外交通用地、道路广场用地、市政公用设施用地、绿地、特殊用地、水域和其他用地等。在城市分区规划、详细规划阶段，常采用不同用地性质的用水量分项指标。必须指出，不同性质用地的用水量指标是通用性指标，可根据本城市的特点，结合现状水平，适当考虑近远期的发展，并视具体情况对用水量指标作以适当的调整。

A. 城市居住用地用水量指标

城市居住用地是指在城市中包括住宅及相当于居住小区及小区级以下的公共服务设施、道路和绿地等设施的建设用地，其用水量指标应根据城市特点、居民生活水平等因素综合分析确定。单位居住用地用水量可采用表8-7中的数值。

B. 城市公共设施用地用水量指标

城市公共设施用地是指城市中为社会服务的行政、经济、文化、教育、卫生、体育、科研及设计等机构或设施的建设用地，其用水量指标应根据城市规模、经济发展状况、商贸繁荣程度以及公共设施的类别和规模等因素确定。单位公共设施用地用水量可采用表8-8中的数值。

单位居住用地用水量指标 $[万 m^3/(km^2 \cdot d)]$　　表8-7

用地代号	区　　域	城　市　规　模			
		特大城市	大城市	中等城市	小城市
R	一区	1.70～2.50	1.50～2.30	1.30～2.10	1.10～1.90
	二区	1.40～2.10	1.25～1.90	1.10～1.70	0.95～1.50
	三区	1.25～1.80	1.10～1.60	0.95～1.40	0.80～1.30

注：①本表指标已包括管网漏失水量；
②用地代号引用现行国家标准《城市用地分类与规划建设用地标准》GBJ 137（下同）。

单位公共设施用地用水量指标 $[万 m^3/(km^2 \cdot d)]$　　表8-8

用地代号	用地名称	用水量指标C	用地代号	用地名称	用水量指标C
C	行政办公用地 商贸金融用地 体育、文化娱乐用地 旅馆、服务业用地	0.50～1.00 0.50～1.00 0.50～1.00 1.00～1.50	C	教育用地 医疗、修疗养用地 其他公共设施用地	1.00～1.50 1.00～1.50 1.00～1.50

注：本表指标已包括管网漏失水量。

C. 城市工业用地用水量指标

城市工业用地是指城市中工矿企业的生产车间、库房、堆场、构筑物及其附属设施（包括专用铁路、码头和道路等）的建设用地，分为三类：一类工业用地指对居住和公共设施等环境基本无干扰和污染的工业用地（如电子工业用地）；二类工业用地指对居住和公共设施等环境有一定干扰和污染的工业用地（如食品、医药制造、纺织工业等用地）；三类工业用地指对居住和公共设施等环境有严重干扰和污染的工业用地（如采掘、冶金、大中型机械制造、化学、造纸、制革、建材工业等用地）。城市工业用地用水量指标应根据产业结构、主体产业、生产规模及技术先进程度等因素确定，单位工业用地用水量可采用表 8-9 中的数值。

单位工业用地用水量指标［万 $m^3/(km^2 \cdot d)$］　　　　　表 8-9

用地代号	工业用地类型	用水量指标	用地代号	工业用地类型	用水量指标
M1	一类工业用地	1.20～2.00	M3	三类工业用地	3.00～5.00
M2	二类工业用地	2.00～3.50			

注：本表指标已包括工业用地中职工生活用水及管网漏失水量。

D. 城市其他用地用水量指标

a. 仓储用地。城市中仓储企业的库房、堆场和包装加工车间及其附属设施的建设用地。

b. 对外交通用地。城市对外联系的铁路、公路、管道运输设施、港口、机场及其附属设施的建设用地。

c. 道路广场用地。城市中道路、广场和公共停车场等设施的建设用地。

d. 市政公用设施用地。城市中为生活及生产服务的各项基础设施的建设用地。包括供应设施、交通设施、邮电设施、环境卫生设施、施工与维修设施、殡葬设施及其他市政公用设施的建设用地。

e. 绿地。城市中专门用以改善生态、保护环境、为居民提供游憩场地和美化景观的绿化用地。

f. 特殊用地。一般指军事用地、外事用地及保安用地等特殊性质的用地。

g. 水域和其他用地。城市范围内的耕地、园地、林地、牧草地、村镇建设用地、露天矿用地和弃置地，以及江、河、湖、海、水库、苇地、滩涂和渠道等常年有水或季节性有水的全部水域。

h. 保留地。城市中留待未来开发建设的或禁止开发的规划控制用地。

水域和其他用地、保留地等往往不考虑城市统一供水，其他各类用地用水量指标可采用表 8-10 中的数值。

其他用地用水量指标［万 $m^3/(km^2 \cdot d)$］　　　　　表 8-10

用地代号	工业用地类型	用水量指标	用地代号	工业用地类型	用水量指标
W	仓储用地	0.20～0.50	U	市政公用设施用地	0.25～0.50
T	对外交通用地	0.30～0.60	C	绿地	0.10～0.30
S	道路广场用地	0.20～0.30	D	特殊用地	0.50～0.90

注：①本表指标已包括管网漏失水量；
　　②街道洒水、绿地浇水等市政用水量将随城市建设的发展而不断增加。规划时，可根据路面种类、绿化、气候、土壤以及当地条件等实际情况和有关部门规定进行专门分析计算。

（3）单位产品、单位设备、万元产值用水量指标

单位产品、单位设备、万元产值用水量指标主要适用于工业企业生产用水。工业用水指标一般以万元产值用水量表示，也可以工业产品的产量为指标，按单位产品计算用水量，或按单位设备计算用水量，见表 8-11。由于生产门类、生产性质、生产设备、生产工艺、管理水平等的不同，工业生产用水量的差异很大，一般由工业企业生产部门提供单位用水量指标。在缺乏具体资料时，可参照有关同类型工业企业的技术经济指标进行估算。

工业生产单位产品用水量指标（m^3/t）　　表 8-11

工业分类	用水性质	单位产品用水量	
		国内资料	国外资料
水力发电	冷却、水力、锅炉	直流 140～470	160～800
		循环 7.6～33	1.7～17
洗煤	工艺、冲洗、水力	0.3～4	0.5～0.8
石油加工	冷却、锅炉、工艺、冲洗	1.6～93	1～120
钢铁	冷却、锅炉、工艺、冲洗	42～386	4.8～765
机械	冷却、锅炉、工艺、冲洗	1.5～107	10～185
硫酸	冷却、锅炉、工艺、冲洗	30～200	2.0～70
制碱	冷却、锅炉、工艺、冲洗	10～300	50～434
氮肥	冷却、锅炉、工艺、冲洗	35～1000	50～1200
塑料	冷却、锅炉、工艺、冲洗	14～4230	50～90
合成纤维	冷却、工艺、锅炉、冲洗、空调	36～7500	375～4000
制药	工艺、冷却、冲洗、空调、锅炉	140～40000	—
水泥	冷却、工艺	0.7～7	2.5～4.2
玻璃	冷却、锅炉、工艺、冲洗	12～320	0.45～68
木材	冷却、锅炉、工艺、水力	0.1～61	—
造纸	工艺、水力、锅炉、冲洗、冷却	1000～1760	11～500
棉纺织	空调、锅炉、工艺、冷却	7～44m^3/km 布	28～50m^3/km 布

（4）消防用水量指标

城市给水工程规划中不可忽视消防用水。消防用水应按同一时间内的火灾次数和一次灭火用水量确定，其值不应小于城市室外消防用水量标准。城市室外消防用水量应包括工厂、仓库和民用建筑室外消火栓用水量。当工厂、仓库和民用建筑室外消火栓用水量大于城市室外消防用水量时，应取较大值。小城市人口不大于 1.0 万人时，室外消防用水量为10L/s，而一座 5001～20000m^3 多层建筑的室外消火栓用水量为 20L/s，会出现城市室外消防用水量小于民用建筑室外消火栓用水量的情况。小城市人口不大于 2.5 万人时，也会出现此情况。在这种情况下，应采用较大值。城市消防用水量不计入城市总用水量中，但规划时需要储备消防用水量，这部分水量只作为消防用，要求不被其他用户动用。

1）城市、居住区室外消防用水量

城市和居住区室外消防用水量指标主要取决于城市规模、建筑物耐火等级、火灾危险

性类别等因素，其同一时间内的火灾次数和一次灭火用水量，不应小于表 8-12 的规定。

2）工厂、仓库和民用建筑的室外消防用水量

工厂、仓库、堆场、储罐和民用建筑的室外消防用水量，应按同一时间内的火灾次数和一次灭火用水量确定。工厂、仓库、堆场、储罐（区）和民用建筑在同一时间内的火灾次数不应小于表 8-13 的规定；工厂、仓库和民用建筑一次灭火的室外消火栓用水量不应小于表 8-14 的规定。

城市、居住区同一时间内的火灾次数和一次灭火用水量　　　　表 8-12

人数 N（万人）	同一时间内的火灾次数（次）	一次灭火用水量（L/s）
N≤1.0	1	10
1.0＜N≤2.5	1	15
2.5＜N≤5.0	2	25
5.0＜N≤10.0	2	35
10.0＜N≤20.0	2	45
20.0＜N≤30.0	2	55
30.0＜N≤40.0	2	65
40.0＜N≤50.0	3	75
50.0＜N≤60.0	3	85
60.0＜N≤70.0	3	90
70.0＜N≤80.0	3	95
80.0＜N≤100.0	3	100

注：①城市的室外消防用水量应包括居住区、工厂、仓库（含堆场、储罐）和民用建筑的室外消火栓用水量；
②当工厂、仓库和民用建筑的室外消火栓用水量按表 8-14 计算，其值与按本表计算不一致时，应取其较大值。

工厂、仓库、堆场、储罐（区）和民用建筑同一时间内的火灾次数　　　表 8-13

名称	占地面积（hm²）	附有居住区人数（万人）	同一时间内的火灾次数（次）	备　　　注
工厂	≤100	≤1.5	1	按需水量最大的一座建筑物（或堆场、储罐）计算
		＞1.5	2	工厂、居住区各一次
	＞100	不限	2	按需水量最大的两座建筑物（或堆场、储罐）之和计算
仓库、民用建筑	不限	不限	1	按需水量最大的一座建筑物（或堆场、储罐）计算

注：采矿、选矿等工业企业的各分散占地有单独的消防给水系统时，可分别计算。

工厂、仓库和民用建筑一次灭火的室外消火栓用水量（L/s）　　　表 8-14

耐火等级	建筑物类别		建筑物体积 V（m³）					
			V≤1500	1500＜V≤3000	3000＜V≤5000	5000＜V≤20000	20000＜V≤50000	V＞50000
一、二级	厂房	甲、乙类	10	15	20	25	30	35
		丙类	10	15	20	25	30	40
		丁、戊类	10	10	10	15	15	20
	仓库	甲、乙类	15	15	25	25	—	—
		丙类	15	15	25	25	35	45
		丁、戊类	10	10	10	15	15	20
	民用建筑		10	15	15	20	25	30

耐火等级	建筑物类别		建筑物体积 V（m³）					
			V≤1500	1500<V ≤3000	3000< V≤5000	5000< V≤20000	20000< V≤50000	V>50000
三级	厂房（仓库）	乙、丙类	15	20	30	40	45	—
		丁、戊类	10	10	15	20	25	35
	民用建筑		10	15	20	25	30	—
四级	丁、戊类厂房（仓库）		10	15	20	25	—	—
	民用建筑		10	15	20	25	—	—

注：① 室外消火栓用水量应按消防用水量最大的一座建筑物计算。成组布置的建筑物应按消防用水量较大的相邻两座计算；

② 国家级文物保护单位的重点砖木或木结构的建筑物，其室外消火栓用水量应按三级耐火等级民用建筑的消防用水量确定；

③ 铁路车站、码头和机场的中转仓库其室外消火栓用水量可按丙类仓库确定。

（5）未预见用水量估算

根据《室外给水设计规范》GB 50013—2006 规定，城市未预见用水量及管网渗漏损失按最高日用水量的 15%～25% 计算。

8.2.3 城市用水量的预测与计算

（1）预测方法

城市用水量预测与计算是指采用一定的理论和计算方法，预测城市将来某一阶段的可能用水量。一般以过去的资料为依据，以今后的用水趋势、经济条件、人口变化、水资源情况、政策导向等为条件，预测方法主要有定额指标法和函数法两大类。两种方法的侧重点不同，每种预测方法都是对各种影响用水的条件作出合理的假定，通过一定的方法计算预期水量。城市用水量预测与计算涉及未来发展的诸多因素，在规划期内难以准确确定，所以预测结果常常与城市发展实际存在一定差距，必须采用多种方法互相验算、互相修正和互相补充，才能使预测结果最大限度地符合要求，满足规划的需要。

城市用水量预测的时限一般与规划年限相一致，有近期（5年左右）和远期（15～20年）之分。在可能的情况下，应提出远景规划设想，对未来城市用水量作出预测，以便对城市发展规划、产业结构、水资源利用与开发、城市基础设施建设等提出要求。

1）定额指标法

定额是指单位用水量，是国家相关部门根据不同条件下用水量调查统计结果，考虑各种因素发布的规范指标，具有一定的科学性、规范性、权威性，是规划工作者必须严格执行和认真实施的，对规划工作具有很好的指导作用和约束作用。一般在预测时根据城市规模、工业规模选取不同定额，与相应的规划人口预测数或工业产值相乘即可得到预测用水量。此方法简单明了、通俗易懂、计算快捷方便，数值有一定的准确性，但如果城市发展变化大则容易失准。

A. 人均综合指标法

$$Q = NqA \qquad (8-1)$$

式中 Q——城市预测用水量（万 m³/d）；

N——规划期末城市总人口（万人）；

q——规划期内人均综合用水指标[万 m³/(万人·d)]；

A——规划期内使用城市统一供水的用户普及率（％）。

B. 单位用地指标法

$$Q = q_0F \tag{8-2}$$
$$Q = \Sigma q_i f_i \tag{8-3}$$

式中　q_0——单位建设用地综合用水量指标［万 $m^3/(hm^2 \cdot d)$］；

　　　F——城市规划建设用地面积（hm^2）；

　　　q_i——不同性质用地的用水量指标［万 $m^3/(hm^2 \cdot d)$］；

　　　f_i——不同性质用地面积（hm^2）。

　　　Q 同前。

C. 分类求和法

$$Q = \Sigma Q_i \tag{8-4}$$

式中　Q_i——城市各类用水量预测值。

　　　Q 同前。

D. 分类估算求和法

在具有较为完善的城市总体规划和相应的生活用水量、生产用水量和市政用水量等基础资料的前提下，可采用分类估算求和法预测总体规划用水量。该方法层次清楚、简单易行，是规划界目前常用的方法。

a. 生活用水量。按城市规划的人口数及拟定的近、远期用水量指标相乘进行计算。近、远期用水量指标要结合国家现行规范，并体现规划城市的气候特点、经济发展水平和卫生习惯。

b. 工业生产用水量。根据城市性质、经济结构、产业特点和发展态势，结合现状和规划资料，综合考虑用水量标准。可用单位产品耗水量、单位设备耗水量或万元产值耗水量指标计算，也可采用年递增率法计算。

c. 市政用水量。按（A）、（B）两项总和的百分数估算，一般取 5％～10％。

d. 公共建筑用水量。按（A）、（B）两项总和的百分数估算，一般取 10％～15％。

e. 未预见水量。按（A）～（D）四项总和的百分数估算，一般取 10％～20％。

f. 自来水厂自用水量。按（A）～（E）五项总和的百分数估算，一般取 5％～10％。

g. 城市总用水量。为（A）～（F）六项之和。

城市供水规模应根据城市给水工程统一供给的城市最高日用水量确定。

进行城市水资源供需平衡分析时，城市给水工程统一供水部分所要求的水资源供水量应等于城市最高日用水量除以日变化系数（平均日用水量），再乘以供水天数。各类城市的日变化系数可采用表 8-15 中的数值。

日　变　化　系　数　　　　　　　　　　　　　　　　表 8-15

特大城市	大城市	中等城市	小城市
1.1～1.3	1.2～1.4	1.3～1.5	1.4～1.8

自备水源供水的工业企业中公共设施的用水量应纳入城市用水量中，由城市给水工程进行统一安排；城市江河湖泊环境用水和航道用水、农业灌溉和养殖及畜牧业用水、农村居民和乡镇企业用水等水量应根据有关部门的相应规划也纳入城市用水量中以利于全面规

划和综合考虑。

当城市给水水源地在城市规划区以外时，水源地和输水管线应纳入城市给水工程的范围内。当输水管线途经的城市需由同一水源供水时，应进行统一的给水工程规划。

2）函数法

函数法是将与用水量有关的各要素作为自变量，建立与用水量之间的关系式，在一定的条件下通过数学计算求得用水量。函数法主要有线性回归法、生产函数法、年递增率法、生长曲线法等。

A. 线性回归法

用城市用水量 Q 与供水年份 t 之间的相互关系建立回归方程。

$$Q = a + b \cdot t \tag{8-5}$$

式中　Q——规划期城市预测用水量（m^3/d）；

　　　　t——预测回归年数；

　　a、b——回归系数。

根据多年观察资料获得的数字，以 t 为横坐标，Q 为纵坐标画出散点图，运用回归系数确定一条最接近观察数的直线，再将对应的年份间隔 t 代入即可求得 Q。

B. 生产函数法

首先建立一个描述城市逐年供水能力的函数，即柯布——道格拉斯生产函数。

$$W_t = aP_t^b W_{(t-1)} \tag{8-6}$$

式中　W_t——城市第 t 年的供水能力（m^3/d）；

　　　P_t——城市第 t 年的经济产值或第 t 年人口数；

　$W_{(t-1)}$——城市第（$t-1$）年的供水能力（m^3/d）；

　　a、b——参数。

根据已知的历史数据 W、P，用回归方法先求出参数 a、b，代入函数式，再逐年求出下一年度 W，直至所预测的年份得到相应年份城市用水量预测值，为了保证精度，可建立多层模型，此方法计算工作量极大，但自计算机技术越来越普及以来，在给水规划预测中使用得比较广泛。

C. 年递增率法

根据历年供水能力的增加（增值是非均匀的），考虑经济发展速度和人口增加因素。确定一个合理的年平均增长率，用复利公式预测城市规划期用水量。

$$Q = Q_0(1+v)^n \tag{8-7}$$

式中　Q——规划期末城市总用水量（m^3/d）；

　　　Q_0——规划基准年（起始年）实际城市总用水量（m^3/d）；

　　　v——规划时段内城市总用水量的平均增长率；

　　　n——预测年限。

根据有关资料，我国城市用水年增长速率在 4%～6% 之间，规划人员应根据城市发展规模和经济或人口的变化趋势确定年增长率的取舍，保证预测的准确性，另外，此预测方法应用的时限不宜过长。

D. 生长曲线法

从我国各典型城市的城市用水量统计数字来看，城市用水量的变化呈 S 形曲线，据此曲线的变化规律可构建生长曲线模型，函数式有两种。

a. 龚泊兹公式

$$Q = L\exp(-be^{-kt}) \tag{8-8}$$

式中　Q——预测年限的用水量（m^3/d）；

　　　L——预测用水量的上限值（m^3/d）；

　　　t——预测时段；

　b、k——待定系数。

为求出参数 b、k，对原式进行线性变换。

$$\ln\frac{L}{Q} = \ln b^{-kt} \tag{8-9}$$

利用历年的用水量数据采用最小二乘法或线性规划法求出 b、k，代入式（8-8）中，则可以依据预测年限求出用水量，得到符合变化规律的预测规划用水量。

b. 雷孟德·皮尔模型

$$Q = L(1 + ae^{-bt})^{-1} \tag{8-10}$$

式中，a、b 为待定系数，其余符号意义同式（8-8）。应用时，也是将原式进行线性变换，采用最小二乘法或线性回归法求出 a、b，再代入式（8-10）。

（2）用水量的变化

城市用水量受人们作息时间的影响，总是不断变化的，通常所说的用水量标准只是一个平均值，不能确定城市给水系统的设计水量和各项单项工程的设计水量。在详细规划设计中，为了准确进行取水工程、给水厂和管网系统的规划设计，必须知道用水量逐日、逐时的变化情况。城市用水量的变化规律用日变化系数和时变化曲线来表示。

1）日变化系数。全年中每日用水量因气候及生活习惯等不同而有所变化，例如，夏季用水量比冬季多；节假日用水量较平日多等。日变化系数 K_d 可表示如下式。

$$K_d = \frac{年最高日用水量}{年平均日用水量}$$

缺乏资料时，日变化系数 K_d 宜取 1.3～1.6，小城镇可适当加大。

2）时变化系数。一日中各时用水量因作息制度、生活习惯等不同而有所差别，例如，白天用水较夜晚多。时变化系数 K_h 可表示如下式。

$$K_h = \frac{日最高时用水量}{日平均使用水量}$$

缺乏资料时，时变化系数 K_h 可取 1.3～1.6，小城镇可适当加大。

3）用水量时变化曲线。当设计城市给水管网、选择水厂二级泵站水泵工作级数以及确定水塔或清水池容积时，需按城市各种用水量求出城市最高日最高时用水量和逐时用水量变化，以便使设计的给水系统能较合理地适应城市用水量变化的需要。用水量时变化曲线中，纵坐标表示逐时用水量，按全日用水量的百分数计，横坐标表示全日小时数。如图 8-1 所示。

4）工业企业用水量时变化系数。工人在车间内生活用水量的时变化系数，冷车间为 3.0，热车间为 2.5；工人淋浴用水量，假定在每班下班后 1h 计算；工业生产用水量的逐时变化，有的均匀，有的不均匀，根据生产性质和生产工艺过程而定。

（3）常用用水量计算方法

总体规划用水量计算常用分类估算求和方法，详细规划常采用如下方法。

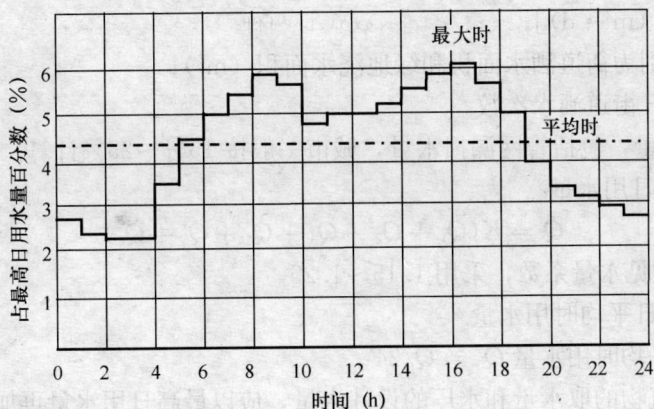

图 8-1 城市用水量时变化曲线

1) 城市最高日用水量

A. 居住区最高日生活用水量

$$Q_1 = \frac{N_1 q_1}{1000} \tag{8-11}$$

式中 N_1——设计期限内规划人口数；

q_1——最高日用水量标准[L/(人·d)]。

B. 公共建筑生活用水量

$$Q_2 = \sum \frac{N_2 q_2}{1000} \tag{8-12}$$

式中 N_2——某类公共建筑生活用水单位的数量；

q_2——某类公共建筑生活用水量标准（L/d）。

C. 工业企业职工日生活用水量

$$Q_3 = \sum \frac{n N_3 q_3}{1000} \tag{8-13}$$

式中 n——每日班制；

N_3——每班职工人数（人）；

q_3——工业企业生活用水量标准[L/(人·班)]。

D. 工业企业职工每日淋浴用水量

$$Q_4 = \sum \frac{n N_4 q_4}{1000} \tag{8-14}$$

式中 N_4——每班职工淋浴人数（人）；

q_4——工业企业职工淋浴用水量标准 [L/（人·班）]。

E. 工业企业生产用水量 Q_5，等于同时使用的各类工业企业或各车间生产用水量之和。

F. 市政用水量

$$Q_6 = \frac{n_6 S_6 q_6}{1000} + \frac{S'_6 q'_6}{1000} \tag{8-15}$$

式中 q_6、q'_6——分别为街道洒水和绿地浇水用水量的计算标准 [L/（m²·次）] 和 [L/

$(m^2 \cdot d)$];

S_6、S_6'——分别为街道洒水面积和绿地浇水面积(m^2);

n_6——每日街道洒水次数。

G. 末预见水量,包括管网漏损水量,城市一般按 $15\% \sim 25\%$ 计算。

H. 城市最高日用水量

$$Q = K(Q_1 + Q_2 + Q_3 + Q_4 + Q_5 + Q_6) \tag{8-16}$$

式中 K——未预见水量系数,采用 $1.15 \sim 1.25$。

2)城市最高日平均时用水量

城市最高日平均时用水量 $Q_c = Q/24$。

城市取水构筑物的取水量和水厂的设计水量,应以最高日用水量再加上自身用水量进行计算,并校核消防补充水量。水厂自身用水量,一般采用最高日用水量的 $5\% \sim 10\%$。因此,取水构筑物的设计取水量和水厂的设计水量 $Q_p = (1.05 \sim 1.10)Q/24$。

3)城市最高日最高时用水量

$$Q_{max} = K_h Q/24 \tag{8-17}$$

式中 K_h——城市用水量时变化系数。

设计城市给水管网时,按最高时设计秒流量计算。

$$q_{max} = \frac{Q_{max}}{3.6} \tag{8-18}$$

【例题 8-1】 设有一县城,规划人口为 10 万人,区内有一 2000 名工人的工业企业,两班制,每班 1000 人,无热车间,每班有 200 人淋浴,车间生产轻度污染身体,生产用水量为 1000m^3/d,在上班后 3h 内使用。试计算该规划区最高日用水量,水厂设计水量及管网设计最高日最高时流量和最高时秒流量(设管网为前置水塔,本例暂不计算消防流量)。

【解】

1)居住区生活用水量,按表 8-7 采用最高日生活用水量为 150L/(人·d),则该区生活用水量:

$$Q_1 = \frac{N_1 q_1}{1000} = \frac{10^5 \times 150}{1000} = 15000 m^3/d$$

2)工业企业生活用水量,按一般车间工业企业生活用水量标准 25L/(人·班),则:

$$Q_3 = \sum \frac{n N_3 q_3}{1000} = \frac{2 \times 1000 \times 25}{1000} = 50 m^3/d$$

3)工人淋浴用水量,淋浴时间在下班后 1h 内,按工业企业职工淋浴用水量标准 40L/(人·班),则:

$$Q_4 = \sum \frac{n N_4 q_4}{1000} = \frac{2 \times 250 \times 40}{1000} = 20 m^3/d$$

4)工业企业生产用水量=2400m^3/d,在上班后 3h 内使用,按两班制计算,平均每小时水量为 400m^3/h。

5)未预见水量(其中包括漏失水量)占总用水量的 20%

114

$$Q = K(Q_1 + Q_3 + Q_4 + Q_5) = 1.2 \times (15000 + 50 + 20 + 2400) = 20964 \text{m}^3/\text{d}$$

该县城最高日平均时用水量为 $Q_c = Q/24 = 20964/24 = 873.5 \text{m}^3/\text{h}$

设水厂自身用水量为该区最高日平均时用水量的 5%，则水厂的设计水量为：

$$Q_p = (1.05 \sim 1.10)Q/24 = 1.05Q_c = 1.05 \times 873.5 = 917.2 \text{m}^3/\text{h}$$

时变化系数取 1.6，则城市最高日最高时用水量为：$Q_{max} = 1.6 \times 917.2 = 1467.5 \text{m}^3/\text{h}$

给水管网最高日最高时的设计秒流量为：

$$q_{max} = \frac{Q_{max}}{3.6} = \frac{1467.5}{3.6} = 407.6 \text{L/s}$$

8.3 城市给水水源工程规划

8.3.1 城市水源选择

水源关系到人体健康，必须选用水质良好、水量充沛、便于保护的水源。城市给水水源分为地下水源和地表水源。地下水源有深层和浅层两种，包括潜水（无压地下水）、承压水（自流水）和泉水等。地表水源包括江河水、湖泊水、水库水以及海水等。

地下水由于经地层过滤且受地面气候及其他因素的影响较小，具有无杂质、无色、水温变化幅度小、不易受到污染等优点。但是，由于受到埋藏与补给条件、地表蒸发及流经地层的岩性等因素的影响，又具有径流量较小（相对于地面径流）、水的矿化度和硬度较高等缺点。开发地下水的投资费用较省，处理费用较低，但要控制开采量，防止过量开采发生地面沉降。

地表水受各种地面因素的影响较大，通常表现出与地下水相反的特点。地表水的浑浊度与水温变化幅度都较大，水易受到污染，但矿化度、硬度较低，含铁量及其他物质较少，径流量一般较大，季节变化性较强。开发地表水的投资大，处理费用较高。

城市给水水源条件是否良好，选择是否合理，往往成为影响城市建设和发展的重要因素之一。因此，在城市给水系统规划中，必须对城市的给水水源进行深入调查研究，全面搜集有关城市给水水源的水文、气象、地形、地质以及水文地质资料，并进行城市水源勘测和水质分析。选择城市给水水源时，应依据城市近远期发展规模，通过技术经济比较后确定。选择城市水源需要遵循：水量要有保证，要能满足城市用水的基本要求；水质优良，满足生活饮用水水源水质标准；供水安全，不受污染，系统完整可靠。

（1）给水水源应有足够的可用水量

1）地表水源

当采用地表水源时，根据城市规模和工业用水所占比例确定供水保证率。一般河流的最枯流量按设计枯水流量保证率为 90%～97% 考虑。

当河流窄而深，下游有浅滩或潜堰，枯水期形成壅水，或取水河段为深潭时，河流可取水量 Q_k 和设计枯水流量 Q_s 关系满足下式。

$$Q_k < (0.3 \sim 0.5)Q_s \tag{8-19}$$

为满足城市给水系统（或工业企业给水系统）的需要，从地表水源设计最枯流量中的可取水量应大于取水构筑物的设计取水量。如果河流可取水量小于城市给水系统用水量，则应考虑进行径流调节或者选用其他水源。

2）地下水源

当采用地下水源时，应进行地下水储量计算。

A. 静储量。亦称永久储量，是最低潜水面以下含水层中水的体积。静储量可按下式计算。

$$W_i = Y_i HF \qquad (8\text{-}20)$$

式中　W_i——静储量（m³）；

　　　F——含水层的分布面积（m²）；

　　　H——含水层的厚度（m）；

　　　Y_i——给水度（%），见表 8-16。

给水度 Y_i 表　　　　　　　　　　　　　　　　　　　　　　　　　表 8-16

含水岩层	给水度（%）	含水岩层	给水度（%）
黏土	0	中细砂	20～25
黏砂土	12～14	砾石含少量粉砂	20～35

B. 动储量。是指地下水在天然状态下的流量，即单位时间内通过某一过水断面的地下水流量，通常根据达西公式进行计算。

$$Q_D = KiHB \qquad (8\text{-}21)$$

式中　Q_D——动储量（m³/d）；

　　　K——含水层渗透系数（m/d），见表 8-17；

　　　i——计算断面间地下水的水力坡降；

　　　H——计算断面上含水层平均厚度（m）；

　　　B——计算断面的宽度（m）。

C. 调节储量。是指地下水最高水位与最低水位间含水层中水的体积，可按下式计算。

$$Q_t = Y_i \Delta HF \qquad (8\text{-}22)$$

式中　ΔH——最高水位与最低水位之差（m）；

　　　F——含水层的分布面积（m²）；

　　　Q_t——调节储量（m³）；

　　　Y_i 同前。

D. 开采储量。是指开采期内，不使地下水位连续下降或水质变坏的条件下，从含水层中所能取得的地下水流量。开采储量包括动储量、调节储量和部分静储量，但静储量一般不动用，只在能很快补给的条件下，才可以动用部分静储量。

城市地下水取水构筑物的取水量不应大于地下水开采储量。

河谷冲积层透水性良好，径流充沛，其潜水主要计算动储量，可按照开采储量等于或小于动储量考虑。

在开采地下水时，地表水如能充分补给地下水，则地下水的取水量可大于或等于动储量。潜水盆地内的地下水基本处于静止状态，地下水储量随降水或开采和蒸发而增加或者减少。因此，可将调节储量视为开采储量，不必计算动储量，即取水量小于或等于调节储量。

含水层渗透系数 **K** 参考值（m/d） 表 8-17

土的种类	渗透系数 K	土的种类	渗透系数 K
黏土	<0.005	中砂	5.0~25.0
粉质黏土	0.005~0.1	均质中砂	35~50
粉土	0.1~0.5	粗砂	20~50
黄土	0.25~0.5	圆砾	50~100
粉砂	0.5~5.0	卵石	100~500
细砂	1.0~10.0	无填充物卵石	500~1000

（2）给水水源水质良好

当城市有多种天然水源时，应首先考虑水质较好，处理简易的水源作为给水水源，或者考虑多水源分质供水。

生活饮用水水源水质分为两级，其质量应符合《城市供水水质标准》CJ/206—2005的规定。本标准规定了供水水质要求、水源水质要求、水质检验和监测、水质安全等，适用于城市集中式供水、自建设施供水和二次供水。对于城市集中式供水企业、自建设施供水和二次供水单位，其供水和管理范围内的供水水质应达到本标准规定的水质要求。用户受水点的水质也应符合本标准规定的水质要求。

1）一级水源。水质良好，地下水只需消毒处理，地表水经简易给水处理（如过滤、消毒）后即可供生活饮用。

2）二级水源。水质受到轻度污染，经常规给水处理（如絮凝、沉淀、过滤、消毒等）后水质达到现行《生活饮用水水质标准》的规定，可供生活饮用。

3）超过二级水质标准的水源不宜作为生活饮用水水源。若限于条件需要加以利用时，应采用相应的工艺进行处理。处理后的水质应符合现行《生活饮用水水质标准》的规定，并取得省、市、自治区卫生厅（局）及主管部门批准。工业企业用水应符合现行《工业企业设计卫生标准》有关要求。

（3）供水安全

为了获取足够的水量，并满足水质要求，确保供水安全，选择水源及其水源地时应遵循以下原则。

1）取水点必须远离污染源。选用地表水作为水源时，水源地应位于水体功能区划规定的取水地段或水质符合相应标准的河段，水源地应选在城市和工业区的上游。选用地下水源时，水源地应设在不易受污染的富水地段。

2）考虑多水源供水。为了保证安全供水，大中城市应考虑多水源分区供水，小城市也应有远期备用水源。无多水源时，结合远期发展，应设两个以上的取水口。

3）当城市有多个水源时，应尽量取用具有良好水质的水源。首先考虑泉水，然后是地下水、河水或湖水。

4）注意在解决当前和近期供水问题的同时，还应考虑如何满足远期对水量、水质的要求。

5）取水构筑物应设在河岸及河床稳定的地段，并避开易于发生滑坡、泥石流、塌陷等不良地质区及洪水淹没和低洼内涝地区。

8.3.2 水源地保护规划

（1）水源保护区划分

集中式饮用水水源地范围包括向城市给水厂直接提供水源的地表水（河流、湖泊、水库）、地下水的取水水域和与其密切相关的陆域，以及海水淡化厂取海水的海域。按照不同的水质标准和防护要求，饮用水水源保护区可划分为一级保护区和二级保护区。地表水饮用水源保护区分为一级保护区和二级保护区，必要时也可在二级保护区范围外设置准保护区。地下水饮用水水源保护区是指地下水水源地的地表分区，分为一级保护区和二级保护区，必要时也可在二级保护区范围外设置准保护区，准保护区范围为地下水水源的补给区和径流区（承压含水层单指补给区）。

（2）河流饮用水水源保护区的划分方法

1）一般河流水域保护范围

A. 经验方法

一级保护区水域长度为取水口上游不小于1000m，下游不小于100m的河道水域。一级保护区水域宽度为按5年一遇洪水所能淹没的区域作为保护区水域的宽度。通航河道一级保护区宽度以河道中泓线为界靠取水口一侧范围，非通航河道为整个河宽。

二级保护区水域长度在一级保护区的上游侧边界向上游延伸不得小于2000m，下游侧外边界应大于一级保护区的下游边界且距取水口不小于200m。二级保护区水域宽度包括整个河面。

B. 模型计算方法

从取水口起算，一级保护区上游侧范围大于按二维水质模型计算的岸边污染物最大浓度的衰减过程，即衰减到一级保护区水质标准允许的浓度所需的距离，但其上、下游范围不小于饮用水源卫生防护带划定的范围。一级水源保护区水域的宽度确定同经验方法。

二级保护区上游边界到一级保护区上游侧边界的距离应大于污染物从二级保护区水质标准浓度水平衰减到一级保护区水质标准浓度水平所需的距离。二级保护区水域宽度同经验方法。

2）潮汐河段水域保护范围

潮汐河段水源地的一级保护区上、下游两侧范围相当。确定方法与一般河流型饮用水水源地相同。采用模型计算方法，潮汐河段的二级保护区上游侧外边界到一级保护区上游侧边界的距离大于潮汐落潮最大下泄距离；采用模型计算方法，按照下游的污染水团对取水口影响的频率要求，计算确定二级保护区下游侧外边界位置。二级保护区水域宽度包括整个河面。

3）陆域保护范围

一级保护区陆域沿岸长度不小于相应的一级保护区水域河长，陆域沿岸纵深与河岸的水平距离不小于50m。

二级保护区陆域沿岸长度不小于二级保护区水域河长，二级保护区沿岸纵深范围不小于2000m。当水源地水质受保护区附近点污染源影响严重时，二级保护区陆域范围必须包括污水集中排放的区域。当一级保护区外围以面源为主要污染源时，对于流域面积小于100km² 的小型流域二级保护区可以是整个集水范围。

需要设置准保护区时，可参照二级保护区的划分方法确定准保护区的范围。

（3）湖泊、水库饮用水水源保护区的划分方法

1）水域范围

A. 模型计算方法

一级保护区边界至取水点的径向流程距离大于所选定的主要污染物的水质指标衰减到一级保护区水质标准允许的浓度水平所需的距离；但其范围不小于饮用水源卫生防护带划定的范围。

二级保护区边界至一级保护区的径向距离大于所选定的主要污染物或水质指标从二级保护区水质标准允许的浓度衰减到一级保护区水质标准允许的浓度水平所需的距离。

B. 经验方法

小型湖库水域范围为取水口半径 100m 范围的区域，必要时可以将整个正常水位线以下的水域作为一级保护区；单一供水功能的湖库，应将全部水面面积划为一级保护区；大中型湖泊水库水域范围为取水口半径 200m 范围的区域；特大型湖库为取水口半径大于500m 的区域作为一级保护区。

小型湖库一级保护区边界外的水域面积、山脊线以内的流域设定为二级保护区；大中型湖库一级保护区外半径 1000m 的水域为二级保护区；特大型湖库以一级保护区外半径为 2000m 的区域为二级保护区水域面积。

2）陆域范围

小型湖库为取水口侧正常水位线以上陆域半径 200m 距离，必要时可以将整个正常水位线以上 200m 的陆域作为一级保护区；大中型湖库为取水口侧正常水位线以上陆域半径200m 的陆域作为一级保护区；特大型湖库为取水口侧正常水位线以上陆域半径 200m 的陆域作为一级保护区。

当面污染源为主要污染源时，二级保护区陆域沿岸纵深范围，主要依据自然地理、环境特征和环境管理的需要，通过分析地形、植被、土地利用、森林开发、地面径流的集水汇流特性、集水域范围等确定；当点污染源为主要污染源时，二级保护区陆域范围应包括主要废水集中排放区；二级保护区陆域边界不超过相应的山脊线。如果条件有限可以通过经验方法确定。

A. 对于小型湖库可将上游整个流域（一级保护区陆域外区域）设定为二级保护区。

B. 大中型湖库：平原型水库的二级保护区范围是正常水位线以下（一级保护区以外）的区域；山区型水库二级保护区的范围为周边山脊线以内（一级保护区以外）的区域。

C. 特大型湖库可以划定一级保护区外 3000m 的区域为二级保护区范围。

3）准保护区划定

A. 小型湖库二级保护区以外的区域可以设定为准保护区。

B. 大中型湖库二级保护区以外的湖库流域面积可以划定为准保护区。

C. 特大型湖库二级保护区以外的湖库流域面积可以划定为准保护区。

（4）地下水饮用水水源保护区的划分方法

1）一级保护区

一级保护区范围应不小于卫生防护区的范围，边界与水源地间水质点迁移 100 天的距离外包线范围为一级保护区。

A. 经验方法

不考虑水文地质条件，以固定的半径圈定面积，一般以取水口为圆心，半径通常为300m的区域，对于泉水为一个半圆。对于多井的水源地按外包线作为一级保护区范围。岩溶区半径相应适当加大，细粒含水层和出水量小的水源地半径可以适当减小。

B. 模型计算方法

a. 孔隙水和裂隙水

充分利用水文地质资料，特别是含水层的水文地质特征、地下水流向、补给等因素来确定保护区的范围。

一级保护区范围可按下式计算。

$$R = \alpha \cdot K \cdot I \cdot T / n \qquad (8\text{-}23)$$

式中　R——一级保护区半径（m）；

　　　α——安全系数（为了稳妥起见，在理论计算的基础上加上一定量，以防未来用水量的增加以及干旱期影响半径的扩大，经常取 150%）；

　　　K——含水层渗透系数（m/d）；

　　　I——水力坡度（为漏斗范围内的水力坡度）；

　　　T——污染物水平运移时间，取 100 天。

　　　n——有效孔隙度。

孔隙水一级保护区的范围通常按表 8-18 确定，裂隙水的一级保护区半径通常取 300m。

一级保护区半径（孔隙水）（m）　　　　　　　表 8-18

介质类型	一级保护区半径 R	介质类型	一级保护区半径 R
细砂	100~160	粗砂	200~500
中砂	100~200	砾石	500~1000

b. 岩溶水

岩溶地区由于岩层的渗透性及地下水流速的不可预测性极大，保护区范围较难确定，可将整个集水区都作为一级保护区。

2）二级保护区

地下水水源地集水区扣除一级保护区后的剩余部分作为二级保护区，即水源地开采漏斗的影响范围。

A. 经验方法

二级保护区范围的推荐半径为 1000m。岩溶地区、泉水和出水量较小的水井可根据实际情况作相应的改变。

B. 模型计算法

a. 孔隙水（浅层非傍河型）：

$$R = 10 S_w \sqrt{K H_0} \qquad (8\text{-}24)$$

式中　R——二级保护区半径（m）；

　　　S_w——开采井最大允许降深（m）；

K——含水层渗透系数（m/d）；

H_0——含水层厚度（m）。

各水源地可以根据实际情况进行调整。保护区主要考虑开采井的水力影响半径，在降深小于 10m 时，其范围通常按表 8-19 选择。

二级保护区半径（孔隙水）　　　　表 8-19

介质类型	防护半径 R（m）	介质类型	防护半径 R（m）
细砂	400～600	粗砂	800～1000
中砂	500～800	砾石	1000～1500

b. 孔隙水（傍河型）

二级保护区包括陆域和水域两部分，陆域范围确定方法与孔隙水（浅层非傍河型）水源地相同。水域范围可按地下水流向取井群上游 1000m 内，下游 100m 内的河流长度，宽度为河流宽度。

c. 裂隙水（承压水）

裂隙水多为承压水，承压水不设二级保护区。

3）准保护区

准保护区按水文地质条件的补给区和径流区来划分边界范围。其中，岩溶水可不划定准保护区；孔隙水根据地下水的补给区和径流区范围确定准保护区；裂隙水一般多为承压水，只划定补给区作为准保护区范围。

（5）水源地保护基本要求

1）关于水质标准的要求，饮用水地表水源一级保护区的水质基本项目限值不得低于国家规定的《地表水环境质量标准》GB 3838—2002 Ⅱ 类标准及补充项目和特定检测项目的限值要求。

2）二级保护区的水质基本项目限值不得低于国家规定的《地表水环境质量标准》GB 3838—2002 Ⅲ 类标准，并且保证流入一级保护区的水质满足一级保护区水质标准的要求。

3）准保护区内的水质应保证流入二级保护区的水质满足二级保护区水质标准的要求。

4）集中式饮用水地下水源保护区（包括一级、二级）各项水质指标不得低于国家规定的《地下水质量标准》GB/T 14848 Ⅲ 类水水质标准的要求。

5）跨地区的河流、湖泊、水库、输水渠道等饮用水水源地，应上下游兼顾，共同协调，制定出入境的水质和水量要求，其保护区的划分也应与流域水污染防治规划相协调。按照流域水污染防治规划要求，上游地区必须保证达到出境水质要求，并保证下游有合理水量。同时，上游地区排污不得影响下游（或相邻）地区饮用水源保护区对水质标准的要求。

（6）集中式给水水源卫生防护地带的规定

1）地表水源

A. 取水点周围半径 100m 的水域内，严禁捕捞、停靠船只、游泳和从事可能污染水源的任何活动，并由供水单位设置明显的范围标志和严禁事项的告示牌。

B. 取水点上游 1000m 至下游 100m 的水域，不得排入工业废水和生活污水，其沿岸防护范围内不得堆放废渣，不得设立有害化学物品仓库、堆栈或装卸垃圾、粪便和有毒物品的码头，不得使用工业废水或生活污水灌溉及施用持久性或剧毒的农药，不得从事放牧等有可能污染该段水域水质的活动。

C. 以河流为给水水源的集中式给水，由供水单位会同卫生、环境保护等部门，根据实际需要，可把取水点上游 1000m 以外的一定范围河段划为水源保护区，严格控制上游污染物排放量。排放污水时应符合《工业企业设计卫生标准》GBZ1—2007 和《地表水环境质量标准》GB 3838—2002 的有关要求，以保证取水点的水质符合饮用水水源水质要求。

D. 给水厂生产区的范围应明确划定并设立明显标志，在生产区外围不小于 10m 范围内不得设置生活居住区和修建禽畜饲养场、渗水厕所、渗水坑，不得堆放垃圾、粪便、废渣或铺设污水渠道，应保持良好的卫生状况和绿化。

E. 单独设立的泵站、沉淀池和清水池的外围不小于 10m 的区域内，其卫生要求与给水厂生产区相同。

2) 地下水源

A. 取水构筑物的防护范围，应根据水文地质条件、取水构筑物的形式和附近地区的卫生状况确定，其防护措施应与地面给水厂生产区要求相同。

B. 在单井或井群的影响半径范围内，不得使用工业废水或生活污水灌溉和施用有持久性或剧毒性的农药，不得修建渗水厕所、渗水坑、堆放废渣或铺设污水渠道，不得从事破坏深层土层的活动。取水层在水井影响半径内不露出地面或取水层与地面水没有相互补充关系时，可根据具体情况设置较小的防护范围。

C. 为保护地下水源，人工回灌的水质原则上应符合生活饮用水水质标准的规定，工业废水和生活污水不得排入渗坑或渗井。

D. 在给水厂生产区的范围内，应按地下给水厂生产区的要求执行。

3) 分散式给水水源

分散式给水水源的卫生防护地带，以地面水为水源时参照上述地表水源 A. B 的规定；

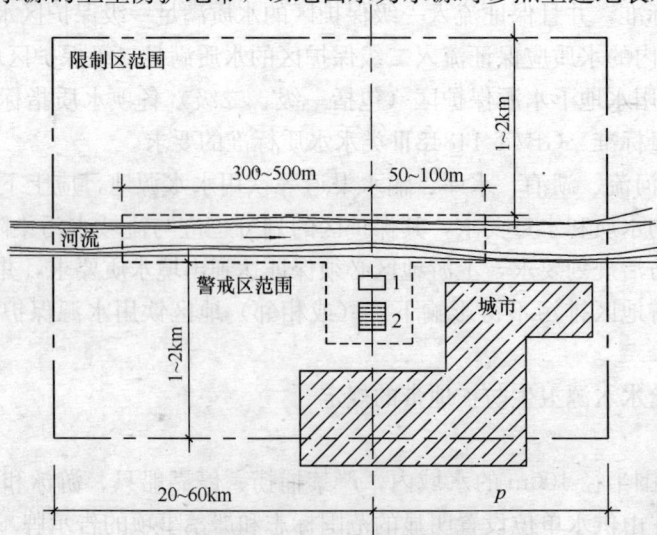

图 8-2 水源卫生防护范围
1—取水构筑物；2—净水构筑物

122

以地下水为水源时，水井周围 30m 的范围内，不得设置渗水厕所、渗水坑、粪坑、垃圾堆和废渣堆等污染源，并建立卫生检查制度。

4）集中式给水水源

集中式给水水源卫生防护地带的范围和具体规定，由供水单位提出，并与卫生、环境保护、公安等部门商议后，报当地人民政府批准公布，书面通知有关单位遵守执行，并在防护地带设置固定的告示牌。

确定水源防护地带应征得主管卫生部门的同意。一般在水源周围设立的卫生防护地带分为两个区域：警戒区和限制区，如图 8-2 所示。

图中 P 为从取水构筑物到城市下游的距离，根据风向、潮水和航行可能带来的污染决定取值。

8.4 城市给水工程设施规划

8.4.1 取水工程设施规划

取水工程是给水工程系统的重要组成部分。取水构筑物的作用是从水源经过取水口取到所需要的水量。在城市规划中，要根据水源条件确定取水构筑物的位置和取水量，并考虑取水构筑物可能采用的形式等。

（1）地下水取水构筑物

1）一般规定

地下水取水构筑物的位置选择与水文地质条件、用水需求、规划期限、城市布局等都有关系。在选择时应考虑以下情况。

A. 取水点要求水量充沛、水质良好，应设于补给条件好、渗透性强、卫生环境良好的地段。

B. 取水点的布置与给水系统的总体布局相统一，力求降低取、输水电耗和取水井及输水管的造价。

C. 取水点有良好的水文、工程地质、卫生防护条件，以便于开发、施工和管理。

D. 取水点应设在城镇和工矿企业的地下径流上游，取水井尽可能垂直于地下水流向布置。

E. 尽可能靠近主要的用水地区。

2）地下水取水构筑物形式

地下水取水构筑物的形式应根据含水层的埋藏深度、厚度、水文地质特征和施工条件通过技术经济比较后确定。主要有管井、大口井、辐射井、渗渠、复合井、引泉构筑物等，其中管井和大口井最为常见。主要的地下水取水构筑物的形式及适用范围见表 8-20。

A. 管井

补给水源充足，透水性良好，且厚度在 40m 以上的中、粗砂及砾石含水层中取水，经分段或分层抽水试验并通过技术经济比较，可采用分段取水。采用管井取水时应设备用井，备用井的数量一般可按 10%～20% 的设计水量确定，但不得少于一口井。

B. 大口井

大口井的深度一般不宜大于 15m。其直径应根据设计水量、抽水设备布置和便于施工等因素确定，但不宜超过10m。

地下水取水构筑物的形式及适用范围　　　　　表 8-20

形式	尺寸	深度	适用范围				出水量
			地下水类型	地下水埋深	含水层厚度	水文地质特征	
管井	井径 50～1000mm，常为150～600mm	井深 20～1000m，常用 300m 以内	潜水，承压水，裂隙水，溶洞水	200m 以内，常用在 70m 以内	>5m 或有多层含水层	适用于任何砂、卵石、砾石地层及构造裂隙、岩溶裂隙地带	单井出水量 500～6000m³/d，最大可达 2～3 万 m³/d
大口井	井径 2～10m，常用 4～8m	井深在 20m 以内，常用 6～15m	潜水，承压水	一般在 10m 以内	一般为 5～15m	砂、卵石、砾石地层，渗透系数最好在 20m/d 以上	单井出水量 500～1 万 m³/d，最大为 2～3 万 m³/d
辐射井	集水井直径 4～6m，辐射管直径 50～300mm，常用 75～150mm	集水井井深 3～12m	潜水，承压水	埋深 12m 以内，辐射管距降水层应大于 1m	一般>2m	补给良好的中粗砂、砾石层，但不可含有飘砾	单井为 5000～5 万 m³/d，最大为 8～10 万 m³/d
渗渠	直径为 450～1500mm，常用为 600～1000mm	埋深 10m 以内，常用 4～6m	潜水，河床渗透水	一般埋深 8m 以内	一般为 4～6m	补给良好的中粗砂、砾石、卵石层	一般为 10～30m³/(d·m)，最大为 50～100m³/d(d·m)

（2）地表水取水构筑物

1）一般规定

选择地表水取水构筑物位置时，应根据地表水源的水文、地质、地形、卫生、水力等条件综合考虑，并符合以下基本要求。

A. 位于水质较好的地带，供生活饮用水的地表水取水构筑物的位置，应位于城镇和工业企业上游的清洁河段，避开河流中的回流区和死水区；

B. 靠近主流，有足够的水深，有稳定的河床及岸边，有良好的工程地质条件。弯曲河段上，宜设在河流的凹岸，避开凹岸主流的顶冲点；顺直的河段上，宜设在河床稳定、水深流急、主流靠岸的窄河段处。取水口不宜放在入海的河口地段和支流与主流的汇入口处；

C. 尽可能不受泥沙、漂浮物、冰凌、冰絮等影响，不妨碍航运和排洪，并符合河道、湖泊、水库整治规划的要求；

D. 尽量靠近主要用水地区；

E. 在沿海地区的内河水系取水，应避免咸潮影响。当在咸潮河段取水时，应根据咸潮特点，对采用避咸蓄淡水库取水或在咸潮影响范围以外的上游河段取水，经技术经济比较后确定。避咸蓄淡水库可利用现有河道容积蓄淡，亦可利用沿河滩地筑堤修库蓄淡等，应根据当地具体条件确定；

F. 水库的取水口应在水库淤积范围以外，靠近大坝；

G. 湖泊取水口应选在近湖泊出口处，离开支流汇入口，且须避开藻类集中滋生区；

H. 海水取水口应设在海湾内风浪较小的地区，注意防止风浪和泥沙淤积；

I. 江河取水构筑物的防洪标准不应低于城市防洪标准，其设计洪水重现期不得低于100 年。水库取水构筑物的防洪标准应与水库大坝等主要建筑物的防洪标准相同，并应采用设计和校核两级标准。设计枯水位的保证率，应采用 $90\%\sim99\%$。

2）构筑物形式

地表水取水构筑物，按建筑形式可分为固定式和活动式。选择时，应在保证取水安全可靠的前提下，根据取水量和水质要求，结合河床地形、水流情况、施工条件等，通过一定的技术经济比较确定。

（3）取水构筑物用地指标

取水构筑物用地按《室外给水排水工程技术经济指标》选取，见表 8-21。

取水构筑物用地指标 表 8-21

设计规模 （万 m³/d）	每 m³/d 水量取水构筑物用地指标（m²）			
	地表水		地下水	
	简单取水工程	复杂取水工程	深层取水工程	浅层取水工程
Ⅰ类：>10	0.02～0.04	0.03～0.05	0.10～0.12	0.35～0.40
Ⅱ类：2～10	0.04～0.06	0.05～0.07	0.11～0.14	0.40～0.45
Ⅲ类：1～2	0.06～0.09	0.06～0.10	0.11～0.14	0.42～0.55
Ⅳ类：<1	0.09～0.12	0.10～0.14	0.14～0.17	0.71～1.95

8.4.2 城市给水处理设施规划

（1）给水处理方法和工艺流程的选择

由于水源不同，水质各异，水处理系统的组成和工艺流程多种多样。给水处理方法和工艺流程的选择，应根据原水水质及设计生产能力等因素，通过调查研究、必要的试验并参考相似条件下处理构筑物的运行经验，经技术经济比较后确定。以下介绍几种较典型的给水处理工艺流程。

以地表水作为水源时，处理工艺流程中通常包括混合、絮凝、沉淀或澄清、过滤及消毒，如图 8-3 所示。

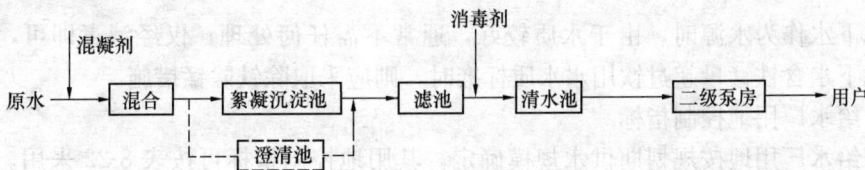

图 8-3 典型地表水处理工艺流程

原水浊度较低（一般在 50 度以下）、不受工业废水污染且水质变化不大者，可省略混凝沉淀（或澄清）构筑物，原水采用双层滤料或多层滤料滤池直接过滤，也可在过滤前设一微絮凝池，称微絮凝过滤，如图 8-4 所示。

混凝剂　　高分子助凝剂　　　消毒剂

原水 → 混合 → 直接过滤池 → 清水池 → 二级泵房 → 用户

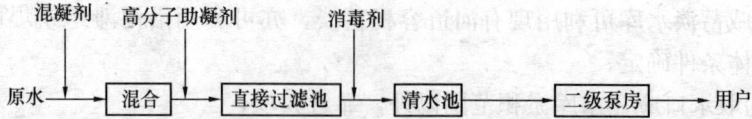

图 8-4　以直接过滤为主的水处理工艺流程

当原水浊度高，含沙量大时，为了达到预期的混凝沉淀（或澄清）效果，减少混凝剂用量，应增设预沉池或沉砂池，如图 8-5 所示。

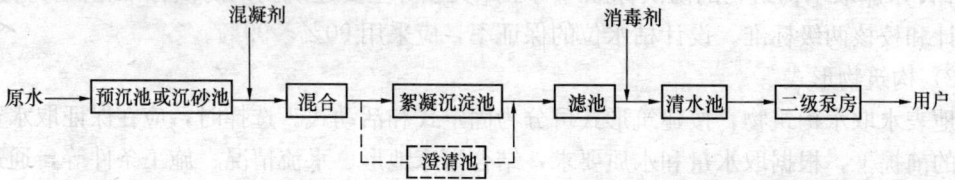

混凝剂　　　　　　　　　　　　　　　消毒剂

原水 → 预沉池或沉砂池 → 混合 → 絮凝沉淀池 → 滤池 → 清水池 → 二级泵房 → 用户
　　　　　　　　　　　　　　　澄清池

图 8-5　高浊度水处理工艺流程

若水源受到较严重的污染，按目前行之有效的方法，可在砂滤池后再加设臭氧/活性炭处理，如图 8-6 所示。

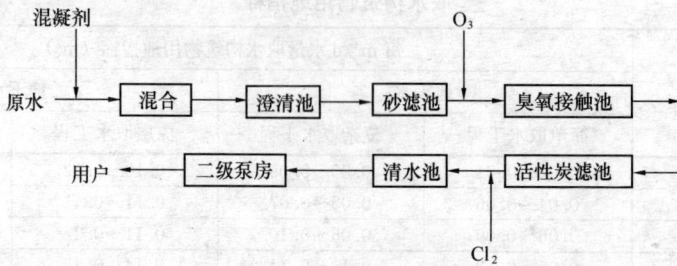

混凝剂　　　　　　　　　　　　　　　O₃

原水 → 混合 → 澄清池 → 砂滤池 → 臭氧接触池

用户 ← 二级泵房 ← 清水池 ← 活性炭滤池

Cl₂

图 8-6　污染严重情形下的水处理工艺流程

受污染水源还有其他处理工艺。例如有的在常规处理工艺前增加生物预处理（包括预氧化、粉末活性炭吸附、生物处理等）；有的在常规处理工艺中投加粉末活性炭等。图8-7为增加生物预处理工艺流程图。

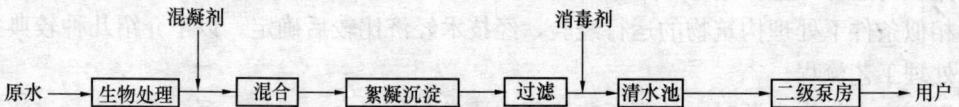

混凝剂　　　　　　　　　　消毒剂

原水 → 生物处理 → 混合 → 絮凝沉淀 → 过滤 → 清水池 → 二级泵房 → 用户

图 8-7　增加生物预处理工艺流程

以地下水作为水源时，由于水质较好，通常不需任何处理，仅经消毒即可，工艺简单。当地下水含铁锰量超过饮用水水质标准时，则应采取除铁除锰措施。

（2）给水厂用地控制指标

城市给水厂用地按规划期供水规模确定，其用地控制指标可按表 8-22 采用。给水厂厂区周围应设置宽度不小于 10m 的绿化地带。

（3）给水厂位置选择

厂址选择应在整个给水系统设计方案中全面规划，综合考虑，通过技术经济比较确定，一般考虑如下因素。

1）厂址应选择在地形及地质条件较好、不受洪水威胁的地方；

2）有利于处理构筑物的平面与高程的布置和施工；

3）少占和尽可能不占良田；

4）考虑周围环境卫生条件，给水厂应布置在城镇上游，并满足"生活饮用水水质标准"中的卫生防护要求；

5）尽量设置在靠近电源的地方，以方便施工和降低输电线路造价，并使管网的基建费用最省。当取水地点距用水区较近时，给水厂一般设置在取水构筑物附近；当距用水区较远时，给水厂选址通过技术经济比较后确定；对于高浊度水有时也可将预沉池与取水构筑物合建，而其余部分设置在主要用水区附近；

6）考虑交通和运输方便、防火距离、卫生防护距离、环保措施，应靠近主要用水点，远离污染源（大气、粉尘、噪声等）；

7）考虑发展，留有扩建余地。

给水厂用地控制指标（m² · d/m³）　　　　　　　　表 8-22

建设规模（万 m³/d）	地表水给水厂	地下水给水厂
5～10	0.7～0.50	0.40～0.30
10～30	0.50～0.30	0.30～0.20
30～50	0.30～0.10	0.20～0.08

注：① 建设规模大的取下限，建设规模小的取上限；

② 地表水给水厂建设用地按常规处理工艺进行，厂内设置预处理或深度处理构筑物以及污泥处理设施时，可根据需要增加用地；

③ 地下水给水厂建设用地按消毒工艺进行，厂内设置特殊水质处理工艺时，可根据需要增加用地；

④ 本表指标未包括厂区周围绿化地带用地。

（4）给水厂平面布置

在城市总体规划和详细规划阶段不需要确定给水厂的平面和高程布置，但有时在给水厂专项规划中需要考虑。给水厂的基本组成分为两部分：1）生产构筑物和建筑物。包括处理构筑物、清水池、二级泵站、药剂间等；2）辅助建筑物，可分为生产辅助建筑物和生活辅助建筑物两种。前者包括化验室、修理间、仓库、车库及值班宿舍等；后者包括办公楼、食堂、浴室、职工宿舍等。

生产构筑物及建筑物平面尺寸由设计计算确定。生活辅助建筑物面积按水厂管理体制、人员编制和当地建筑标准确定。生产辅助建筑物面积根据水厂规模、工艺流程和当地具体情况确定。

当各构筑物和建筑物的个数和面积确定之后，根据工艺流程和构筑物及建筑物的功能要求，结合地形和地质条件，进行平面布置。

处理构筑物一般分散露天布置。北方寒冷地区需有采暖设备的，可采用室内集中布置。集中布置比较紧凑、占地少，便于管理和实现自动化操作，但结构复杂，管道立体交叉多，造价较高。

给水厂平面布置主要有：各种构筑物和建筑物的平面定位；各种管道、阀门及管道配件的布置；排水管（渠）及检查井布置；道路、围墙、绿化及供电线路的布置等。

给水厂平面布置应考虑下述几点要求。

1）布置紧凑，以减少水厂占地面积和连接管（渠）的长度，并便于操作管理。沉淀池或澄清池尽量紧靠滤池，二级泵房尽量靠近清水池。各构筑物之间应留出必要的施工和检修间距和管（渠）道地位。

2）充分利用地形，力求挖、填土方平衡以减少填、挖土方量和施工费用。沉淀池或澄清池尽量布置在地势较高处，清水池尽量布置在地势较低处。

3）各构筑物之间连接管（渠）应简单、短捷，尽量避免立体交叉，并考虑施工、检修方便。有时还需设置必要的超越管道，以便保证某一构筑物停产检修时采取应急措施。

4）建筑物布置应注意朝向和风向。加氯间和氯库应尽量设置在给水厂主导风向的下风向，泵房及其他建筑物尽量布置成南北向。

5）有条件时（尤其大水厂）最好把生产区和生活区分开，尽量避免非生产人员在生产区通行和逗留，以确保生产安全。

6）对分期建造的工程，既要考虑近期的完整性，又要考虑远期工程建成后整体布局的合理性，还应考虑分期施工方便。

7）关于给水厂内道路、绿化、堆场等的设计要求详见《室外给水设计规范》。

给水厂平面布置一般均需提出几个方案进行比较，以便确定技术经济较为合理的方案。图 8-8 为给水厂平面布置示例。该厂设计水量为 10 万 m³/d，分两期建造。第一期和第二期工程各 5 万 m³/d。第一期工程建一座隔板絮凝加平流沉淀池和一座普通快滤池（双排布置，共 6 个池），冲洗水箱置于滤池操作室屋顶上。第二期工程同第一期工程。主体构筑物分期建造，水厂其余部分一次建成。全厂占地面积约 25333m²。生产区和生活区分开。给水处理构筑物按工艺流程呈直线布置，整齐、紧凑。

（5）给水厂高程布置

在处理工艺流程中，各构筑物之间水流应为重力流。两构筑物之间水面高差即为流程中的水头损失，包括构筑物、连接管道、计量设备等水头损失在内。水头损失应通过计算确定，并留有余地。

构筑物中的水头损失与构筑物形式和构造有关，一般需通过计算确定，也可采用表 8-23 数据估算。表中水头损失包括构筑物内集水槽（渠）等水头损失。

构筑物中的水头损失（m）　　　　　　　　表 8-23

构筑物名称	水头损失	构筑物名称	水头损失
进水井格网	0.2～0.3	无阀滤池、虹吸滤池	1.5～2.0
絮凝池	0.4～0.5	移动罩滤池	1.2～1.8
沉淀池	0.2～0.3	直接过滤滤池	2.0～2.5
普通快滤池	2.0～2.5		

各构筑物之间连接管（渠）的断面尺寸由流速决定，可按表 8-24 选取流速。当地形有适当坡度可以利用时，可选用较大流速以减小管道直径及相应配件和阀门尺寸；当地形平坦时，为避免增加填、挖土方量和构筑物造价，宜采用较小流速。在选取管（渠）流速时，应适当留有水量发展的余地。连接管（渠）的水头损失（包括沿程和局部）应通过水力计算确定。

各项水头损失确定后，便可进行构筑物高程布置。构筑物高程布置与厂区地形、地质条件及所采用的构筑物形式有关。地形有自然坡度时利于高程布置；地形平坦时，高程布置中既要避免清水池埋入地下过深，又应避免絮凝沉淀池或澄清池在地面上抬高而增加造价，尤其当地质条件差、地下水位高时。通常采用普通快滤池时，应考虑清水池地下埋深；采用无阀滤池时，应考虑絮凝、沉淀池或澄清池是否会抬高。

图 8-9 为图 8-8 中各构筑物高程布置图。各构筑物之间水面高差由计算确定。

各构筑物之间连接管（渠）的允许流速与水头损失 表 8-24

接连管段	允许流速（m/s）	水头损失（m）	附　注
一级泵站至絮凝池	1.0～1.2	视管道长度而定	应防止絮凝体破碎
絮凝池至沉淀池	0.15～0.2	0.1	
沉淀池或澄清池至滤池	0.8～1.2	0.3～0.5	
滤池至清水池	1.0～1.5	0.3～0.5	流速宜取下限留有余地
快滤池冲洗水管	2.0～2.5	视管道长度而定	
快滤池冲洗水排水管	1.0～1.5	视管道长度而定	

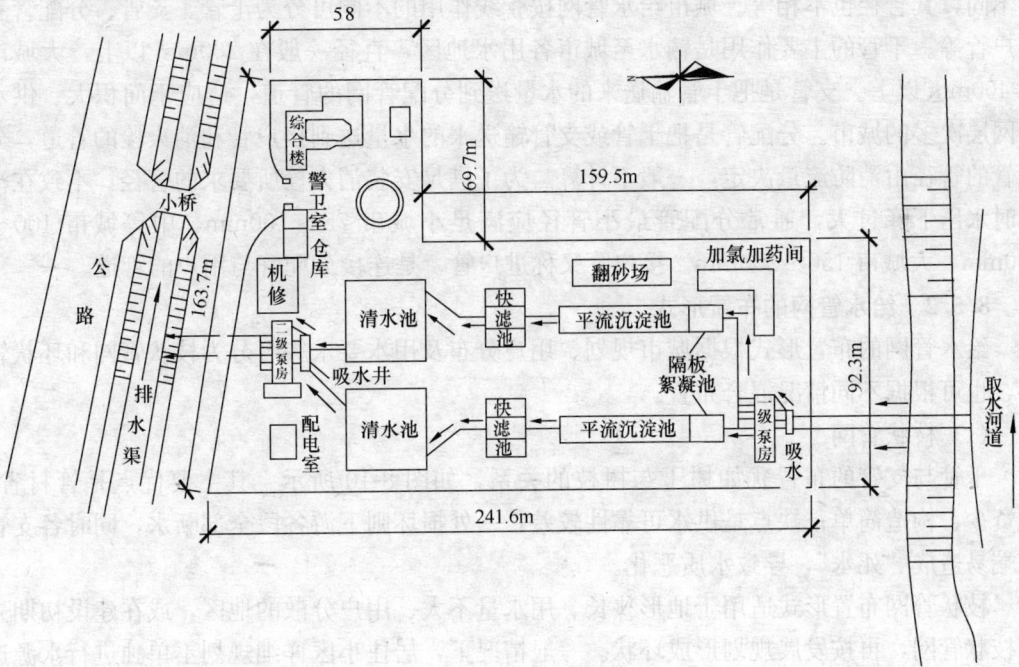

图 8-8　给水厂平面布置图

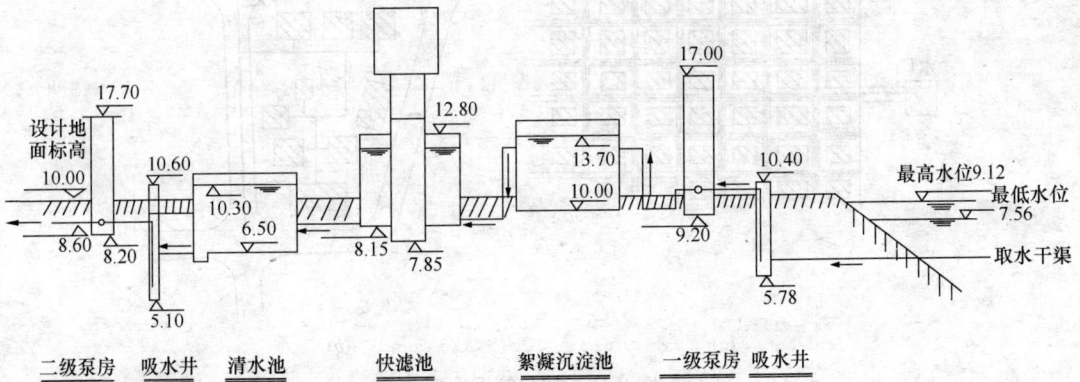

图 8-9　各构筑物高程布置图

8.5　城市给水管网工程规划

8.5.1　给水管网的组成

给水管网是由敷设在城市供水区的若干条管线及附件组成的。根据作用不同分为输水管网和配水管网两部分。

输水管网是指从水源到给水厂及从给水厂到配水管网的管线，沿线一般不接用户，主要起转输水量作用，故称为输水管网。由输水管网送来的水量进入配水管网才能服务于城市。城区的配水管网有时也称为城市给水管网。在城市给水管网中，由于各管线所起的作用不同，其管径也不相等。城市给水管网按管线作用的不同可分为干管、支管、分配管和接户管等。干管的主要作用是输水至城市各用水地区，直径一般在 200mm 以上，大城市为 400mm 以上。支管是把干管输送来的水量送到分配管网的管道，适应于面积大、供水管网层次多的城市。分配管是把干管或支管输送来的水量送到接户管和消火栓的管道，分配管的管径由消防流量决定，一般不计算。为了满足安装消火栓所要求的管径，不致在消防时水压下降过大，通常分配管最小管径应满足小城市 75～100mm，中等城市 100～150mm，大城市 150～200mm。接户管又称进户管，是连接分配管与用户的管道。

8.5.2　给水管网的布置形式

给水管网的布置形式根据城市规划、用户分布及用水要求等可分为枝状管网和环状管网，也可根据不同情况混合布置。

（1）枝状管网

干管与支管的布置犹如树干与树枝的关系，如图 8-10 所示。其主要优点是管材省、投资少、构造简单；缺点是供水可靠性较差，一处损坏则下游各段全部断水，同时各支管末端易造成"死水"，导致水质恶化。

枝状管网布置形式适用于地形狭长、用水量不大、用户分散的地区，或在建设初期先用枝状管网，再按发展规划形成环状。一般情况下，居住小区详细规划不单独进行水源选择，而是由邻近道路下面敷设的城市给水管网供水，小区只考虑其最经济的接入口。小区

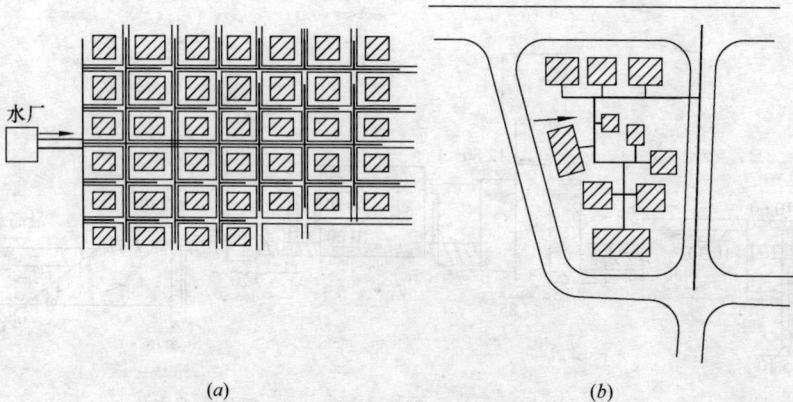

（a）　　　　　　　　　　　　　　　（b）

图 8-10　枝状管网布置
（a）城市枝状管网；（b）小区枝状管网

130

内部的管网布置，通常根据建筑群的布置组成枝状。

(2) 环状管网

供水干管间用联络管互相连通起来，形成许多闭合的环，如图 8-11 所示。环状管网中每条管都有两个方向来水，因此供水安全可靠。一般在大中城市给水系统或供水要求较高、不能停水的管网中采用环状管网。环状管网可降低管网中的水头损失，节省动力，管径可稍减小。环状管网还能减轻管内水锤的威胁，有利管网的安全。但环状管网的管线较长，投资较大。

(3) 环枝状结合管网

实际工作中，为了发挥给水管网的输配水能力，达到既安全可靠又经济，规划设计中较多采用枝状与环状相结合的管网。如在主要供水区采用环状管网，在边远区或要求不高而距离水源又较远的地区采用枝状管网。

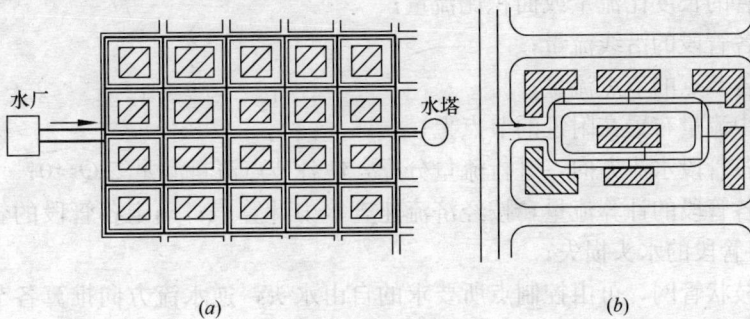

图 8-11 环状管网布置
(a) 城市环状管网；(b) 小区环状管网

8.5.3 给水管网的布置原则

(1) 输水管网

布置输水管线时应注意以下几点。

1) 力求管线最短，并尽可能沿路布置；

2) 为保证供水安全，输水管不宜少于 2 根。管线较长时设连通管，当其中一根管线发生事故时，另一根管线的事故给水量不应小于正常给水量的 70%；

3) 充分利用地形，尽量采用重力输水；

4) 输水管应避免穿越不良地质地段。

(2) 配水管网

配水管网应布置在整个给水区域内，在技术上要使用户有足够的水量和水压，正常工作或局部管网发生故障时，应保证不中断供水。定线时应尽量使线路短捷，并便于施工与管理。城市给水网的布置和计算，通常只限于干管。干管的布置按下列原则进行。

1) 定线时，以满足供水要求为前提，尽可能缩短管线长度；

2) 干管延伸方向应和二级泵站输水到水池、水塔、大用户的水流方向基本一致；

3) 干管应从两侧用水量大的街道下经过（双侧配水），减少单侧配水的管线长度；干管之间的间距根据街区情况，宜控制在 500～800m 左右，连接管间距宜控制在 800～1000m 左右；

4）沿规划道路布置，尽量避免在重要道路下敷设。管线在道路下的平面位置和高程，应符合管网综合设计的要求；

5）应尽可能布置在高地，以保证用户附近配水管中有足够的压力；

6）干管的布置应考虑发展和分期建设的要求，留有余地。

8.5.4　给水管网的水力计算

（1）水力计算步骤

给水管网水力计算的目的，就是根据最高日最大时的设计用水量，求出管网中各管段的管径和水头损失，然后确定二级泵站的水泵扬程及水塔高度，以满足用户对水量和水压的要求。给水管网水力计算步骤如下。

1）根据城市地形及规划，确定控制点，进行管网定线；

2）计算干管的总长度；

3）求干管的长度比流量或面积比流量；

4）计算各管段的沿线流量；

5）计算各节点的节点流量；

6）将集中流量布置在附近的节点上；

7）拟定各管段水流方向，进行流量分配，使各节点流量满足 $\Sigma Q=0$；

8）根据各管段的计算流量，按经济流速查水力计算表，确定各管段的管径及水力坡度，并计算各管段的水头损失；

9）对于枝状管网，可由控制点所要求的自由水头，逆水流方向推算各节点的水压标高和自由水头，并推算出二级泵站的扬程和水塔高度；

10）对于环状管网，如果各环的水头损失代数和 $\Sigma h_{ij}\neq0$，且超过允许值，即产生闭合差，则调整流量进行管网平差计算。当各环闭合差达到允许的计算精度后，逆水流方向，选择一条最不利线路推算管网中各节点的水压标高和自由水头，并推算二级泵站的扬程和水塔高度。

（2）管道设计流量的确定

1）沿线流量

干管（或配水管）沿线配送的水量，可分为两部分，一部分是用水量较大的集中流量，如干管上的配水管流量或工厂、机关及学校等大用户的流量；另一部分是用水量比较小的分散配水，如干管上的小用户流量。

如图 8-12 所示管段的沿线输出流量，有分布较多的小用水量 q_1'、q_2'……，也有少数集中流量 Q_1、Q_2……。对于这样复杂的情况，管网计算很麻烦，通常采用简化方法。

在计算城市给水管网时，通常采用的简化方法为比流量法。比流量分为长度比流量和

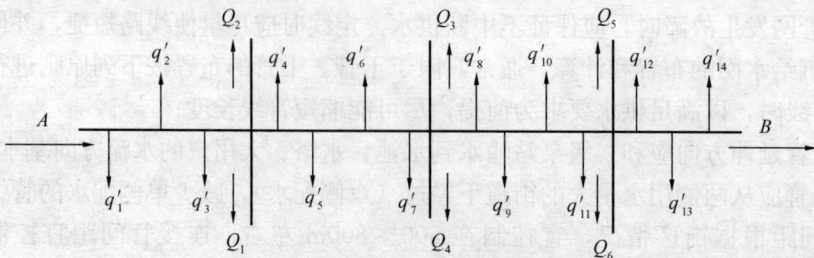

图 8-12　干管沿线配水

面积比流量。长度比流量是假定 q'_1、q'_2······均匀分布在整个管线上的单位长度流量。长度比流量（q_{cb}）可按下式计算。

$$q_{cb} = \frac{Q - \sum Q_i}{\sum L}$$
(8-25)

式中　Q——管网供水的总流量（L/s）；

　　$\sum Q_i$——工业企业及其他大用户的集中流量之和（L/s）；

　　$\sum L$——干管的总计算长度（m）（不配水的管段不计；只有一侧配水的管段折半计）。

面积比流量是假定 q'_1、q'_2······均匀分布在整个供水面积上的单位面积流量。因为供水面积大，用水量多，所以用面积比流量进行管网计算更接近实际。面积比流量（q_{mb}）可按下式计算。

$$q_{mb} = \frac{Q - \sum Q_i}{\sum W}$$
(8-26)

式中　$\sum W$——供水面积的总和（m²）；

　　其余符号同前。

求出比流量 q_{cb} 或 q_{mb} 后，就可以计算某一管段的沿线流量 q_L。

$$q_L = q_{cb} \cdot L_i$$
(8-27)

或

$$q_L = q_{mb} \cdot A_i$$
(8-28)

式中　L_i——管段的计算长度（m）；

　　A_i——管段所负担的供水面积（m²）。

2）节点流量

任意管段的流量包括配出的沿线流量和转输流量两部分。转输流量沿本管段不变，而沿线流量则逐渐减少，到管段末端只剩下转输流量。

将管段的沿线流量简化为两个相等的集中流量，分别从管段的起端和末端流出，其所产生的水头损失与沿线变化的流量所产生的水头损失相同。这种简化的集中流量称为节点流量 q_n。

$$q_n = \frac{1}{2} q_L$$
(8-29)

管段的计算流量 Q 按下式计算。

$$Q = Q_t + \frac{1}{2} q_L$$
(8-30)

式中　Q_t——转输流量（L/s）。

管网中每个节点上假想的集中流量等于与该节点相连的所有管线的沿线流量总和的一半，即为该点的节点流量。

$$q_n = \frac{1}{2} \sum q_L$$
(8-31)

求得各节点流量后，管网计算图上便只有集中于节点的流量（包括大用户集中流量）。

3）管段计算流量

管网各节点流量求出后，可进行管网流量分配，确定各管段的计算流量。流量分配前，将大用户的集中流量布置在附近的节点上。则管网各节点输出流量总和等于二级泵站及水塔的总供水量。

按照质量守恒原理，流向某节点的流量等于该节点流出的流量，即流进等于流出。若以流向节点的流量为正值，以流出节点的流量为负值，则两者代数和等于零，即 $\Sigma Q=0$。依此条件，用二级泵站、水塔输送至管网的总流量，沿各节点进行流量分配，所得出的每条管段所通过的初步流量，即为各管段的计算流量。

对于树状管网，其每一管段的水流方向只有一个，所以各管段的计算流量比较容易确定。而环状管网则比较复杂，每一节点的流量，可以从不同方向供给。所以，在进行流量分配时，必须先定出各管段的水流方向。

流量分配时，应按以下原则进行。

A. 确定供水主要流向，拟定各管段的水流方向，并力求使水流沿最短线路到达大用水户及调节构筑物；

B. 在平行的干管中，分配给每条管线的流量应基本相同，以免一条干管损坏时其余干管负荷过重；

C. 分配流量时，各节点必须满足 $\Sigma Q=0$ 的条件。

（3）管段管径的确定

通过流量分配，求出各管段计算流量后，按下式确定管径。

$$D=\sqrt{\frac{4Q}{\pi v}} \tag{8-32}$$

式中　D——管段直径（m）；

　　　Q——管段计算流量（m^3/s）；

　　　v——管段水流流速（m/s）。

由上式可以看出，管径不但和管段计算流量有关，还与管段水流流速有关。因此必须选取适宜的流速。一般最大流速限定为 $2.5\sim3.0m/s$，最小流速限定为 $0.6m/s$。通常可根据经济条件和经营管理费用等因素选择经济流速。

（4）管网水头损失计算

给水管网中水流经过任一管段的水头损失，可由管段起端和末端两断面能量方程所得，它等于两个过水断面的测压管水头的差值。

$$h_{ij} = H_i - H_j \tag{8-33}$$

式中　h_{ij}——管段 ij 的水头损失（m）；

　H_i、H_j——从某一基准面算起的管段起端 i 和末端 j 的测压管水头（m）。

也可按水力坡度计算管段水头损失。

$$h = i \cdot L \tag{8-34}$$

式中　i——单位管段长度的水头损失，称水力坡度；

　　　L——管段长度（m）。

给水管网的水力计算目前已经完全实现计算机电算，甚至有许多软件能同时具有水力计算和工程制图功能。规划设计人员了解了给水管网的水力计算步骤与方法，即可根据自己的习惯自由选择使用。

第9章 城市排水工程规划

在人们的日常生活和生产活动中都要使用水，水在使用过程中受到了污染，成为污水时就需进行处理与排除。此外，城市内降水（雨水和冰雪融化水）径流流量较大，亦应及时排放。将城市污水、降水有组织地排除与处理的工程设施称为排水系统。城市排水系统同城市给水系统一样，也是城市最基本的市政工程设施。在城市规划建设中，对排水系统进行全面统一安排和布局称为城市排水工程规划。城市排水工程规划是在城市总体规划的指导下进行的排水系统的专项规划设计。

排水工程规划的主要任务包括确定排水定额，估算总排水量，确定排水体制，确定排水系统方案和设计规划规模及设计期限，确定污水和污泥的出路及其处理方法等。

9.1 排水系统的组成

城市排水工程系统通常由排水管道（管网）系统、污水处理系统和出水口组成。排水管道系统是收集和输送污废水的设施，包括排水设备、检查井、管渠、泵站等。污水处理系统是改善水质和回收利用污水的工程设施，包括城市及工业企业污水处理厂（站）中的各种处理构筑物和设施。出水口是使废水排入水体并与水体很好混合的工程设施。下面对城市污水排水系统、工业废水排水系统和雨水排水系统的主要组成分别介绍。

（1）城市污水排水系统组成

城市污水排水系统通常是以收集和排除生活污水为主的排水系统。住宅和公共建筑内部面盆、浴缸、便器、盥洗池等各种卫生设备（起端设备）排出的污水顺次通过竖管收集而流至庭院、小区污水管中，然后通过连接支管将污水排入城市污水排水管道。

城市污水排水管道由支管、干管、主干管及管道系统上的附属构筑物等组成。支管承接庭院、小区管道的污水，通常管径不大；支管污水汇集至干管，然后排入城市主干管，最终将污水输送至污水处理厂或排放地点。图9-1为典型城市污水排水系统组成示意图。

详细规划阶段有时需要标示出重要的附属构筑物。管道系统上的附属构筑物包括检查井、跌水井、倒洪管及其闸槽井、出水口和事故排除口等。污水排入水体的渠道和出口称出水口，它是整个城市污水排水系统的终点设备。事故排出口是指在污水排水系统某些易于发生故障的部分（例如在污水提升泵站的前面），所设置的辅助性出水渠，一旦发生故障，污水就通过事故排出口直接排入水体。在管道系统中，常因地形需要设置泵站把低处的污水向上提升。设在管道系统中途的泵站称中途泵站，设在管道系统终点的泵站，称为终点泵站。泵站后污水采用压力输送，因此应设置压力管道。

（2）工业废水排水系统组成

有些工业企业用管道将厂内各车间及其他排水对象所排出的不同性质的废水收集起

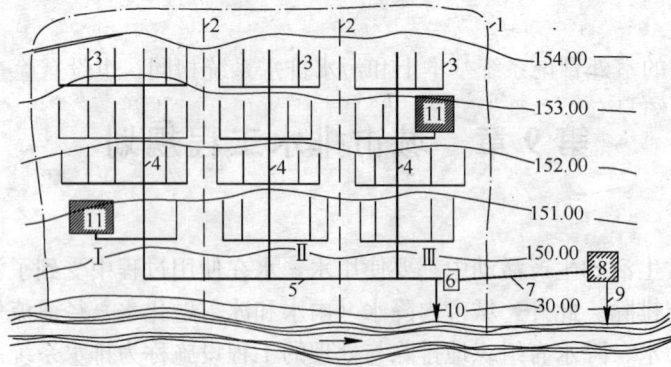

图 9-1 典型城市污水排水系统组成示意图

1—城市规划边界；2—排水流域分界线；3—污水支管；4—污水干管；
5—污水主干管；6—污水提升泵站；7—压力管；8—污水处理厂；
9—出水口；10—事故排出口；11—工业企业；Ⅰ、Ⅱ、Ⅲ—排水流域

来，送至废水回收利用和处理的构筑物，经回收处理后的水可再利用或排入水体，或排入城市排水系统。某些工业废水不经处理允许直接排入城市排水管道时，就不需设置废水处理构筑物，可将废水直接排入厂外的城市污水管道或雨水管道，不单独形成系统。工业废水排水系统由下列几个主要部分组成。

1）车间内部管道系统和设备。车间内部管道系统和设备主要用于收集各生产设备排出的工业废水，并将其排送至车间外部的厂区管道系统中去；

2）厂区工业废水管道系统。厂区工业废水管道系统是敷设在工厂内，用以收集并输送各车间排出的工业废水的管道系统。可根据水质、水量等具体情况设置若干个独立的管道系统；

3）污水泵站及压力管道。用于提升和输送废水至厂区废水处理站、回用系统、城市排水系统或水体；

4）废水处理站。废水处理站是回收和处理废水与污泥的场所。在管道系统中，同样也设置检查井等附属构筑物，在接入城市排水管道前宜设置检测设施。

（3）城市雨水排水系统组成

雨水来自两个方面：一部分来自屋面；一部分来自地面。屋面上的雨水通过天沟收集，然后通过竖管流至地面，然后随地面雨水一起排除。地面上的雨水经雨水口流入居住小区、厂区或街道的雨水管渠系统。雨水排水系统主要包括如下几个部分。

1）建筑物的雨水管道系统和设备。建筑物的雨水管道系统和设备主要是用来收集工业、公共或大型建筑物的屋面雨水，并将其排入室外的雨水管渠系统中去；

2）居住小区或工厂雨水管渠系统；

3）街道雨水管渠系统；

4）排洪沟；

5）出水口。

雨水一般不需处理就可就近排入水体，随着水资源的短缺，有些地方已经开始规划雨水的收集利用。在地势平坦、区域较大的城市或河流洪水位较高，雨水自流排放有困难的

情况下，应设置雨水泵站排水。

雨水排水系统的室外管渠系统基本上和污水排水系统相同，也设有检查井等附属构筑物。合流制排水系统只有一种管渠系统，并具有雨水口、溢流井、溢流口等辅助设施，在合流制排水管道系统中通常设置有截流干管。

9.2 城市排水工程规划原则

城市排水工程规划应遵循以下几个原则。

（1）排水工程规划是城市规划中的单项规划，是城市建设的一个组成部分。因此，排水工程规划必须符合城市规划所确定的原则，从全局观点出发，并和其他单项工程建设密切配合、互相协调，做到全面规划、合理布局、统筹安排，使城市排水设施布局既科学又符合城市总体布局规划。

（2）把城市集中饮用水源地的保护放在首要位置，以利于水环境的保护和水质的改善，改善自然水体水环境状况，维持自然水体的景观价值，在规划时应考虑"上下游结合的原则"。

（3）与城市道路规划、地下设施规划、防震减灾规划等专业规划密切配合、相互协调，处理好与其他地下管线的矛盾，以利于管线综合利用。

（4）力求城市排水系统完善、技术先进、设计合理，使污、废、雨水能迅速排除，避免积水。应尽量发挥原有排水设施的功能，满足使用要求。对城市污（废）水应妥善的处理与存放，以保护水体和环境卫生。

（5）应尽可能做到降低工程的总造价和经常性运行管理费用，节省投资。尽量使各种排水管网系统简单、直接、埋深浅，减少或避免污、雨水输送过程的中途提升。

（6）处理好远近期关系应以近期为主，考虑远期发展可能，作好分期建设安排。实践证明，如果规划年限太短，不利于发展；如果规划中过多地考虑尚未落实的城市远景需要，则可能使工程完成后若干年内不能被充分利用，设备利用率低，造成浪费。因此，规划中必须认真处理好远近期关系。

（7）考虑污水再生和循环使用。城市污水是可贵的淡水资源，具有水量稳定可靠的特点，对污水再生和循环使用既节水又环保。规划中要为污水和废水的处理与利用创造有利的条件。

除了考虑以上一般原则外，在实际工程中，应针对具体情况作出一些补充规定与要求。如山区、丘陵地区城市的山洪防治应与城市排水体系一并规划。

9.3 城市排水工程规划的内容及深度

9.3.1 城市排水总体规划内容及深度

城市排水工程总体规划是根据城市总体规划、环境保护要求、污水利用情况、原有设施情况及地形气象等条件，通过技术经济比较，制定全市性排水方案，使城市具有合理的排水条件。具体规划内容及深度有下列几方面。

（1）确定排水体制

(2) 估算城市各种排水量。要求分别估算生活污水量、工业废水量和雨水径流量。一般将生活污水量和工业废水量之和称为城市总污水量，雨水径流量单独估算。

(3) 划分排水区域，估算区域雨水、污水总量，制定不同地区污水排放标准，拟订城市污水、雨水的排除方案。包括：确定排水区界和排水方向；确定生活污水、工业废水和雨水的排除方式；对旧城区原有排水设施的利用与改造方案以及确定规划期限内排水系统的建设要求，近远期结合、分期建设等问题。

(4) 研究城市污水处理与利用的方法，选择污水处理厂及出水口的位置。根据国家环境保护规定与城市的具体条件，确定污水处理程度、处理方案及污水、污泥综合利用的途径。

(5) 进行排水管渠系统规划布局。在确定排水区界、划分排水区域的基础上，进行污水管网、雨水管网及防洪沟布置，确定主干管、干管的走向、位置、管径以及提升泵站的位置等。

(6) 估算城市排水工程的造价。一般按扩大经济指标法粗略估算。

9.3.2 城市排水工程分区规划内容及深度

城市排水工程分区规划是以城市总体规划为依据，对分区排水设施等作进一步规划安排，为详细规划和规划管理提供依据。必要时，可以根据实际情况对总体规划进行适当的调整。具体规划内容及深度有下列几方面。

(1) 估算分区的雨、污水排放量。

(2) 按照确定的排水体制划分排水系统。

(3) 确定排水干管的位置、走向、服务范围、管径以及主要工程设施的位置和用地范围。

9.3.3 城市排水工程详细规划内容及深度

城市排水工程详细规划是以城市排水总体规划和分区规划为依据，对排水系统和设施的规划指标、规模及建设管理等作出详细规定，为专项排水规划提供设计依据。具体规划内容有下列几方面。

(1) 文件内容深度

1) 对污水排放量和雨水量进行具体的统计计算；

2) 评价排水设施现状，落实上层次规划确定的控制要求；

3) 对排水系统的布局、管线走向、管径进行计算复核，确定管线平面位置、主要控制点标高，复核排水设施的位置与规模；

4) 对污水处理工艺提出初步方案；

5) 提出基建投资估算。

(2) 图纸内容深度

1) 污水规划图：一般需标明污水干管的走向、排水方向、管径、管长、坡度和控制点标高；标明与上层次规划确定的污水管网连接点的位置并标注污水流量；标明污水设施的位置、规模和用地范围；

2) 雨水、防洪工程规划图：一般需标明雨水及排洪管（渠）的走向、排水方向、规格、管长、坡度、控制点标高和出水口位置；标明与上层次规划确定的雨水管网连接点的位置并标注汇水面积；标明雨水、防洪设施的位置、规模和用地范围。

9.4 排 水 体 制

城市排水根据其来源和性质可分为生活污水、工业废水和雨水。这些污水可采用一个管渠系统收集排除，也可采用两个或两个以上各自独立的管渠系统收集排除，污水的这种不同收集排除方式所形成的排水系统，称作排水系统的体制（简称排水体制）。排水体制一般分为分流制和合流制两种类型。

9.4.1 分流制排水系统

分流制排水系统是将生活污水、工业废水和雨水分别用两个或两个以上各自独立的管渠系统来排除。其中汇集生活污水和工业废水中生产污水的系统称为污水排水系统；汇集城市径流的系统称为雨水排水系统；汇集和排泄不需要处理的工业废水（指生产废水）的系统称为工业废水排水系统。由于排除雨水方式的不同，分流制排水系统又分为完全分流制和不完全分流制两种。

（1）完全分流制

完全分流制排水系统具有独立污水排水系统和雨水排水系统，如图9-2所示。生活污水、工业废水通过污水排水系统送至污水厂，经处理后排入水体。雨水通过雨水排水系统直接排入水体。这种排水系统比较符合环境保护的要求，但城市排水管渠的一次性投资较大，管线布置困难。

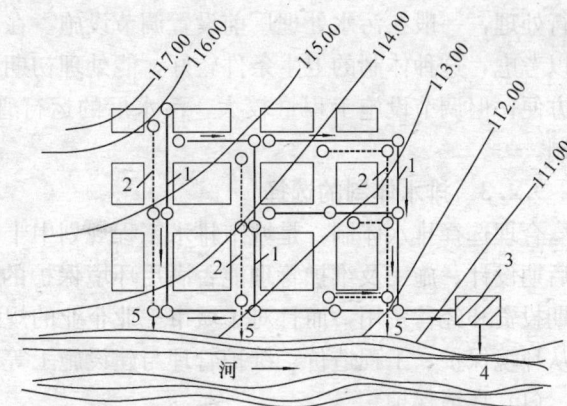

（2）不完全分流制

不完全分流制只有污水排水系统，未建雨水排水系统，雨水沿天然地面、街道边沟、防洪渠等原有渠道

图 9-2 完全分流制排水系统
1—污水管道；2—雨水管道；3—污水处理厂；
4—污水出水口；5—雨水出水口

系统排泄，或者为了补充原有渠道系统输水能力的不足而修建部分雨水渠道，待城市进一步发展再修建雨水排水系统。

9.4.2 合流制排水系统

将生活污水、工业废水和雨水用一个管渠系统汇集输送的排水系统称为合流制排水系统。根据汇集后污水的处置方式不同，可分为下列三种情况。

（1）直排式合流制

管渠系统的布置就近坡向水体，分若干排除口，混合的污水未经处理直接排入自然水体，这种形式的排水系统称为直排式合流制排水系统。作为最早出现的合流制排水系统，被国内外很多老城市采用，但由于污水未经无害化处理就排放，使受纳水体遭受严重污染。随着现代工业与城市的发展，污水量不断增加，水质日趋复杂，所造成的污染危害也日趋严重，直排式合流制排水系统目前在我国已经禁止采用。

（2）截流式合流制

如图9-3所示，合流的生活污水、工业废水和雨水一起排向截流干管。晴天时，截流

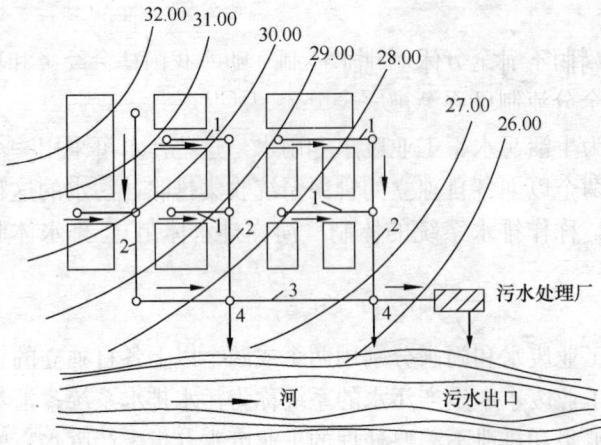

图 9-3　截流式合流制排水系统

1—合流支管；2—合流干管；3—截流干管；4—溢流井

管以非满流将生活污水和工业废水送往污水处理厂；雨天时，随着雨水量的增加，截流管将会以满流将生活污水、工业废水和雨水的混合污水送往污水处理厂。当雨水径流量继续增加到混合污水量超过截流管的设计输水能力时，溢流井开始溢流，其超出部分将通过溢流井泄入水体。这种体制目前在旧城区和中小城市仍被应用。

（3）完全合流制

这种体制是将污水和雨水合流在一条管渠，全部送往污水处理厂进行处理，一般在污水处理厂前设置调节设施。在干旱少雨，降雨量变化幅度较小的地方可以考虑，这种体制的卫生条件较好，能处理初期雨水，在街道下进行管道综合布置也比较方便，但调节设施工程量较大，污水厂的运行管理也不便。目前，很少采用这种排水体制。

9.4.3　排水体制的选择

合理选择排水体制，是城市排水工程规划中十分重要的问题，不仅关系到整个排水系统后期设计、施工及维护管理能否满足环境保护的要求，同时也影响排水工程的总投资、初期投资和经营费用，而且对于城市工业企业的规划和环境保护具有深远的影响。目前主要从环境保护、工程造价、维护管理与建设施工等方面进行分析比较。

（1）环境保护

完全合流制将城市生活污水、工业废水和雨水全部截留输送至污水处理厂处理，然后排放，从控制和防止水体污染的角度看是最好的。但是，这种体制实施起来很困难，目前很少在规划中采用。截流式合流制排水系统同时汇集了全部污水和部分雨水输送到污水厂处理，特别是初期雨水，带有较多的悬浮物，其污染程度有时接近于生活污水，这对保护水体有利。但暴雨时通过溢流井将部分生活污水、工业废水泄入水体，特别是雨水进入排水管道后原来沉积在管道中的大量污染物被冲起，经溢流井进入水体，将周期性的给水体带来一定程度的污染。分流制排水系统是将城市污水全部送到污水厂处理，但初期雨水径流却未经处理直接排入水体。从环境卫生方面分析，哪一种体制较为有利，要根据当地具体条件分析比较才能确定。一般情况下，截流式合流制排水系统对保护环境卫生、防治水体污染而言不如分流制排水系统。分流制排水系统比较灵活，较易适应发展需要，通常能符合城市卫生要求，是当前城市排水系统规划中用得最多的一种形式。

（2）工程造价

合流制排水体制只有一套管渠系统，按照国外经验，其管渠的造价比完全分流制一般低 20%～40%。虽然合流制泵站和污水厂的造价通常比分流制高，但由于管渠造价在排水系统总造价中占 70%～80%，所以分流制的总造价比合流制高。从初期投资来看，不完全分流制因初期只建污水排水系统，因而可节省初期投资费用，还可缩短施工工期，发挥工程效益也快。而合流制和完全分流制的初期投资均比不完全分流制要大。所以，我国过去很多新建的工业园区和居住区均采用不完全分流制排水体制。随着我国社会经济和城市建设的快速发展，城市规划中不完全分流制已逐渐被完全分流制所代替。

（3）建设施工

合流制管线单一，与其他地下管线、构筑物的交叉少，施工较简单，对于人口稠密、街道狭窄、地下设施较多的市区，有一定的优越性。

（4）维护管理

从维护管理方面来看，晴天时的污水在合流制管道中是非满流，雨天时才接近满流，因而晴天时合流制管内流速较低，易产生沉淀，但是可利用雨天剧增的径流量冲刷管中的沉积物，维护管理较简单，可降低管道的维护管理费用。但晴天和雨天水量、水质变化剧烈，要求泵站与污水处理厂设备容量大，增加了泵站与污水厂的运行管理复杂性，增加了运行费用。而分流制系统可以保持管内的流速，不易发生沉淀，同时，流入污水厂的水量和水质比合流制的变化小得多，利于污水处理、利用和运行管理。

排水体制的选择是一项很复杂很重要的工作。应根据城镇及工业企业的规划、环境保护的要求、当地社会经济条件、水体条件、城市污水量和水质情况、城市原有排水设施、污水利用情况、地形、气候等条件，从全局出发，在满足环境保护的前提下，通过技术经济比较，综合考虑确定。一般新建城市或地区的排水系统应采用分流制，旧城区排水系统的改造则需要考虑现状人口密度、市政建设资金筹备等情况，近期可采用截流式合流制，远期可逐步改造过渡为分流制。同一城市的不同地区，可视具体条件，采用不同的排水体制。

9.5 排水区域的划分

排水区界指污水排水系统设置的界限，在排水区界内，一般根据地形划分为若干个排水区域。通常根据城市的地形和总体规划，按分水线和建筑边界线、天然和人为的障碍物，并结合竖向规划、道路布局、坡向及城市污水受纳水体和污水处理厂的位置划分排水区域。一般的，在丘陵和地形起伏的地区，流域的分界线与地形的分水线基本一致。在地形平坦无明显分水线的地区，可按面积的大小划分排水区域。当必须设置泵站提升时，按照不同的自然排水流域，紧密结合现状和规划用地状况，并考虑经济性因素，充分利用地势的高差和坡降，使水流依靠自身的重力作用从高处流向低处，减少污水的提升次数和污水泵站的数量，降低工程费用和运行费用。

如果每个区域的排水系统自成体系，可单独设污水处理厂和出水口，称为分散式布置。如果将各流域组合成为一个排水系统，所有污水汇集到一个污水处理厂处理排放，称为集中式布置。集中式布置的基本特征是：统一收集、统一输送、统一处理。集中式布置的干管较长，需穿越较多天然或人为障碍物，但污水处理厂集中，出水口少，易于管理；分散式布置强调就近处理，运用低成本、便于污水再生利用。分散式布置的干管较短，污水回收利用便于接近用户，有利于分期实施，但需建几个污水处理厂。对于较大城市，用地布局分散，地形变化较大，宜采用分散式布置。对中小城市，用地布局集中，当地形起伏不大，无天然或人为障碍物阻隔时，宜采用集中式布置。实际规划中，需要对不同方案进行社会、经济技术比较后确定布置形式。

9.6 城市规划污水量

城市污水量包括城市生活污水量和部分工业废水量，与城市规划年限、发展规模、用水结构等有关，是城市排水工程规划设计的基本数据。

9.6.1 总体规划污水量

（1）污水量

国家标准《城市排水工程规划规范》GB 50318—2000 中关于城市污水量指出：城市污水量由城市给水工程统一供水的用户和自备水源供水的用户排出的城市综合生活污水量和工业废水量组成，其大小取决于城市用水量和排水管网的完善程度等多种因素。

1）给水日变化系数。由最大日给水量折算成平均日给水量，其数值应根据当地实测数或给水规范提供的数据确定。

2）产污率。指用户产生的污水量与用户的用水量比值，即使用过程中的损耗。产污率与工业性质、城镇卫生设施等因素有关，一般取 0.85～0.90。

3）截污率。指进入城市污水系统的污水量与产生的污水量之比值。截污率与污水收集系统的完善程度等因素有关，要求规划期末在规划范围内都达到 100% 是不可能的，即要求零排放是无法实现的。在规划污水管道时，截污率最高值可取 0.9。

4）不产生污水的耗水。某些用水如工业冷却水、漏失水量、绿化及浇洒道路用水、消防用水等不产生污水量，不进入污水系统，一般占供水量的 12%～20%。

5）自备水源产生的污水量。在规划建设用地范围内，有自备水源的工业，若其污水水质符合排入排水管道的水质标准，一般均应纳入城市污水系统。

6）地下水渗入与污水渗出。目前城市的污水管道、检查井等都不可避免存在缺陷，北方地区地下水位低，污水向外渗出；南方地区地下水水位较高，易于渗入污水管道。渗入及渗出量很难测算。

在城市生活中，如果排水管网较完善，绝大多数用过的水都会作为污水流入污水管道。城市污水量宜根据城市综合用水量（平均日）乘以城市污水排放系数确定。污水排放系数是指在一定计量时间（年）内的污水排放量与用水量（平均日）的比值，应根据城市综合生活用水量与工业用水量之和占城市总用水量的比例确定。按城市污水性质的不同，污水排放系数可分为城市污水排放系数、城市综合生活污水排放系数和城市工业废水排放系数。由于城市综合用水量包括城市综合生活用水量和城市工业用水量，因此，城市污水量可由城市综合生活污水量和城市工业废水量求和而得。城市综合生活污水量由城市综合生活用水量（平均日）乘以城市综合生活污水排放系数确定，城市综合生活污水排放系数应根据规划城市的居住水平、给水排水设施完善程度与城市排水设施规划普及率，结合第三产业产值在国内生产总值中的比重确定。城市工业废水量由城市工业用水量（平均日）乘以城市工业废水排放系数确定，城市工业废水排放系数应根据城市的工业结构和生产设备、工艺先进程度及城市排水设施普及率确定。

根据某些城市的实测资料统计，污水量约占用水量的 80%～100%。当规划城市供水量、排水量统计分析资料缺乏时，城市分类污水排放系数可根据城市居住、公建设施和分类工业用地布局等当地具体条件，按表9-1确定。需要指出的是，在当前工业节水的背景下，城市工业废水排放的计算一定要考虑工业企业水的循环利用情况，工业企业是否循环利用对城市排水系统的规划方案具有重大的影响。

在城市总体规划阶段，城市不同性质用地污水量也可按照《城市给水工程规划规范》中不同性质用地用水量乘以相应的分类污水排放系数确定。

城市分类污水排放系数　　　　　　　　　　　　表9-1

城市污水分类	污水排放系数	城市污水分类	污水排放系数
城市污水	0.70~0.80	城市工业废水	0.70~0.90
城市综合生活污水	0.80~0.90		

注：城市工业废水排放系数不含石油、天然气开采业和煤炭与其他矿采选业以及电力、蒸汽热水产供业废水排放系数，其数据应按厂、矿区的气候、水文地质条件和废水利用、排放方式确定。

（2）污水量变化系数

城市生活污水量逐年、逐月、逐日、逐时变化。在一年之内，冬季和夏季不同；一天内，白天和夜晚不同；每个小时内也有变化，污水量都是不均匀的。为了计算方便，通常假定一小时内污水流量是均匀的。污水量的变化情况通常用变化系数表示。变化系数有日变化系数、时变化系数和总变化系数。在数值上，总变化系数等于日变化系数与时变化系数的乘积。变化系数随污水量的大小而不同。污水量愈大，其变化幅度愈小，变化系数亦较小；反之则变化系数较大。生活污水总变化系数可按表9-2选取。当污水平均日流量为表中所列污水平均日流量中间数值时，其总变化系数可用内插法求得。

生活污水总变化系数　　　　　　　　　　　　表9-2

污水平均日流量（L/s）	5	15	40	70	100	200	500	≥1000
总变化系数	2.3	2.0	1.8	1.7	1.6	1.5	1.4	1.3

对于城市工业废水总变化系数，由于工业企业的工业废水量及总变化系数随各行业类型、采用的原料、生产工艺特点和管理水平等有很大的差异，我国一直没有统一规定。一般工业废水日变化系数为1.0，时变化系数分六个行业有不同取值，见表9-3。

城市工业废水时变化系数　　　　　　　　　　表9-3

行业名称	时变化系数	行业名称	时变化系数
冶金工业	1.0~1.1	纺织工业	1.5~2.0
制革工业	1.5~2.0	化学工业	1.3~1.5
食品工业	1.5~2.0	造纸工业	1.3~1.8

如果有两个及两个以上工厂的生产废水排入同一个干管时，各厂最大污水量集中在同一个时间排出的可能性不大，且各工厂距离干管的长度不一（系指对总干管而言），故在计算中如无各厂详细变化资料，应将各厂的污水量相加后再乘折减系数。折减系数取值见表9-4。

工厂污水排放折减系数　　　　　　　　　　　表9-4

工厂数目	折减系数 C	工厂数目	折减系数 C
2~3	0.95~1.00	4~5	0.80~0.85
3~4	0.85~0.95	5以上	0.70~0.80

9.6.2 详细规划污水量

详细规划中可以根据城市规模、生活污水量标准和变化情况计算生活污水量。工业废水量则与工业企业的性质、工艺流程、技术设备等有关。

（1）居住区生活污水量的计算

城市污水管道规划设计中需要确定居住区生活污水的最高时污水流量，常由平均日污水量与总变化系数求得。规划中常常按规划设计人口计算。

1）居住区平均日污水量

$$Q_p = \frac{q_0 N}{24 \times 3600} \tag{9-1}$$

式中　Q_p——居住区平均日污水量（L/s）；

　　　q_0——居住区生活污水量标准[L/（人·d）]；

　　　N——居住区规划设计人口数（人）。

2）居住区最高日最高时污水量

$$Q_h = K_z Q_p \tag{9-2}$$

式中　Q_h——居住区最高日最高时污水量（L/s）；

　　　K_z——总变化系数，按表9-2采用。

由于上述两个式子中未包括全市性的独立公共建筑的污水量，因此这部分污水量应单独计算，故有时需要增加这部分污水量。

$$Q_1 = Q_p K_z + \sum \frac{N_g q_g K_h}{24 \times 3600} \tag{9-3}$$

式中　Q_1——居住区最高日最高时污水量（L/s）；

　　　K_z——总变化系数，按表9-2采用；

　　　N_g——公共建筑生活污水量单位的数量；

　　　q_g——某类公共建筑生活污水量标准（L/d）；

　　　K_h——小时变化系数，参照用水量时变化系数采用。

为了便于计算，有些城市的设计部门根据人口密度、卫生设备、生活习惯与生活水平等条件制定了相应的综合性指标。这项指标也称为污水的面积比流量，是指城市单位面积（包括公共建筑及小型工厂）每日排出的污水量。如北京市在规划中按面积比流量 1L/（hm²·s）计算污水流量。居住区面积比流量也可以按下式计算。

$$q_f = q_0 d_p / 24 \times 3600 \tag{9-4}$$

式中　q_f——面积比流量[L/（hm²·s）]；

　　　d_p——平均人口密度（人/hm²）；

平均日污水量按下式计算。

$$Q_0 = q_f F_i \tag{9-5}$$

式中　F_i——排水区域面积（hm²）。

（2）工业企业生活污水量的计算

工业企业的生活污水主要来自生产区的食堂、浴室、厕所等。其污水量与工业企业的性质、脏污程度、卫生要求等因素有关。工业企业职工的生活污水量标准根据车间性质确定，一般采用 25~35L/（人·班），时变化系数为 2.5~3.0。淋浴污水量标准按表9-5确定。淋浴污水在每班下班后一小时均匀排出。工业企业生活污水量用下式计算。

$$Q_2 = \frac{25 \times 3.0 A_1 + 35 \times 2.5 A_2}{8 \times 3600} + \frac{40 A_3 + 60 A_4}{3600} \qquad (9\text{-}6)$$

式中　Q_2——工业企业职工的生活污水量（L/s）；

　　　A_1——一般车间最大班的职工总人数（人）；

　　　A_2——热车间最大班的职工总人数（人）；

　　　A_3——三、四级车间最大班使用淋浴的人数（人）；

　　　A_4——一、二级车间最大班使用淋浴的人数（人）。

工业企业淋浴用水量（L/S）　　　　　　　　　　表 9-5

分级	车间卫生特征	用水量
一级、二级	非常脏污，对身体有严重污染	60
三级、四级	不太脏的车间，有粉尘	40

（3）工业废水量的计算

工业废水量与工业企业的性质、工艺流程、技术设备和给水、排水系统的形式有关，并随所在地区气候条件等的不同而不同。工业企业废水量通常按工厂或车间的日产量和单位产品的废水量计算。

$$Q_3 = \frac{wPK_z}{3600T} \qquad (9\text{-}7)$$

式中　Q_3——工业废水量（L/s）；

　　　w——生产单位产品排出的平均废水量（L/单位产品）；

　　　P——每日生产的产品数量（单位产品）；

　　　T——每日生产的小时数（h）；

　　　K_z——总变化系数。

工业废水量计算所需的资料通常由工业企业提供，规划设计人员应调查核实。若无工业企业提供的资料，可参考条件相似的工业企业的废水量确定，必要时可参考表 9-6 工业废水量参考指标中的数值估算。

工业废水量参考指标（m³）　　　　　　　　　　表 9-6

工业分类	废水来源	单位产品废水量	
		国内资料	国外资料
钢铁	冷却、锅炉、工艺、冲洗	43～347	4.3～688
石油加工	冷却、锅炉、工艺、冲洗	1.2～71	0.8～91
印染	冷却、锅炉、工艺、冲洗、空调	13～36	17～44
棉纺织	空调、锅炉、工艺、冲洗	6.3～40	25～45
造纸	水力、锅炉、工艺、冲洗、冷却	910～1610	10～450
皮革	冷却、锅炉、工艺、冲洗	95～190	28～164
罐头	原料、冷却、锅炉、工艺、冲洗	5.8～42	0.3～45
饮料、酒	原料、冷却、锅炉、工艺、冲洗	2.1～96	2.8～24
制药	冷却、锅炉、工艺、冲洗、空调	133～38000	180～4800
水力发电	水力、锅炉、冷却	133～444	152～760
机械	冷却、锅炉、工艺、冲洗	1.3～96	9～167

（4）城市污水量的计算

城市污水量可采用累计流量法和综合流量法计算。累计流量法通常是将上述几项污水量累加计算城市污水量。

$$Q = Q_1 + Q_2 + Q_3 \tag{9-8}$$

式中　Q——城市污水管道设计污水流量（L/s）。

工业废水量 Q_3 中，凡不排入城市污水管道的工业废水量不予计算。

累计流量法假定各种污水都在同一时间出现最高流量，计算所得的流量数值与实际情况相比偏高。由于方法简单，所需资料容易获得，在城市规划设计的管道规划中经常采用。

综合流量法是根据各种污水流量的变化规律，考虑到各种污水最高时流量出现的时刻，根据一日中各种污水逐时变化，将同一时刻的各种污水流量相加得到各小时的流量。通常按最大时流量规划设计城市污水处理厂、污水提升泵站等。

9.7　城市排水管道系统规划

9.7.1　排水管道系统的布置

（1）平面布置内容与原则

规划设计城市排水管道系统，首先要在城市总平面图上进行管道系统平面布置，也称为排水管道系统的定线，其主要工作是确定管道的平面布置和水流方向。

排水管道系统平面布置是在估算出各种排水量、确定排水体制以及基本确定污水处理与利用方案的基础上进行的。根据城市所采用的排水体制不同，平面布置的内容亦略有差别。对于合流制只需布置一套管渠系统，而分流制则要分别进行污水、雨水和工业废水排除系统的布置。

污水排除系统布置要确定污水厂、出水口、泵站及主要管道的位置。当利用污水灌溉农田时，还需确定灌溉田的位置、范围、灌溉干渠的布置。雨水排除系统布置要确定雨水管渠、排洪沟和出水口的位置。工业废水排除系统布置要根据工业类别，按具体情况决定。一般厂内管渠系统由各工厂自行布置厂内排水，仅需确定厂内污水出流管的位置。各厂之间管渠系统及出水口位置由城市管网统一考虑。最后绘出城市排水系统总平面图。

平面布置对整个排水系统起决定性作用。为了使城市排水系统达到技术上先进，经济上合理；既能很好发挥其功能，满足实用要求，又能处理好排水系统与城市其他部分的相互关系，平面布置应遵循下列基本原则。

1）符合城市总体规划的要求，并和其他单项工程密切配合，相互协调；

2）满足节能、环境保护方面的要求；

3）合理使用土地，不占或少占农田；

4）充分发挥城市原有排水设施的作用；

5）远近期结合，安排好分期建设。

（2）平面布置形式

城市排水管道系统的平面布置，根据地形、竖向规划、污水处理厂位置、土壤条件、周围水体情况、污水种类和污染情况及污水处理利用的方式、城市水源规划、区域水污染控制规划等因素综合考虑来确定。污水管道平面布置，一般按先确定主干管、再定干管、最后定支管的顺序进行。在城市排水总体规划中，只决定污水主干管、干管的走向与平面位置。在详细规划中，还要确定污水支管的走向及位置。在污水管道系统的布置中，要尽可能用最短的管线，在顺坡的情况下使埋深较小，把最大面积上的污水送往污水处理厂或水体。

排水管网一般布置成树状网，以地形为主要考虑因素的布置有以下几种形式。

1）正交式布置

A. 正交直排式布置

在地势向水体适当倾斜的地区，各排水区域的干管可以最短距离与水体垂直相交的方向设置，称为正交式，如图 9-4（a）所示。这种形式干管长度短，管径小，污水排出速度大，污水排出也迅速、造价经济。由于污水未经处理就直接排放，会使水体遭受严重污染，影响环境。这种方式在现代城市中仅用于排除雨水。

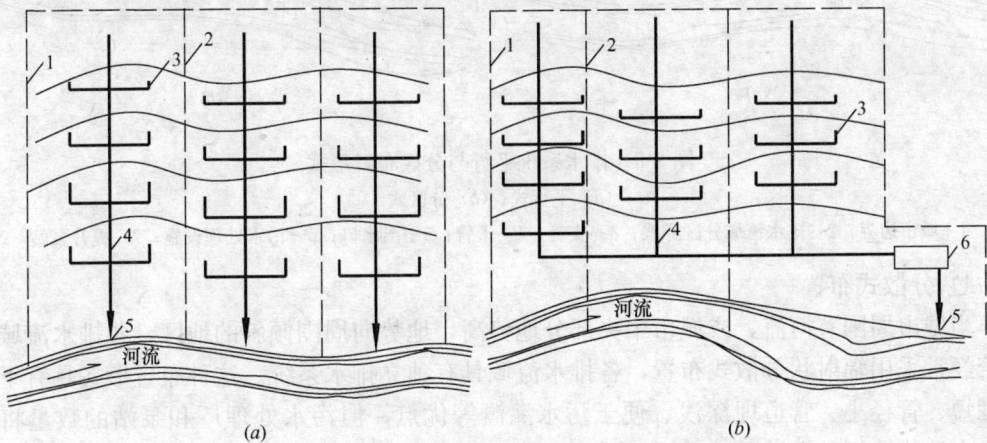

图 9-4　排水系统正交布置形式

（a）正交直排式；（b）正交截流式

1—城市边界；2—排水流域分区边界线；3—支管；4—干管；5—出水口；6—污水处理设施

B. 正交截流式布置

在正交式布置中，沿河岸侧再敷设总干管，将各干管的污水截流收集统一送至污水处理厂，处理后的生活污水及工业废水排入天然水体，这种布置称为截流式，如图 9-4（b）所示。该方式可以减轻水体污染，改善和保护环境，适用于分流制污水排水系统，对于合流制污水排放系统需要在截流主干管上增设截流井。

2）平行式布置

在地势向河流方向有较大倾斜的地区，为了避免因干管坡度及管内流速过大，使干管受到严重冲刷或跌水井过多，可使干管与等高线及河道基本上平行，主干管与等高线及河道成一定交角敷设，称为平行布置，如图 9-5（a）所示。

3）分区式布置

在地势高低相差很大的地区，当污水不能靠重力流流至污水处理厂时，可采用分区布置形式，分别在高、低区敷设独立的管道系统。高区污水以重力流直接流入污水处理厂，低区污水则利用污水泵抽送至高区干管或污水处理厂。这种方式只能用于阶梯地形或起伏很大的地区，其优点是能充分利用地形排水、节省电力。若将高区污水排至低区，然后再用污水泵一起抽送至污水处理厂则不经济，如图 9-5（b）所示。

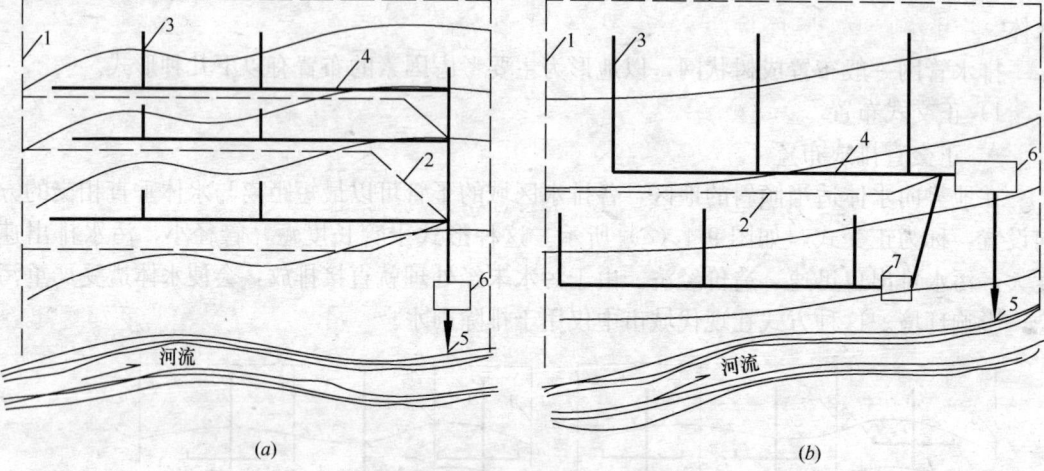

图 9-5　排水系统平行与分区布置形式

（a）平行式；（b）分区式

1—城市边界；2—排水流域分区界线；3—支管；4—干管；5—出水口；6—污水处理设施；7—提升泵站

4）分散式布置

当城市周围有河流，或城市中央部分地势高，地势向周围倾斜的地区，各排水流域的干管经常采用辐射状分散式布置，各排水流域具有独立排水系统。这种布置形式具有干管长度短、管径小、管道埋深浅、便于污水灌溉等优点，但污水处理厂和泵站的数量将增多。在地势平坦的大城市，采用辐射状分散式布置比较有利，如图 9-6（a）所示。

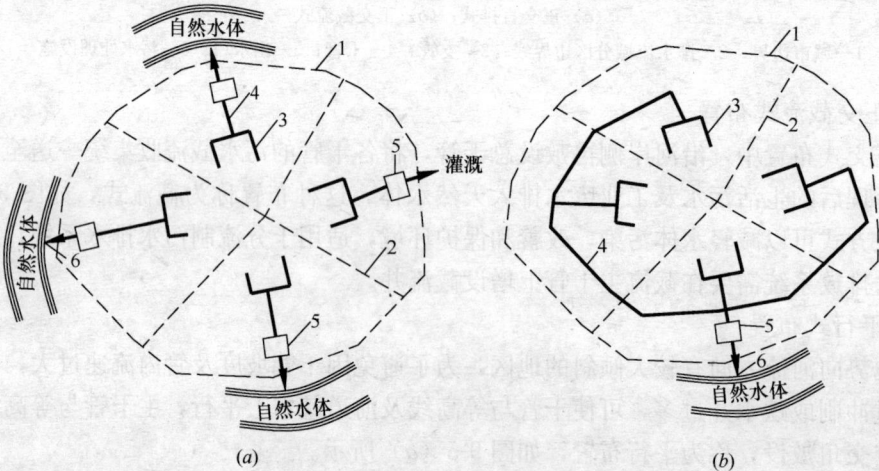

图 9-6　排水系统分散与环绕布置形式

（a）分散式；（b）环绕式

1—城市边界；2—排水流域分区界线；3—支管；4—干管；5—污水处理设施；6—出水口

148

5）环绕式布置

由于建造污水处理厂用地不足，以及建造大型污水处理厂的基建投资和运行管理费用也较小型污水处理厂经济等原因，故不希望建造数量多规模小的污水处理厂，而倾向于建造规模大的污水处理厂，由分散式发展成环绕式，如图9-6（b）所示。

（3）排水管道的具体布置

1）排水干管布置

城市污水主干管和干管是污水管道系统的主体。每一个排水区域一般有一条或几条主干管，来汇集各干管的污水。它们的布置恰当与否，将影响整个系统的合理性。主干管的走向取决于城市布局和污水处理厂的位置，主干管终端通向污水处理厂，其起端最好是排泄大量工业废水的工厂，管道建成后可立即得到充分利用。在决定主干管具体位置时，应考虑如下几个方面。

A. 污水主干管一般布置在排水区域内地势较低的地带，以便支管或干管的污水能自流接入。地形平坦或略有坡度，主干管一般平行于等高线布置，在地势较低处，沿河岸边敷设，以便于收集干管来水。地形较陡，主干管可与等高线垂直，这样布置主干管坡度较大，但可设置数量不多的跌水井，使干管的水力条件改善，避免受到严重冲刷。

B. 污水干管一般沿城市道路布置。通常设置在污水量较大的或地下管线较少一侧的人行道、绿化带或慢车道下，并与街道平行。当道路宽度大于50m时，可以在道路两侧各设一条污水干管，以减少过街管道长度和数量，利于施工、检修和维护管理。地形平坦或略有坡度，干管与等高线垂直（减小埋深）；地形较陡，干管与等高线平行（减少跌水井数量）。

C. 污水管道应尽可能避免穿越河道、铁路、地下建筑或其他障碍物，避开地质条件差的地区。同时，也要注意减少与其他地下管线交叉。

D. 尽可能使污水管道的坡度与地面坡度一致，以减少管道的埋深。为节省工程造价及经营管理费用，要尽可能不设或少设中途泵站。

E. 管线布置应简捷，要特别注意节约大管道的长度。要避免在平坦地段布置流量小而长度大的管道。因为流量小，保证自净流速所需要的坡度大，而使埋深增加。

2）污水支管的平面布置

污水支管的平面布置取决于地形和街坊建筑特征，并应便于用户接管排水。分为低边式、围坊式（周边式）和穿坊式。

低边式布置将污水支管布置在街坊地势较低的一边，如图9-7（a）所示。适用于街坊面积较小而街坊内污水又采用集中出水方式的情形。这种布置形式的特点是管线较短，在城市规划中普遍采用。

围坊式布置将污水支管布置在街坊四周，如图9-7（b）所示。这种布置形式适用于地势平坦并采用集中出水的大型街坊。

穿坊式的污水支管穿过街坊，而街坊四周不设污水支管，如图9-7（c）所示。当街坊或小区已按

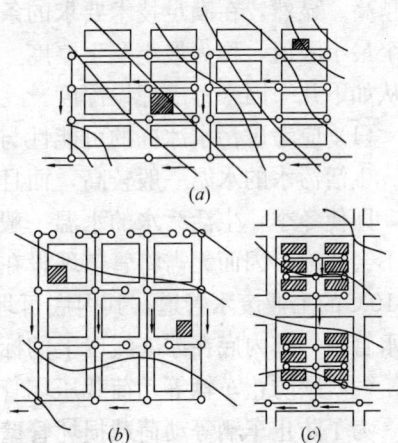

图9-7 污水支管的布置形式
(a) 低边式；(b) 围坊式；(c) 穿坊式

规划确定，其内部的污水管网已按建筑物需要设计，组成一个系统时，可将该系统穿过其他街坊，并与所穿街坊的污水管网相连。这种布置管线较短，工程造价较低。

9.7.2 污水管道在街道上的位置

污水管道一般沿道路敷设并与道路中心线平行，在交通频繁的道路上应尽量避免污水管道横穿道路。当道路宽度大于 50m，且两侧街坊都需要向支管排水时，常在道路两侧各设一条污水管道。在城市街道下常有各种管线，如给水管、污水管、雨水管、燃气管、热力管、电力电缆、通信电缆等。此外，街道下还可能有地铁、地下人行通道、工业隧道等地下设施。这就需要在各单项管道工程规划的基础上，综合规划、统筹考虑，合理安排各种管线在空间的位置，以利施工和维护管理，由于污水管道为重力流管道，其埋深大、连接支管多，使用过程中难免渗漏损坏。所有这些都增加了污水管道的施工和维修难度，还可能会对附近建筑物和构筑物的基础造成危害，甚至污染生活饮用水。因此，污水管道与建筑物应有一定间距，与生活给水管道交叉时，应敷设在生活给水管的下面。管线综合规划时，所有地下管线都应尽量设置在人行道、非机动车道和绿化带下，只有在不得已时，才考虑将埋深大，维修次数较少的污水、雨水管道布置在机动车道下。各种管线在平面上布置的次序一般是，从建筑规划线向道路中心线方向依次为：电力电缆——通信电缆——燃气管道——热力管道——给水管道——雨水管道——污水管道。若各种管线布置时发生冲突，处理的原则是：未建避让已建的，临时避让永久的，小管避让大管，压力管避让无压管，可弯管避让不可弯管。在地下设施较多的地区或交通极为繁忙的街道下，应把污水管道与其他管线集中设置在管廊（隧道）中，但雨水管道一般设在管廊外，并与管廊平行敷设。污水管与其他地下管线或建筑设施的水平和垂直最小净距，应根据两者的类型、标高、施工顺序和管道损坏的后果等因素，按管线综合设计确定。一般排水管道与其他管线（构筑物）的最小净距按表 9-7 采用。

9.7.3 污水管道的埋深

污水管道的埋设深度是指管道的内底离开地面的垂直距离，简称为管道埋深。管道的顶部离开地面的垂直距离称为覆土厚度。

污水管道的埋深对于工程造价和施工影响很大。管道埋深越大，施工越困难，工程造价越高。显然，在满足技术要求的条件下，管道埋深越小越好。但是，管道的覆土厚度有一个最小限值，称为最小覆土厚度。《室外排水设计规范》中规定了管道最小覆土厚度值，并从如下几个因素考虑埋设深度。

（1）应考虑污水冰冻的可能性与土壤的冰冻深度以及污水管道保温情况

生活污水的水温一般较高，而且污水中有机物质分解还会放出一定的热量。在寒冷地区，即使冬季，生活污水的水温一般也在 10℃ 左右，污水管道内的流水和周围的土壤一般不会冰冻，因而无需将管道埋设在冰冻线以下。没有保温措施的生活污水管道及温度接近 10℃ 的工业废水管道，其内底可埋设在冰冻线以上 0.15m。有保温措施或水温较高的污水管道，其内底在冰冻线以上的标高还可以适当提高。

（2）须防止车辆等动荷载压坏管道

为了防止车辆等动荷载损坏管壁，管顶应有足够的覆土厚度。管道的最小覆土厚度与管道的强度、荷载大小及覆土密实程度有关。污水管道在车行道下的最小覆土厚度应不小于 0.7m；在没有车辆等动荷载的地段，其最小覆土厚度可以适当减小。

（3）必须考虑管道交叉的情形

城市街道下设有多种管道，需要考虑管道的交叉情况，特别是不能避让的重力管道（如雨水管），要考虑其他管道的埋深对污水管道埋深的影响，便于支管接入。

（4）必须满足管道与管道之间的衔接要求

城市污水管道多为重力流，管道有一定的坡度，确定下游管段埋深时应该考虑上游管段的要求。干管的埋深应满足支管接入的要求，支管的埋深应满足住宅或工厂排水管的接入要求。在气候温暖、地势平坦的城市，污水管道最小埋深往往决定于管道衔接所需要的深度。

在排水区域内，对管道系统的埋深起控制作用的点称为控制点。各条管道的起端大都是这条管道的控制点，如图 9-8 中点 4 为城市街道污水管的控制点。离污水处理厂或出水口最远最低的点是整个排水管道系统的控制点。在规划设计中，应设法减小控制点的埋深，通常采用的措施有：增加管道的强度；如果为防止冰冻，可以加强管道的保温措施；如果为保证最小覆土厚度，可以填土提高地面高程；必要时设置提升泵站，减小管道的埋深。

<table>
<tr><td colspan="3" align="center">排水管道与其他管线和构筑物的最小净距</td><td>表 9-7</td></tr>
<tr><td colspan="3" align="center">名　称</td><td>水平净距（m）</td><td>垂直净距（m）</td></tr>
<tr><td colspan="3" align="center">建筑物</td><td>见注③</td><td></td></tr>
<tr><td rowspan="2">给水管</td><td colspan="2" align="center">$d \leqslant 200mm$</td><td>1.0</td><td rowspan="2">0.4</td></tr>
<tr><td colspan="2" align="center">$d > 200mm$</td><td>1.5</td></tr>
<tr><td colspan="3" align="center">排水管≥</td><td></td><td>0.15</td></tr>
<tr><td colspan="3" align="center">再生水管</td><td>0.5</td><td>0.4</td></tr>
<tr><td rowspan="4">燃气管</td><td>低压</td><td>$P \leqslant 0.05MPa$</td><td>1.0</td><td>0.15</td></tr>
<tr><td>中压</td><td>$0.05MPa < P \leqslant 0.4MPa$</td><td>1.2</td><td>0.15</td></tr>
<tr><td rowspan="2">高压</td><td>$0.4MPa < P \leqslant 0.8MPa$</td><td>1.5</td><td>0.15</td></tr>
<tr><td>$0.8MPa < P \leqslant 1.6MPa$</td><td>2.0</td><td>0.15</td></tr>
<tr><td colspan="3" align="center">热力管线</td><td>1.5</td><td>0.15</td></tr>
<tr><td colspan="3" align="center">电力管线</td><td>0.5</td><td>0.5</td></tr>
<tr><td colspan="3" align="center">电信管线</td><td>1.0</td><td>直埋 0.5
管块 0.15</td></tr>
<tr><td colspan="3" align="center">乔木</td><td>1.5</td><td></td></tr>
<tr><td rowspan="2">地上柱杆</td><td colspan="2" align="center">通信照明＜10kV</td><td>0.5</td><td></td></tr>
<tr><td colspan="2" align="center">高压铁塔基础边</td><td>1.5</td><td></td></tr>
<tr><td colspan="3" align="center">道路侧石边缘</td><td>1.5</td><td></td></tr>
<tr><td colspan="3" align="center">铁路钢轨（或坡脚）</td><td>5.0</td><td>轨底 1.2</td></tr>
<tr><td colspan="3" align="center">电车（轨底）</td><td>2.0</td><td>1.0</td></tr>
<tr><td colspan="3" align="center">架空管架基础</td><td>2.0</td><td></td></tr>
<tr><td colspan="3" align="center">油管</td><td>1.5</td><td>0.25</td></tr>
<tr><td colspan="3" align="center">压缩空气管</td><td>1.5</td><td>0.15</td></tr>
</table>

名　称	水平净距（m）	垂直净距（m）
氧气管	1.5	0.25
乙炔管	1.5	0.25
电车电缆		0.5
明渠渠底		0.5
涵洞基础底		0.15

注：①表中列出的数字除注明者外，水平净距均指外壁净距，垂直净距系指下面管道的外顶与上面管道基础底间净距；

②采取充分措施（如结构措施）后，表列数字可以减小；

③与建筑物水平净距，管道埋深浅于建筑物基础时，一般不小于 2.5m，管道埋深深于建筑物基础时，按计算确定，但不小于 3.0m。

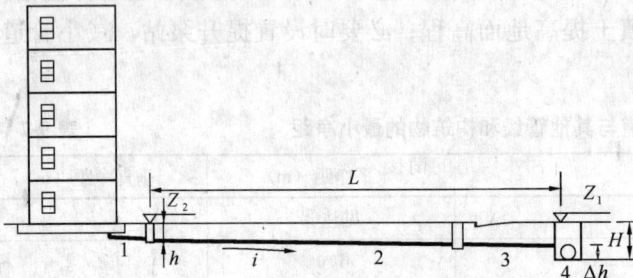

图 9-8　街道污水管起端埋深
1—出户管；2—街坊污水支管；3—连接管；4—街道污水管

管道的覆土厚度，往往取决于房屋排出管在衔接上的要求。街坊内的污水管道承接房屋排出管，其起端受房屋排出管埋深的控制。街道下的污水管道承接街坊内的污水管道，其最小覆土厚度受街坊污水管道的控制。房屋排出管的最小埋深通常采用 0.55～0.65m，因而街坊污水支管起端的埋深一般不小于 0.6～0.7m。街道污水管起点的埋深可按下式计算。

$$H = h + iL + Z_1 - Z_2 + \Delta h \tag{9-9}$$

式中　H——街道污水管起点的最小埋深（m）；

　　　h——街坊污水支管起端的埋深（m）；

　　　i——街坊污水支管和连接管的坡度；

　　　L——街坊污水支管的长度（m）；

　　　Z_1——街道污水检查井的地面标高（m）；

　　　Z_2——街坊污水支管起端检查井的地面标高（m）；

　　　Δh——街道污水管底与接入的污水支管的管底高差（m）。

对于一个具体的管段，上述四个条件得出的限制数值中最大值为该管段的最小埋深。

在确定污水管道埋设深度时，除考虑最小埋深外，还应考虑最大埋深。污水管的最大埋深决定于土壤性质、地下水位及施工方法等。干燥土壤中一般不超过 7～8m；地下水位较高、流沙严重、挖掘困难的地层中通常不超过 5m。当管道埋深超过最大埋深时，应考虑设置污水泵站等措施，以减少管道的埋深。

9.7.4　污水管道的衔接

为了满足衔接与维护的要求，在污水管段，通常要设置检查井。在检查井中，上下游管道的衔接必须满足两方面的要求：一是要避免在上游管道中形成回水；二是要尽量减少下游管道的埋设深度。

污水管道的衔接方法通常采用的有水面平接法和管顶平接法,如图9-9所示。水面平接是使上游管段终端和下游管段起端,在一定设计充满度下的水面相平,即上游管段终端与下游管段起端的水面标高相同。此种接法易发生误差,在上游管段内易形成回水。管顶平接是使上游管段终端和下游管段起端的管顶标高相同,不会在上游管段中产生回水,但下游管段的埋深将增加。此法对于城市地形比较平坦的地区或埋深较大的管道,有时可能是不适宜的。一般不同管径管道采用管顶平接方式,相同管径管道采用水面平接方式。

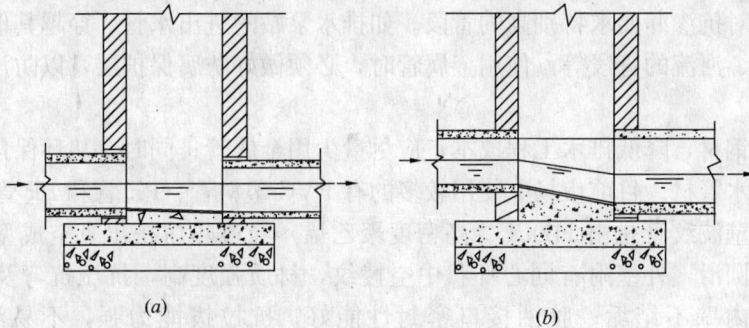

图 9-9 污水管道的衔接方法
(a) 水面平接;(b) 管顶平接

水面平接一般很难实现,所以城市污水管道一般都采用管顶平接。在坡度较大的地段可采用跌水。不论采用何种方法衔接,下游管段的水面和管底都不应高于上游管段的水面和管底。污水支管与干管交汇处,当支管管底高程与干管管底高程相差较大时,需在支管上设置跌水井,经跌落后再接入干管,以保证干管的水力条件。

9.7.5 排水管材及附属构筑物

(1) 排水管材

1) 对管材的要求

A. 具有足够的强度;

B. 具有较好的抗渗性能;

C. 具有良好的抗腐蚀和抵抗污水冲刷与磨损性能;

D. 具有良好的水力条件;

E. 应就地取材、降低造价,并考虑预制管件及快速施工的可能性。

2) 常用的排水管材

常见排水管材有:混凝土、钢筋混凝土、石棉水泥、陶土、铸铁及塑料等,应根据污水性质、管道承受的内外压力、埋设地点的土质条件等因素确定。

混凝土管及钢筋混凝土管,制作方便,造价较低,耗费钢材较少,在排水工程中应用极为广泛。但容易被碱性污水侵蚀,管径大时重量大、搬运不便、管段较短、接口较多。混凝土管的直径一般不超过 600mm。为了增加管子的强度,直径大于 400mm 时,一般做成钢筋混凝土管。在 2004 年 3 月颁布的"建设部推广应用和限制禁止使用技术"中明确指出:自 2005 年 1 月 1 日起,平口、企口混凝土排水管($DN \leqslant 500$)不得用于城镇市政排水管道系统。

陶土管是用塑性黏土焙烧而成，按使用要求可以做成无釉、单面釉及双面釉的陶土管。带釉的陶土管表面光滑，水流阻力小，不透水性好，并且具有良好的耐磨、抗腐蚀性能，适用于排除腐蚀性工业废水或铺设在地下水侵蚀性较强的地方。管径一般不超过500～600mm。陶土管的缺点是：质脆易碎、抗弯抗拉强度低，因此不宜敷设在松土层或埋深很大的地方。随着各种塑料和复合管材的出现，目前陶土管已很少使用。

常用的金属管有排水铸铁管、钢管等。其优点是强度高、抗渗性好、内壁光滑、阻力小、抗压、抗振性好，而且每节管较长，接口少。但价格较贵、抗酸碱腐蚀性较差。适用于压力管道及对抗渗漏要求特别高的管段。如排水泵站的进出水管、穿越其他管道的架空管、穿越铁路、河流的管段等。使用金属管时，必须做好防腐保护层，以防污水和地下水侵蚀损坏。

为了节约钢材，降低排水工程成本，应尽量少用金属管；同时，从环保角度考虑推荐使用环保型排水管材。目前市场上使用较多的有 PVC 塑料管、PE 管和 PP 管等。

聚乙烯双壁波纹管是由 HDPE（高密度聚乙烯）经过热熔挤出真空成型的新型排水管材，其内壁圆滑，外壁附有同心环状中空棱纹，材质强度高，抗压抗弯及耐冲击性能好；耐腐蚀，内壁不结垢；胶圈接口密封性能好，抗拉拔能力强，不易渗漏。目前，HDPE 波纹管在国内不少城镇排水工程中广泛应用。

夹砂玻璃钢管采用玻璃纤维及合成树脂作为增强材料，交叉及环向缠绕，固化成型（含夹砂）。其内壁光滑，过水能力大；耐腐蚀，内壁不结垢；胶圈接口，柔性及密封性能好，目前，夹砂玻璃钢管作为排水管材已在国内市政工程中得以较广泛使用。

增强聚丙烯（FRPP）排水管由玻璃纤维改性聚丙烯，经模压成型工艺加工而成，具有强度高、柔性好、重量轻、糙率小、耐腐蚀、施工简便、综合造价较低等优点，是排水管的一种新产品。增强聚丙烯（FRPP）模压排水管的生产主要原料是聚丙烯再生塑料，增强聚丙烯（FRPP）模压排水管的推广和应用将有力地促进废弃塑料的回收、再利用，它不仅起到了节约资源、保护环境、为农民增加收入的作用，而且还达到了降低工程建设成本、保证工程质量、提高综合效益的目的，更重要的是符合国家提出的循环经济要求，具有较强的政策优势，目前也得到了大力推广与应用。

（2）附属构筑物

排水管网的附属构筑物主要包括检查井、跌水井、溢流井、超越井、潮门井、水封井以及倒洪管等。

1）检查井

A. 设置条件及设计规定

a. 设在管道交汇处、转弯处、管道断面（尺寸、形状、材质）及基础接口变更处、跌水处及直线管段上隔一定距离处；

b. 检查井内一般采用管顶平接；

c. 在管道转弯和交接处，水流转弯应大于 90°，但当管径 d 不大于 300mm，跌水大于 0.3m 时，不受此限；

d. 接入检查井的支管（出户管或连接管）数，不宜超过 3 条；

e. 检查井井底应设流槽。污水检查井的流槽顶与下游管道的内顶平，雨水检查井的流槽与上游管道的 1/2 内径（管中心）齐平。

B. 检查井间距

现行《室外排水设计规范》规定了检查井在直线管渠上的最大间距。规划设计时可按表 9-8 选取。

检查井最大间距　　　　　　　　　　表 9-8

管径或暗渠净高 （mm）	最大间距（m）	
	污水管道	雨水（合流）管道
200～400	40	50
500～700	60	70
800～1000	80	90
1100～1500	100	120
>1500，且≤2000	120	120

2）跌水井

A. 设置要求

a. 管道跌水高差大于 0.1m；

b. 管内流速太大，需调节处；

c. 管道垂直于陡峭地形的等高线布置，按照原定坡度将要露出地面处；

d. 接入较低的管道处；

e. 当淹没排放时，在出口前的一个井；

f. 管道转弯处不宜设跌水井；

g. 跌水井的进水管 d 小于 200mm 时，一次跌水高差 H 小于 6.0m；

h. 跌水井不得接入支管。

B. 跌水井形式

跌水井分竖管式、竖槽式及阶梯式三种形式，详见《给水排水标准图集》S234。

3）溢流井

适用于截流式合流制排水系统，其设置有以下要求。

A. 尽可能靠近水体的下游；

B. 最好在高浓度工业污水进水点的上游；

C. 宜在倒虹管前、排水泵站前及处理构筑物前；

D. 宜在水体最高洪水位以上，低于最高洪水位时需设闸门；

E. 根据不同的河流及不同的处理方法，截流倍数选用 $n_0 = 1～5$。

4）超越井

设在截流管道与雨水管道交接处。

5）潮门井

受潮汐和水体水位影响，为防止潮水或河水倒灌，潮门井应设在排水管道出水口上游适当位置处。

6）出水口

A. 设置要求

a. 在江河岸边设置出水口时，应保持与取水构筑物、游泳区及家畜饮水区有一定距

155

离，同时也应不影响下游居民点的卫生和饮用；

b. 在城市河渠的桥涵闸附近设置雨水出水口时，应选在构筑物下游并应保持结构条件和水力条件所需要的距离；

c. 在海岸设置污水出口时，应考虑潮汐波浪和设施等情况，注意环境卫生；

d. 出水口的形式应取得当地卫生监督、水体管理和交通管理等部门同意；

e. 雨水出水口内顶最好不低于多年平均洪水位；

f. 污水出水口应尽可能淹没在水体水面以下。

B. 防冲措施

岸边式出水口与岸边的连接部分要建挡土墙和护坡，底板要铺砌。

7）水封井

A. 当排水管接纳汽油类污水时应设水封井，以防发生爆炸事故；

B. 水封井设置要求：水封高度 0.25m。水封井底设沉泥槽，深度 0.5～0.6m。井上设通风管，其管径不得小于 100mm。

8）倒虹管

A. 位置设置

a. 污水管道穿过河道、旱沟、洼地或地下构筑物等障碍物不能按原高程直接通过；

b. 尽可能与障碍物轴线垂直，以求缩短长度。穿越处应地质条件良好，河岸、河床不受冲刷。

B. 数目

a. 穿过小河、旱沟和洼地时可敷设一条；

b. 穿过河道时一般敷设两条，一条工作，一条备用；

c. 穿过特殊重要构筑物时应敷设三条，两条工作，一条备用；

C. 长度、角度、深度

a. 水平管长度根据穿越物的现状和远景发展规划确定；

b. 水平管与斜管的夹角一般不大于 30°；

c. 水平管外顶距规划河底不小于 0.5m。

D. 流速

a. 设计流速一般不小于 0.9m/s，同时不小于进水管内流速；

b. 冲洗流速不小于 1.2m/s；

c. 合流管道设倒虹管时，应按旱流污水量校核流速。

E. 进水井

a. 应布置在不受洪水淹没处，必要时可考虑排气设施，井内应设闸槽或闸门；

b. 在倒虹管进水井的前一检查井，应设沉泥槽；

c. 考虑检修，进水井宜设事故排出口。

9.8 污水泵站规划

排水管道为保证重力流，都有一定的坡度，一定距离后，有时管道将埋置很深，造成工程量大和施工困难，所以在有些情况下需要考虑在管道中途设置提升泵站，来减少管道埋深。污水泵站的设置应根据城市排水规划，结合城市的地形、污水管渠系统，经技术经济比较后确定。当排水系统中需设置污水泵站时，污水泵站结合周围环境条件，应与居住、公共设施建筑保持必要的防护距离。泵站前应设置事故排出口，其位置应根据水域环境规划和水体的功能区要求合理确定。泵站建设用地按建设规模、泵站性质确定，其用地指标宜按表 9-9 确定。

泵站室外地坪标高应按城镇防洪标准确定，并符合规划部门要求；污水泵站的设计流量，应按泵站进水总管的最高日最高时流量计算确定，污水泵和合流污水泵的设计扬程，应根据设计流量时的集水池水位与出水管渠水位差和水泵管路系统的水头损失以及安全水头确定。

集水池的容积，应根据设计流量、水泵能力和水泵工作情况等因素确定。一般应符合下列要求。

（1）污水泵站集水池的容积，不应小于最大一台水泵 5min 的出水量，当水泵机组为自动控制时，每小时开动水泵不得超过 6 次。

（2）大型合流污水输送泵站集水池的面积，应按管网系统中调压塔原理复核。

污水泵站规划用地指标（m² · s/L）　　　　　　　表 9-9

建设规模	污水流量 （L/s）				
	2000 以上	1000～2000	600～1000	300～600	100～300
用地指标	1.5～3.0	2.0～4.0	2.5～5.0	3.0～6.0	4.0～7.0

注：①用地指标是按生产必须的土地面积；

②污水泵站规模按最大秒流量计；

③本指标未包括站区周围绿化带用地。

9.9　城市污水管网的水力计算

污水管道系统的平面布置完成后，即可进行污水管道的水力计算。污水管道水力计算的目的，在于合理的经济的选择管道断面尺寸、坡度和埋深。

9.9.1　污水管道水力特性及计算公式

（1）污水在管道中是依靠重力从高处流向低处。污水中虽然含有一定量的有机物和无机物，但 99％以上是水分，所以认为城市管道中污水流动是遵循一般水流规律的，可以按水力学公式计算。

（2）城市污水管道中的水流是不均匀的，主要是由于污水量的变化、管道交汇形成回水、管道中的沉积物即管道接口的不光滑等使管道中水流发生变化，但在一个较短的管段内，流量变化不会太大，且管道坡度不变，可以认为管段内流速不变，所以通常把这种管段内污水的流动视为均匀流，设计中对每一个管段可直接按均匀流公式计算。

（3）由于城市污水量难以准确计算，变化较大，所以设计时要留出部分管道断面，避免污水溢出管道，污染环境。同时，管道中的淤泥会分解析出有毒害的气体，有的污水内还含有易燃液体（如汽油、苯、石油等）可能挥发成爆炸性气体，需让污水管道保留适当的空间，以保证通风排气，故我国现行室外排水设计规范规定，城市污水管道按非满流进行设计计算。

（4）污水中含有杂质，流速过小会产生淤泥，降低输水能力，因此，流速不能过低。而流速过大会对管壁冲刷造成损害。为了保证污水管道正常使用，必须对其管道流速给予限定，即满足不冲不淤的水流条件。

（5）根据室外排水设计规范，排水管渠的流量应按下式计算。

$$Q = A \cdot v \tag{9-10}$$

式中　Q——设计流量（m^3/s）；

A——水流有效断面面积（m^2）；

v——流速（m/s）。

排水管渠的流速按下式计算。

$$v = \frac{1}{n} R^{\frac{2}{3}} I^{\frac{1}{2}} \tag{9-11}$$

式中　v——过水断面的平均流速（m/s）；

R——水力半径（过水断面面积与湿周的比值）（m）；

I——水力坡度（即水面坡度，等于管底坡度）；

n——粗糙系数。反映管渠内表面的粗糙程度对水流阻力的影响，由管渠材料决定，见表 9-10。

排水管渠粗糙系数　　　　　　　　　　　表 9-10

管渠类别	粗糙系数 n	管渠类别	粗糙系数 n
混凝土管、钢筋混凝土管水泥砂浆抹面渠道	0.013～0.014	塑料管（PVC-U、玻璃钢、HDPE、PPR 等）	0.009～0.01
土明渠（包括带草皮）	0.025～0.030	浆砌砖渠道	0.015
石棉水泥管、钢管	0.012	浆砌块石渠道	0.017
陶土管、铸铁管	0.013	干砌块石渠道	0.020～0.025

9.9.2　管渠的断面形式及其选择

排水管渠的横断面形式必须满足静力学、水力学以及经济与维修管理方面的要求。在静力学方面，要求管道具有足够的稳定性和坚固性；在水力学方面，要求有良好的输水性能，不但要有较大的排水能力，而且当流量变化时，不易在管道产生沉淀；在经济方面，要求管道用材省，造价低；在维修管理上要求便于清通。

常用管渠断面形式有圆形、矩形、马蹄形、半椭圆形、梯形及蛋形等。其中，圆形管道有较大的输水能力，底部呈弧形，水流较好，也比较能适应流量变化，不易产生沉淀。同时，圆管受力条件好、省料，便于预制和运输。因此，在城市排水工程中，圆管应用最为广泛。

在排水管渠设计中，确定管渠断面的形式，还要综合考虑其他各种因素，进行技术经济比较。对于中小型排水管渠，由于圆管具有很多优点，被广泛采用。对于大型管渠，由于过水断面过大，预制、运输十分不便，开槽埋管施工也比较困难，所以圆形断面很少采用。设计中常采用砖石砌筑、预制组装以及现场浇筑的方法施工，渠道断面多为较宽浅的形式。在地形平坦地区、埋设深度或出水口深度受限制的地区，可采用渠道（明渠或盖板渠）排除雨水。盖板渠宜就地取材，构造宜方便维护，渠壁可与道路侧石联合砌筑。

9.9.3 污水管道水力计算的设计参数

为保证排水管道设计的经济合理，根据《室外排水设计规范》GB 50014—2006 对设计充满度、设计流速、最小管径与最小坡度作了规定，作为设计时的控制参数。

（1）设计流量

排水管渠断面尺寸应按远期规划的最高日最高时设计流量设计，按现状水量复核，并考虑城镇远景发展的需要。

（2）设计充满度

污水管道是按不满流的情况下进行设计的。污水管道的设计充满度是指管道排泄设计污水量时的充满度，数值上等于管道中的水深和管径的比值。设计充满度有一个最大的限值，即规范中规定的最大设计充满度。室外排水设计规范规定的污水管道的最大设计充满度见表 9-11。明渠超高（渠中最高设计水面至渠顶的高度）不得小于 0.2m。

最大设计充满度　　　　　　　　　　表 9-11

管径或渠高（mm）	最大设计充满度	管径或渠高（mm）	最大设计充满度
200～300	0.55	500～900	0.70
350～450	0.65	≥1000	0.75

注：在计算污水管道充满度时，不包括短时突然增加的污水量，但当管径小于或等于300mm时，应按满流复核。

（3）设计流速

设计流速是指管渠在设计充满度情况下，排泄设计流量时的平均流速。当城市排水管渠中的流速太小时，水中的固体杂质会沉积于管渠底部，产生淤积；当流速较大时，水流可能冲走淤积物，若流速过大，则会对管道及其附属构筑物产生冲刷，降低管道的适用寿命。现行室外排水设计规范对管道的设计流速做了规定。

最大设计流速规定为：金属排水管道 10.0m/s；石棉管道为 3.0m/s；混凝土管道为 4.0m/s；塑料管道为 4.0m/s。排水明渠的最大设计流速见表 9-12。

排水管渠的最小设计流速规定：污水管道在设计充满度下为 0.6m/s；雨水管道和合流管道在满流时为 0.75m/s；明渠为 0.4m/s。排水管渠采用压力流时，压力管渠的设计流速宜采用 0.7～1.5m/s。

（4）最小设计坡度

在均匀流的条件下，水力坡度等于水面坡度，也等于管渠底坡度。坡度和流速之间存在着一定关系，同最小设计流速相对应的坡度是最小设计坡度。相同管径的管道，如果充满度不同，可以有不同的最小设计坡度。常用管径的最小设计坡度，可按设计充满度下不淤流速控制，当管道坡度不能满足不淤流速要求时，应有防淤、清淤措施。当设计流量很小而采用最小管径的设计管段称为不计算管段。由于这种管段不进行水力计算，没有设计流速，因此直接规定管道的最小坡度。通常管径的最小设计坡度按表 9-13 选用。

明渠类别	最大设计流速（m/s）			
	$h<0.4$	$h=4\sim1.0$	$1.0<h<2.0$	$h\geq2.0$
粗砂或低塑性粉质黏土	0.68	0.8	1	1.12
粉质黏土	0.85	1.0	1.25	1.4
黏土	1.02	1.2	1.5	1.68
草皮护面	1.36	1.6	2	2.24
干砌块石	1.7	2.0	2.5	2.8
浆砌块石或浆砌砖	2.55	3.0	3.75	4.2
石灰岩和中砂岩	3.4	4.0	5	5.6
混凝土	3.4	4.0	5	5.6

注：h 为水流深度，m。

管径（mm）	最小设计坡度	管径（mm）	、最小设计坡度
400	0.0015	1000	0.0006
500	0.0012	1200	0.0006
600	0.0010	1400	0.0005
800	0.0008	1500	0.0005

（5）最小管径

城市污水管道系统中，一般上游管段流量很小，若根据流量计算，其管径必然很小，管径过小极易堵塞，而且清通麻烦，会给维护管理带来困难。因此室外排水设计规范规定了污水管道的最小管径，表 9-14。若按计算所得的管径小于最小管径，则采用最小管径。

管道类别	最小管径（mm）	相应最小设计坡度
污水管	300	塑料管 0.002，其他管 0.003
雨水管和合流管	300	塑料管 0.002，其他管 0.003
雨水口连接管	200	0.01
压力输泥管	150	—
重力输泥管	200	0.01

9.9.4 污水管道水力计算方法

污水管道系统平面布置完成后，即可划分设计管段，计算每个管段的设计流量，以便进行水力计算。水力计算的任务是计算各设计管道的管径、坡度、流速、充满度和井底高程。

污水管道设计管段长度的划分与设计的阶段有关，规划设计与施工图阶段的设计管段的划分存在一定的差异，规划阶段设计管段不可能按检查井来划分，而当前的各种规范中并没有对此问题进行专门规定。普遍的做法是据管道平面布置图，以街坊污水支管及工厂污水出水管等接入干管的位置作为起讫点，划分设计管段。

每一设计管段的污水设计流量可以由三部分组成。

（1）本段流量。从管段沿线街坊流来的污水量。

（2）转输流量。从上游管段和旁侧管段流来的污水量。

（3）集中流量。从工厂或公共建筑流来的污水量。

为简化计算，假定本段流量集中在起点进入设计管段，且流量不变，即从上游管段和旁侧管段流来的转输流量以及集中流量在此管段内是不变的。

本段流量可用下式计算。

$$q = Fq_0K_z \tag{9-12}$$

式中 q——设计管段的本段流量（L/s）；

     F——设计管段服务的街坊面积（hm^2）；

     K_z——生活污水总变化系数；

     q_0——单位面积的本段平均流量，即比流量 [L/(s·hm^2)]。

比流量可用下式计算。

$$q_0 = \frac{AN}{86400} \tag{9-13}$$

式中 A——污水量标准[L/(人·d)]；

     N——人口密度（人/hm^2）。

总体规划时，只估算干管和主干管的流量。详细规划时，还需计算支管的流量。在确定设计流量后，即可从上游管段开始，进行各设计管段的水力计算。

随着计算机技术的快速发展，污水管道水力计算变得越来越容易。目前，已经有大量关于污水管道水力计算的软件可以使用。其中，最为简单的方法就是利用 Excel 软件进行污水管道水力计算，设计人员可以自己编制。此外，也可以利用其他各种计算机语言编写污水管道水力计算程序。

9.10 城市雨水工程规划

9.10.1 城市雨水工程规划的内容与步骤

降落至地面上的雨水，除植物截留、渗入土壤和填充洼地部分外，其余部分则沿地面流动进入雨水沟道和水体，这部分雨水称为地面径流。暴雨径流因常集中在极短的时间内，来势猛烈，若不能及时排除，便会造成巨大的危害。为了防止暴雨径流的危害，保证城市居住区和工业企业不被洪水淹没，保障城市生活、生产和人民生命财产的安全，需要修建城市雨水排除系统。城市雨水工程规划的任务就是有组织地及时排除地面径流。由于短时雨水径流多，所需雨水管渠尺寸大，造价高，因此在进行城市排水工程规划时，除了建立完善的雨水管渠系统外，还应对城市的整个水系进行统筹规划，保留一定的水塘、洼地、截洪沟，考虑防洪的"拦、蓄、分、泄"功能。在城市建设中，不应把有自然防洪能力的水库、河塘、冲沟都填掉。

（1）规划内容

城市雨水管渠系统是由雨水口、雨水管渠、检查井、出水口等构筑物的一整套工程设施组成。城市雨水管渠系统规划主要有以下内容。

1）确定当地暴雨强度公式；

2）确定排水区域与排水方式，进行雨水管渠的定线；

3）确定雨水泵房、雨水调节池、雨水排放口的位置；

4）确定设计流量的计算方法与有关参数；

5）进行雨水管渠的水力计算，确定管渠尺寸、坡度、标高及埋深等。

（2）规划设计步骤

1）前期工作（明确工程范围和任务、资料收集整理等）；

2）利用降雨资料编制当地暴雨强度公式或选用已经确定的暴雨强度公式；

3）根据城市规划和排水区域的地形，在规划图上布置管渠系统，划分各段管渠的汇水面积，确定水流方向；

4）依据地形等高线，标出设计管段起讫点的地面标高，准备进行水力计算；

5）按排水区域的地面性质确定各类地面径流系数；

6）根据街坊面积大小、地面种类、坡度、覆盖情况以及街坊内部雨水管渠的完善情况确定起点地面集水时间；

7）根据区域性质、汇水面积、地形及管渠溢流后的损失大小等因素，确定设计重现期；

8）进行水力计算，确定管渠断面尺寸、纵向坡度及标高等；

9）绘制规划平面图，编写设计说明书。

9.10.2 城市雨水管渠系统的布置

雨水管渠布置的主要任务是使雨水能顺利地从建筑物、车间、工厂区或居住区内排除出去，既不影响生产，又不影响居民的生活，达到合理经济的要求。布置中应遵循下列原则。

（1）充分利用地形，就近排入水体

规划雨水管线时，首先按地形划分排水区域，再进行管线布置。根据分散和直接的原则，雨水管渠应尽量利用自然地形坡度布置，以最短的距离靠重力流将雨水排入附近的池塘、河流、湖泊等水体中。一般采用正交式布置，保证以最短路线、较小管径把雨水就近排入水体。由于就近排放，管线短、管径小、会增加出水口的数量。当地形坡度较大时，雨水干管布置在地形低处或溪谷线上；当地形平坦时，雨水干管布置在排水区域的中间，以便于支管接入，尽量扩大重力流排除雨水的范围。

（2）尽量避免设置雨水泵站

由于暴雨形成的径流量大，雨水泵站的投资也很大，而且雨水泵站一年中运行时间短，利用率低。因此，应尽可能利用地形，使雨水靠重力流排入水体，不设置泵站。但在某些地形平坦、地面平均标高低于河流的洪水位标高或受潮汐影响的城市，不得不设置雨水泵站时，应尽可能使通过雨水泵站的流量减到最小，以节省泵站的工程造价和经常运行费用。雨水泵站规划用地指标可按表9-15选取。

雨水泵站规划用地指标（m² · s/L）   表 9-15

建设规模	雨 水 流 量（L/s）			
	20000 以上	10000～20000	5000～10000	1000～5000
用地指标	0.4～0.6	0.5～0.7	0.6～0.8	0.8～1.1

注：①用地指标是按生产必须的土地面积；
②雨水泵站规模按最大秒流量计；
③本指标未包括站区周围绿化带用地；
④合流泵站可参考雨水泵站指标。

162

（3）结合街区及道路规划布置

通常根据建筑物的分布、道路布置及街坊或小区内部的地形、出水口的位置等布置雨水管道，使街坊或小区内大部分雨水以最短距离排入街道低侧的雨水管道。应尽量利用道路两侧边沟排除地面径流，在每一集水区域的起端 100～200m 可以不设置雨水管渠。

雨水管渠应平行于道路敷设，雨水干管应设在排水区的低处道路下，但是干管不宜设在交通量大的干道下，以免积水时影响交通，一般设置在规划道路的慢车道下，最好设在人行道下，以便检修。从排除地面雨水的角度考虑，道路纵坡宜为 0.3%～6%。当路宽大于 50m 时，应考虑在道路两侧分别设置雨水管道。

（4）结合城市竖向规划布置

进行城市竖向规划时，应充分考虑排水的要求，以便能合理利用自然地形就近排除雨水。另外，对竖向规划中确定的填方或挖方地区，雨水管渠布置必须考虑今后地形变化，作出相应处理。

（5）结合城市水体利用

市区内如有可利用的池塘、洼地等，可考虑雨水的调蓄。有时还可以有计划地开挖一些池塘、人工湖为在暴雨强度很大、雨水管道来不及排泄时调蓄利用，而且，还可以将这部分雨水用于城市生态景观和市政杂用。

（6）采用明渠或暗管应结合具体条件确定

在城市市区或厂区内，由于建筑密度高，交通量大，一般采用暗管。暗管造价高，但卫生情况好，养护方便，不影响交通。在城市郊区，由于建筑密度较低，交通量较小，可考虑采用明渠，以节省工程费用，降低造价。但明渠容易淤积，孳生蚊蝇，影响环境卫生，且明渠占地大，使道路的竖向规划和横断面设计受限，桥涵费用也增加。在地形平坦、埋设深度或出水口深度受限制的地区，可采用暗渠（盖板渠）。

（7）雨水排出口的布置

雨水排出口的布置有分散和集中两种形式。水体离排水区域较近，水体的水位变化不大，洪水位低于地面标高，出水口的建筑费用不大时，宜采用分散出口，以便雨水就近排放，使管线较短，减少管径。反之，则可采用集中出口。

9.10.3 雨水管渠设计流量的确定

（1）设计参数的选择

1）暴雨强度公式

降雨量是降雨的绝对量，用深度 h（mm）表示。降雨强度指某一连续降雨时段内单位时间的平均降雨量，用 i 表示。

$$i = \frac{h}{t} \tag{9-14}$$

式中　i——降雨强度（mm/min）；

　　　t——降雨历时，即连续降雨的时段（min）；

　　　h——相应于降雨历时的降雨量（mm）。

降雨强度也可以用单位时间内单位面积上的降雨体积 q_0[L/s·10^{-4}m²] 表示。

$$q_0 = \frac{1 \times 1000 \times 10000}{1000 \times 60} i = 166.7i \tag{9-15}$$

在设计雨水管渠时，为了确定雨水管渠的断面尺寸，必须求出管渠的设计流量。应假定降雨在汇水面积上均匀分布，选择降雨强度最大的雨作为设计依据。因此，需要对降雨资料进行统计分析，找出表示暴雨特征的降雨强度、降雨历时与降雨重现期之间的关系，作为雨水管渠设计的依据。

暴雨强度公式一般采用下式表示。

$$q = \frac{167A_1(1+C\lg P)}{(t+b)^n} \tag{9-16}$$

式中　　　q——暴雨强度 $[\mathrm{L/s} \cdot 10^{-4} \mathrm{m}^2]$；

　　　　　P——重现期（a）；

　　　　　t——降雨历时（min）；

A_1、C、b、n——地方参数，根据统计方法进行计算确定。

《给水排水设计手册》第 5 册收录了若干城市的暴雨强度公式，设计时可直接选用。对于无暴雨强度公式又无资料可以用来推算的城镇，可借用附近气象条件相似城市的暴雨强度公式。

如果当地有多年（至少 10 年）的雨量记录，也可以推算出暴雨强度的公式，具体方法如下。

A. 计算降雨历时采用 5、10、15、20、30、45、60、90、120min，计算降雨重现期一般按 0.25、0.33、0.5、1、2、3、5、10a。当有需要或资料条件较好时（资料年数不小于 20a、子样点的排列比较规律），也可采用高于 10a 的重现期。

B. 取样方法宜采用年多个样法，每年每个历时选择 6～8 个最大值，然后不论年次，将每个历时子样按大小次序排列，再从中选择资料年数的 3～4 倍的最大值作为统计的基础资料。

C. 选取的各历时降雨资料，一般应用频率曲线加以调整。当精度要求不太高时，可采用经验频率曲线；当精度要求较高时，可采用皮尔逊Ⅲ型分布曲线或指数分布曲线等理论频率曲线。根据确定的频率曲线，得出重现期、降雨强度和降雨历时三者的关系，即 P、i、t 关系值。

D. 根据 P、i、t 关系值求得 b、m、A_1、C 各个参数，可用解析法、图解法或图解与计算结合法等方法进行。将求得的各参数代入，即得当地的暴雨强度公式。

E. 计算抽样误差和暴雨公式均方差。一般按绝对均方差计算，也可辅以相对均方差计算。计算重现期在 0.25～10a 时，在一般强度的地方，平均绝对方差不宜大于 0.05mm/min。在较大强度的地方，平均相对方差不宜大于 5%。

2）设计重现期

设计重现期是指设计暴雨强度出现的周期，是城市雨水设计的标准。暴雨强度的频率是指等于或大于该暴雨强度发生的机会，在水文计算中往往用重现期来替代频率。暴雨强度的重现期指在一定长的统计期内，等于或大于某暴雨强度的降雨出现一次的平均间隔时间。强度大的暴雨，其重现期长；强度小的暴雨，其重现期短。暴雨强度的重现期具有统计平均概念，不能机械地把它看成多少年一定出现一次；如"百年一遇"的雨量并不是指某地雨量大于等于这个雨量正好一百年出现一次，事实上也许一百年中这样的值出现好多次，也许一次也不会出现，只有在大量的过程中，或对长时期而论是正确的。

雨水管渠设计重现期，应根据汇水地区性质、地形特点和气候特征等因素确定。重现期过大，会使管渠断面尺寸很大，工程造价会很高；取值过小，一些重要地区如中心区、干道则会经常遭受暴雨积水损害。进行雨水管渠规划时，不同重要程度地区的雨水管渠，应采取不同的重现期来设计。规范规定，重要地区重现期为 3～5a，一般地区重现期为1～3a。具体规划中可按表 9-16 选用。

设计降雨重现期（a）　　　　　　　　　　　　表 9-16

地　　形		设计降雨重现期		
地形分级	地面坡度	一般居住区 一般道路	中心区、使馆区、工厂区、 仓库区、干道、广场	特殊重要地区
有两向地面排水出路的平缓地形	<0.002	0.333～0.5	0.5～1	1～2
有一向地面排水出路的谿谷线	0.002～0.01	0.5～1	1～2	2～3
物地面排水出路的封闭的洼地	>0.01	1～2	2～3	3～5

注："地形分级"与"地面坡度"是地形条件的两种分类标准，符合其中的一种情况即可按表选用。如两种不利情况同时占有，则宜选用表中的高值。

3）设计降雨历时

连续降雨的时段称为降雨历时，降雨历时可以指全部降雨的时间，也可以指其中任一时段。设计中通常用汇水面积最远点雨水流到设计断面时的集水时间作为设计降雨历时。

对管道的某一设计断面，集水时间 t 由两部分组成：从汇水面积最远点流到第一个雨水口的地面集水时间 t_1 和从雨水口流到设计断面的管内雨水流行时间 t_2。

$$t = t_1 + mt_2 \tag{9-17}$$

式中　m——折减系数。

t_1 为地面集水时间，受地形坡度、地面铺砌、地面植被情况、水流距离等因素影响。应结合当地具体条件，合理地选定 t_1 值。t_1 选用过大，将会造成排水不畅，致使管道上游地面经常积水；t_1 选用过小，又将加大雨水管渠尺寸，从而增加工程造价。规范建议地面集水时间采用 5～15min。一般在建筑密度较大、地形较陡、雨水口布置较密的地区，宜采用较小值，取 $t_1 = 5～8$min。在建筑密度较小、地形较平坦、雨水口布置较疏的地区，宜采用较大值，取 $t_1 = 10～15$min。同时，起点检查井上游地面雨水流行距离以不超过 120～150m 为宜。规范规定：管道的 m 取 2，明渠取 1.2，陡坡地区的暗管取 1.2～2。

t_2 可按下式计算。

$$t_2 = \Sigma \frac{L}{60v} \tag{9-18}$$

式中　L——上游各管段的长度（m）；
　　　v——上游各管段满流时的流速（m/s）。

4）径流系数

降落在地面上的雨水，只有一部分径流流入雨水管道，其径流量与降雨量之比就是径

流系数 ψ。影响径流系数的因素很多，最主要的影响因素是排水区域的地面性质。地面上的植被生长和分布情况、地面上的建筑物面积或道路路面的性质等对径流系数有很大的影响。此外，地面坡度越陡、雨水量越大，径流系数越大。规范中主要根据地面种类对径流系数作了规定，见表 9-17。

单一覆盖的地面径流系数

表 9-17

地面种类	径流系数 ψ	地面种类	径流系数 ψ
各种屋面、混凝土和沥青路面	0.85～0.95	干砌砖石和碎石路面	0.35～0.40
大块石铺砌路面和沥青表面处理的碎石路面	0.55～0.65	非铺砌土地面	0.25～0.35
级配碎石路面	0.40～0.50	公园或绿地	0.10～0.20

由不同种类地面组成的排水面积的径流系数采用加权平均法计算。

$$\psi = \frac{\sum f_i \psi_i}{\sum f_i} \tag{9-19}$$

式中　f_i——汇水面积上各类地面的面积（$10^4 \mathrm{m}^2$）；

　　　ψ_i——相应于各类地面的径流系数。

城市综合径流系数也可参考表 9-18 选用。

城市综合径流系数

表 9-18

区域情况	ψ
城市建筑密集区	0.60～0.85
城市建筑较密集区	0.45～0.6
城市建筑稀疏区	0.20～0.45

（2）雨水管渠设计流量的确定

在确定了降雨强度、径流系数后，根据设计管段的汇水面积，就可以计算管段的设计流量。汇水面积是指雨水管渠汇集雨水的面积，用 F 表示（$10^4 \mathrm{m}^2$ 或 km^2）。任一场暴雨在降雨面积（降雨所笼罩的面积，即降雨的范围）上各点的暴雨强度是不相等的。在城镇雨水管渠系统设计中，设计管渠的汇水面积较小，一般小于 $100 \mathrm{km}^2$，其汇水面积上最远点的集水时间不超过 $60～120\mathrm{min}$，这种较小的汇水面积，在工程上称为小汇水面积。在小汇水面积上可忽略降雨的非均匀分布，认为各点的暴雨强度都相等。管段的设计流量按下式计算。

$$Q = \psi q F \tag{9-20}$$

式中　Q——雨水设计流量（L/s）；

　　　ψ——设计径流系数；

　　　q——按设计降雨重现期 p 与历时 t 所算出的设计降雨强度（$\mathrm{L/s \cdot 10^4 m^2}$）；

　　　F——设计汇水面积（$10^4 \mathrm{m}^2$）。

（3）雨水管渠水力计算

1）一般规定

雨水管道一般采用圆形断面，但当直径超过 2m 时，也可用矩形、半椭圆形或马蹄形。明渠一般采用矩形或梯形。为保证雨水管渠正常工作，避免发生淤积、冲刷等情况，规范对有关设计数据作了规定，见表 9-19。

雨水管渠设计数据		表 9-19

项　　目	一　般　规　定	
	雨水管道	雨水明渠
充满度	充满度一般按满流计算	超高，一般不宜小于 0.3m，≥0.2m
流速	最小设计流速一般≥0.75m/s，起始管段地形平坦，最小设计流速≥0.60m/s。最大允许流速同污水管道	最小设计流速≥0.4m/s；最大允许流速同污水明渠
最小管径、断面、坡度	雨水支管最小管径 300mm，最小设计坡度 0.002，雨水口连接最小管径 200mm，设计坡度≥0.01	底宽，梯形明渠最小 0.3；边坡，铺砌明渠一般采用 1:0.75～1:1，土明渠一般采用 1:1.5～1:2
覆土厚度或挖深	最小覆土厚度在车行道下一般≥0.7m，局部条件不许可时，必须时对管道进行包封加固。在冷冰深度<0.6m 的地区也可采用无覆土的地面式暗沟，最大覆土厚度与理想覆土厚度同污水管道	明渠应避免穿过高地，当不得已需局部穿过时，应通过技术经济比较，然后再确定该段采用明渠还是暗渠
管渠连接与构筑物的连接	管道在检查井内连接，一般采用管顶平接不同断面管道，必要时也可采用局部管段管底平接，在任何情况下，进水管底不得低于出水管底	明渠接入暗管，一般有跌差，其护砌及端墙、格栅等做法按进水口处理，并在断面上设渐变段暗管接入明渠，也宜安排适当跌差，其端墙及护砌做法按出水口处理

2) 汇水面积的划分

根据管道的具体位置，在管道转弯处、管径或坡度改变处、有支管接入或两条以上管道交汇处以及超过一定距离的直线管段上应设置计算节点，计算节点之间流量、管径、坡度不变的管段为设计管段。设计管段的汇水面积应结合地形坡度、街坊或小区布置、汇水面积大小及雨水管道布置情况进行划分。地形较平坦时，可按就近排入附近雨水管道的原则划分；地形坡度较大时，应按地面雨水径流的水流方向划分。将每块汇水面积进行编号，计算其面积并将数值标注在图上。汇水面积除包括街坊外，还应包括街道、绿地等。汇水面积不宜过大，应基本上保证均匀增加，这样才能保证管径是均匀增加的，另外在管径发生较大变化的地方应对汇水面积作适当调整。一般而言，管径变化的管段上游应适当减少汇水面积而在下游增加汇水面积，可以使管道的坡度相应都减小。

3) 水力计算

雨水干管的水力计算可通过列表或计算机进行，求得各设计管段的设计流量，并确定各设计管段的管径、坡度、流速、管内底标高及管道埋深等。具体计算过程可参见相关教材。

9.11　合流制排水系统规划

9.11.1　合流制适用的条件

从排水工程历史看，由于工业化前尚未出现严重环境污染问题，广泛采用合流制，就地排放是经济的，当时建立排水工程的目的在于不直接影响居民区的卫生，或不被水淹，这是我国许多老城市合流制系统的历史背景。随着环境保护工作的深入，分流制的倾向日益明显。分流制可以减少污水处理费用，虽然初期雨水对水体也有一定的污染，但它是短期负荷，由于河道能够稀释自净，对水体影响不大。鉴于历史原因，大多数城市难于重建管道，我国近年来有部分完全合流制管渠系统改造成截流式合流管渠系统，在利用原有系统的基础上，采用截流井和溢流口的办法，既能使水量少、污染重的初期雨水进入处理厂，又能使水量大、污染轻的中期雨水漫过溢流口自行排放，避免了处理厂超负荷运行。但由于溢流加重了水体雨期的污染程度，因此新建城区不宜采用合流制。然而，城市规划不仅仅是建设新城区，还涉及旧城区的改造。

9.11.2 合流制排水系统布置

截流式合流制排水系统除应满足管渠、泵站、污水处理厂、出水口等布置的一般要求外，尚应考虑以下的要求。

（1）管渠的布置应使所有服务面积上的生活污水、工业废水和雨水都能合理地排入管渠，并以最短距离坡向水体。

（2）在合流制管渠系统的上游排水区域内，如有雨水可沿地面的街道边沟排泄，则可只设污水管道。只有当雨水不宜沿地面排出时，才布置合流管渠。

（3）截流干管一般沿水体岸边布置，其高程应使连接的支、干管的水能顺利流入，并使其高程在最大月平均高水位以上。在城市旧排水系统改造中，如原有管渠出口高程较低，截流干管高程达不到上述要求时，只有降低高程，设防潮闸门及排涝泵站。为减少泵站造价、减少对水体的污染和便于管理，溢流井应适当集中，不宜过多。

（4）沿水体岸边布置与水体平行的截流干管，在截流干管的适当位置设置溢流井，使超过截流干管截流能力的那部分混合污水能顺利地通过溢流井就近排入水体，并尽量减少截流干管的断面尺寸和缩短排放管道的长度。

（5）合理地确定溢流井的数目和位置

从对水体的污染情况看，合流制管渠系统中的初期雨水虽被截流，但溢流的混合污水总比一般雨水脏，为保护受纳水体，溢流井的数目宜少，其位置应尽可能设置在水体的下游。从经济上讲，溢流井过多，会提高溢流井和排放管渠的造价，特别是在溢流井离水体远，施工条件困难时更是如此。

9.11.3 截流式合流制排水管渠水力计算

（1）设计流量的确定

合流管渠的设计流量由生活污水量、工业废水量和雨水量三部分组成。一般情况下合流管渠生活污水量按平均流量计算，工业废水量用最大班内的平均流量计算。要求高的场合可取最大时生活污水量和最大生产班内的最大时工业废水量。雨水量参照雨量公式计算，选用重现期参数可适当高于通常雨水管渠的设计选用的重现期值。截流式合流制排水设计流量，在溢流井上游和下游是不同的。

1）第一个溢流井上游管渠的设计流量

如图9-10所示，1～2管段设

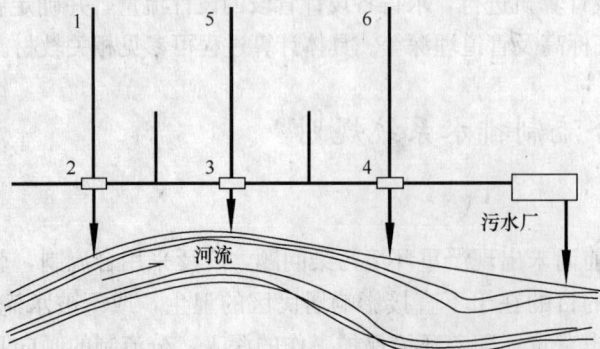

图9-10 设有溢流井的合流管渠

计流量按下式计算。

$$Q = Q_s + Q_g + Q_y = Q_h + Q_y \tag{9-21}$$

式中　Q_s——平均生活污水量（L/s）；

　　　Q_g——最大班工业废水量的平均流量（L/s）；

　　　Q_y——雨水设计流量（L/s）；

　　　Q_h——溢流井以前的旱流污水量（L/s）。

2）溢流井下游管渠的设计流量

合流管渠溢流井下游管渠的设计流量，对旱流污水量 Q_h 仍按上述方法计算，对未溢流的设计雨水量则按上游旱流污水量的倍数（n_0）计，此外，还需计入溢流井后的旱流污水量 Q'_h 和溢流井以后汇水面积的雨水流量 Q'_y。

$$Q' = (n_0 + 1)Q_h + Q'_h + Q'_y \tag{9-22}$$

式中　n_0——截流倍数，即开始溢流时所截流的雨水量与旱流污水量比。

上游来的混合污水量超过 $(n_0 + 1)Q_h$ 的部分从溢流井溢入水体。当截流干管上设几个溢流井时，上述确定设计流量的方法不变。

（2）设计参数的确定

1）设计流量

按满流计算。

2）设计最小流速

合流管渠设计最小流速为 0.75m/s。考虑到合流管渠在晴天时管内充满度很低，流速很小，易淤积，为改善旱流的水力条件，需校核旱流时管内流速，一般不宜小于 0.2~0.5m/s。

3）设计重现期

合流管渠的雨水设计重现期一般应比同一情况下雨水管渠的设计重现期适当提高（可比雨水管渠的设计大 20%~30%），以防止混合污水的溢流。

4）截流倍数

截流倍数应根据旱流污水的水质、水量、排放水体的卫生要求、水文、气候、经济和排水区域大小等因素经计算确定，截流倍数过小会造成受纳水体污染；过大，虽水体污染程度较小，但管渠系统投资大，同时把大量雨水输送至污水厂，影响处理设施的处理能力及处理效果。当合流制排水系统具有排水能力较大的合流管渠，可采用较小的截流倍数并设置一定容量的雨水调蓄设施。国外有资料报道，采用雨水调蓄设施时，当取得的环境效益相同时，经济效益较好。我国一般采用 1~5，较多用 3。在同一排水系统中可采用同一截流倍数或不同截流倍数，见表 9-20。随着对水环境保护要求的提高，采用的 n_0 有逐渐增大的趋势。

不同排放条件下的 n_0 值　　　　　　　　　　　　　　　　表 9-20

排放条件	n_0	排放条件	n_0
居住区排入大河	1~2	工厂区	1~3
居住区排入小河	3~5		
在区域泵站前及排水总管端部，根据居住区内水体的不同特性	0.5~2	在处理构筑物前根据不同的处理方法与不同构筑物的组成	0.5~1

9.11.4 城市旧合流制排水管渠系统改造

目前我国众多城市已经兴建或正着手筹建集中污水处理厂及配套管网收集系统。这些城市，除开发区及一些新建区采用雨、污分流排水体制外，其余地区大都采用旧合流制排水管渠系统，通过直排式合流管渠，直接将雨水和生活污水就近排入城市水体。污水直排造成水体严重污染，并由此影响城市居民的生存环境，因此，在进行城市旧城区改建规划时，需要对原有排水管渠进行改造。

旧合流制排水管渠系统的改造是一项非常复杂的工程，改造措施应根据城市的具体情况，因地制宜，综合考虑污水水质、水量、水文、气象条件、水体卫生条件、资金条件、现场施工条件等因素，结合城市排水规划，在尽可能减少对水体的污染的同时，充分利用原有管渠，实现保护环境和节约投资的双重目标。

对旧合流制排水管渠系统改造的方式主要有四种。

（1）改旧合流制为分流制

这是一种彻底的改造方法。由于实施雨、污分流，可以将污水全部引至污水处理厂进行处理，杜绝了污水直接排放对水体的污染。同时，由于雨水不进入污水处理厂，处理水的水质水量可维持较小的变化范围，保证出水水质的相对稳定，容易做到达标外排。

实施分流制对现状条件的要求较高，不论是住宅区还是工业企业，其内部的管道系统必须健全，要求有独立的污水管道系统和雨水管道系统，便于接入相应的城市污水、雨水管网；同时要求城市街道的横断面有足够的位置，允许新增管道的敷设。一般城市由于建设年代久远，地下管线基本成型，地面建筑拥挤，路面狭窄，如若将合流制改为分流制，存在投资大、施工困难等诸多现实问题，很难短期内做到。

（2）保留部分合流管，实行截流式合流制

采取截流式合流制排水系统，保留老城区部分合流管，沿城区周围水体敷设截流干管，对合流污水实施截流，并视城市的发展状况，逐步完善管网，改为分流制。这种过渡方式，由于工程量相对较小、节约投资、易于施工、见效快，已得到广泛应用，并取得良好效果。旱季时，截流式合流制排水系统可将污水全部送入污水处理厂；雨季时，通过截流设施，只能将部分合流污水输送至污水处理厂处理，超出截流水量的污水排入附近水体，不可避免会对水体造成局部和短期污染，而进入污水处理厂的污水，由于混有大量雨水，使原水水质、水量波动较大，会对污水处理厂各处理单元产生冲击。目前大部分具有良好自净能力水体的城市都采用这种方式。

（3）在截流式合流制的基础上，设置合流污水调蓄构筑物

周围水体环境容量有限、自净能力较差的一些城市，可在截流干管适当位置设置合流污水调蓄构筑物，将超过截流干管转输能力及污水厂处理能力的合流污水引入调蓄构筑物暂时储存，待暴雨过后再通过污水泵提升至截流干管，最终入污水处理厂进行处理，基本上保证水体不受或少受污染。这种调蓄构筑物往往占地面积很大，合理确定合流污水调蓄构筑物容积有较大难度；而且，调蓄合流污水量一般需要再通过污水泵提升至截流干管，造成日常运行、维护、管理的不便，目前很少有城市使用。

（4）在截流式合流制的基础上，对溢流混合污水进行处理

与上一种情况类似，如果城市周围水体自净能力有限，水体环境脆弱，采用截流式合流制排水管渠系统，在溢流合流污水排入水体前，必须进行处理。针对合流污水水量大、

浓度低的特点，可采用一级处理，选择筛滤、混凝沉淀、投氯消毒的处理工艺。同样，该措施由于考虑雨水的处理，与前种情况存在类似的不足：日常运行费用高，且分散处理设施远离城市集中污水处理厂，在运行、维护、管理方面均存在诸多不便。

现阶段，我国对老城区旧合流制的改造，截流式合流制排水体制是最常用的方式。

9.12 城市污水处理系统规划

城市污水中常含有大量的有害、有毒物质，如不经处理任意排放，必然会恶化环境、污染水体、传播疾病，不仅严重危害人民的生活和健康，而且也影响工农业生产。因此污水在排放前必须进行处理。同时，城市污水中的有害、有毒物质，往往还是有用物质，回收利用这些物质，不仅可以消除污染，而且可节约资源，实现废物的再利用。

9.12.1 规划内容

污水处理系统规划包括污水处理方案的选择、污水处理厂厂选址及平面布置、污水利用方式等。在城市规划阶段中需要提出城市污水处理与利用的方法及其选择污水处理厂、出水口位置，根据国家环境保护规定与城市的具体条件，确定污水处理程度、处理方案及污水、污泥综合利用的途径。

（1）污水处理方案选择

污水处理方案选择的目的是以最经济合理的方法解决城镇污水处理、管理和利用的问题。在考虑污水处理方案时，要确定污水处理应达到的程度。污水处理流程的选择一般根据实际情况，进行经济技术综合比较后确定，主要考虑因素有原污水水质、排水体制、污水出路、受纳水体的功能、城镇建设发展情况、经济投资、自然条件、建设分期等。

（2）污水处理厂选址

城市污水处理厂是处理和利用城市污水和污泥的一系列构筑物及附属构筑物的综合体，它是城市排水工程的重要组成部分，恰当地选择污水处理厂位置对于城市规划的总体布局、城镇环境保护、污水的利用和出路、污水管网系统的布局、污水处理厂的投资和运行管理等都有重要影响。

（3）污水利用方式

进行城市污水处理系统规划时，首先应选择污水的出路，即污水处理利用方式，然后才能进行污水管网和污水处理设施的规划。污水的最终出路通常有三种：直接排入水体或土壤；处理后排放；处理后回用作水源。第一种方式在我国当前几乎无法接受；第二种方式是目前规划中最常采用的；第三种方式对于缺水地区是最有价值和应用前景的一条出路，这种将城市污水或生活污水经过处理后用作城市杂用或工业用的污水回用系统称作中水系统，是相对于给水（上水）和排水（下水）系统而言的，国内外实践证明，中水系统对节约用水、减少水环境污染具有明显效益。

9.12.2 规划原则

城市排水及其污水处理设施已经成为社会经济可持续发展必不可缺的基础设施，城市排水及其污水处理系统的规划建设应纳入国民经济和社会发展规划。城市污水处理系统的规划建设具有明确的目标，主要包括水源保护目标、水环境质量控制目标和污水综合利用目标3个方面。城市污水处理系统的规划应遵循如下原则。

（1）必须根据城市水文、地理、社会、经济和污水汇集状况及发展趋势，在流域（子流域或区域）总体发展规划的指导下，统一考虑水在工业、农业、城镇、地表地下的输送和分配以及污水的综合利用；全面规划分区内的水资源开发利用、水系保护和污水的综合治理，合理确定各项水资源和水污染治理设施的位置、数量和功能要求，为城市污水处理设施的建设提供规划设计依据。根据《城市建设总体规划》、《城市社会经济发展总体规划》、《城市环境保护总体规划》和《城市供水专项规划》等，制定出《城市排水专项规划》（污水处理设施建设规划）。

（2）城市排水及其污水处理的统一规划，应根据城市水域及接纳水体功能区的要求和水环境容量，体现排渍、减污、分流、净化、再用功能的协调发展，综合考虑经济发展、水质目标、污水治理目标、污水产生量、水量平衡等因素，合理确定污水净化和综合利用设施的设置。并根据分汇水区、按系统分期配套建设。

（3）应依据城市总体规划和水环境规划、水资源综合利用规划以及城市排水专业规划的要求，合理确定污水处理设施的布局和设计规模。

（4）城市污水处理厂的规划设计，要根据污染物排放总量控制目标，城市地理地质环境、受纳水体功能与交换能力、污水排放量和污水利用等因素，选择厂址、确定建设规模、处理程度和工艺流程，力求布点合理、位置适当、规模适度。

（5）城市污水的处理方式应根据本地区的经济发展水平和自然环境条件及地理位置等因素合理选择。城市污水处理应考虑与污水资源化目标相结合，积极发展污水再生利用和污泥综合利用技术。规划和设计方案的制定必须有环境影响评价和技术经济评价作为依据。

（6）必须充分重视防治二次污染，妥善采用各种有效防治措施。在污水处理设施的前期建设阶段的环境影响评价工作中，应进行充分论证。为保证公共卫生安全，防止传染性疾病传播，城市污水处理设施应设置消毒设施。在环境卫生条件有特殊要求的地区，应防止恶臭污染。城市污水处理设施的机械设备应采用有效的噪声防治措施，并符合有关噪声控制要求。城市污水处理厂设计要充分考虑安全防护设施的设置，确保运行管理人员的健康与安全。城市污水处理厂经过稳定化处理后的污泥，用于农田时不得含有超标的重金属和其他有毒有害物质，卫生填埋处置时要严格防止污染地下水。

9.12.3 城市污水处理程度

（1）城市污水污染指标

污水的污染指标用来衡量水在使用过程中被污染的程度，也称污水的水质指标。各种污水的水质很复杂，肉眼观察只能对它的某些物理性质得到一些感性认识，如颜色、浊度等。比较确切和全面的认识只有通过水质分析检验才能得到。污水分析的一些主要指标如下。

1）有毒物质

有毒物质指城市污水中含有各种毒物的成分和数量，用"mg/L"表示。有毒物质对人类、鱼类、农作物有毒害作用，如汞、镉、砷、酚、氰化物等。这些有毒物质也是有用的工业原料，有条件时应尽量加以回收利用。

2）生物化学需氧量（BOD）

城市污水中含有大量有机物质，其中一部分在水体中因微生物的作用而进行好氧分解，使水中溶解氧降低，至完全缺氧；在无氧时，进行厌氧分解，放出恶臭气体，水体变黑，使生物灭绝。由于有机物种类繁多，难以直接测定，所以采用间接指标进行表示。生化需氧量就是一个反映水中可生物降解的含碳有机物的含量及排到水体后所产生的耗氧影响的指标。污水中可降解有机物的转化与温度、时间有关。为便于比较，一般以 20℃时，经过 5 天时间，有机物分解前后水中溶解氧的差值称为 5 天 20℃的生物需氧量，即 BOD_5，单位通常采用 mg/L。BOD_5 越高，表示污水中可生物降解的有机物越多。

3）化学耗氧量（COD）

生物化学需氧量只能表示水中可生物降解的有机物，并易受水质的影响，所以，为表示一定条件下化学方法所能氧化有机物的量，采用化学需氧量（COD）。即高温、有催化剂及强酸环境下，强氧化剂氧化有机物所消耗的氧量。单位为 mg/L。化学需氧量一般高于生化需氧量。

4）悬浮固体（SS）

悬浮固体是水中未溶解的非胶态的固体物质，在条件适宜时可以沉淀。悬浮固体可分为有机性和无机性两类，反映污水汇入水体后将发生的淤积情况。单位为 mg/L。因悬浮固体在污水中肉眼可见，能使水浑浊，属于感官性指标。

5）pH 值

表示污水呈酸性或碱性的标志。pH 值是氢离子浓度的负对数，其值从 1～14，pH 值等于 7 为中性，小于 7 为酸性，大于 7 为碱性。生活污水一般呈弱碱性，而工业废水则是多种多样，其中不少呈强酸、强碱性。酸、碱污水会危害鱼类和农作物，腐蚀管道。因此 pH 值是污水化学性质的重要指标。

6）感官性指标

城市污水呈现颜色、气味，影响水体的物理状况，降低水体的使用价值。此外，高温工业废水排入水体，对水体造成热污染，破坏鱼类的正常生活环境。

7）氮和磷

氮和磷是植物性营养物质，会导致湖泊、海湾、水库等缓流水体富营养化。生活污水中含有丰富的氮、磷，某些工业废水中也含大量氮、磷。

8）大肠菌群数（大肠菌群值）与大肠菌群指数

大肠菌群数（大肠菌群值）是每升水样中所含有的大肠菌群的数目，以个/L 计；大肠菌群指数是查出 1 个大肠菌群所需的最少水量，以毫升（mL）计。可见大肠菌群数与大肠菌群指数是互为倒数的。

$$大肠菌群指数 = \frac{1000}{大肠菌群数}$$

若大肠菌群数为 500 个/L，则大肠菌群指数为 1000/500 等于 2mL。

9）病毒

检出大肠菌群，可以表明肠道病原菌的存在，但不能表明是否存在病毒及其他病原菌（如炭疽杆菌）因此还需要检验病毒指标。病毒的检验方法目前主要有数量测定法与蚀斑测定法两种。目前，污水中已被检出的病毒有 100 多种。

10）细菌总数

细菌总数是大肠菌群数、病原菌、病毒及其他细菌数的总和，以每毫升水样中的细菌菌落数表示。细菌总数愈多，表示病原菌与病毒存在的可能性愈大。因此，用大肠菌群数、病毒及细菌总数等3个卫生指标来评价污水受生物污染的严重程度就比较全面。

11）其他污染物

生活污水的成分主要为碳水化合物、蛋白质、脂肪等，一般不含有毒物质，但含有大量细菌和寄生虫卵。工业废水的成分复杂多变，主要取决于生产过程所用的原料和工艺，多半具有危害性。主要有害物质及其来源见表9-21。

工业废水中有害物质的来源 表9-21

废 水 种 类	废 水 来 源
重金属废水	采矿、冶炼、金属处理、电镀、电池、特种玻璃及化工等工业
放射性废水	铀、钍、镭矿的开采加工、核动力站运转、医院同位素试验室等
含铬废水	采矿冶炼、电镀、制革、颜料、催化剂等
含氰废水	工业电镀、提取金银、选矿、煤气洗涤、焦化、金属清洗、有机玻璃等
含油废水	炼油、机械厂、选矿厂及食品厂等
含酚废水	焦化、炼油、化工、煤气、染料、木材防腐、塑料、合成树脂等
硝基苯类废水	染料工业、炸药生产等
有机废水	化工、酿造、食品、造纸等
含砷废水	制药、农药、化工、化肥、采矿、冶炼、涂料、玻璃等
酸性废水	化工、矿山、金属酸洗、电镀、钢铁等
碱性废水	制碱、造纸、印染、化纤、制革、化工、炼油等

（2）污水排放标准

城市废水受纳体即接纳城市雨水和达标排放污水的地域，包括水体和土地。受纳水体系指天然江、河、湖、海和人工水库、运河等地表水体。污水受纳水体应符合经批准的水域功能类别的环境保护要求，现有水体或引水增容后水体应具有足够的环境容量。雨水受纳水体应有足够的容量或排泄能力。受纳土地则是指荒地、废地、劣质地、湿地以及坑、塘、洼等。受纳土地应具有足够的容量，同时不应污染环境、影响城市发展和农业生产。城市废水受纳体宜在城市规划区范围内或跨区选择，应根据城市性质、规模和城市的地理位置、当地自然条件，结合城市的具体情况，经综合分析比较确定。

为了保护废水受纳体，必须严格控制排入受纳体的污水水质。通常污水在泄入受纳体前，须经处理，以减少或消除污水对受纳体的污染。为此，我国根据生态、社会、经济三方面的情况综合平衡、全面规划，制订了一系列规程标准，作为向受纳体排放污水时确定处理程度的依据。处理后的废水排入地面水系，水质应满足国家《地表水环境质量标准》和《污水综合排放标准》中的有关规定。处理后的废水排入海洋，水质应满足《海洋水质标准》。处理后的废水用于农田灌溉，水质应达到《污水灌溉农田水质标准》。工业废水中的生产废水一般由工厂直接排入水体或排入城市雨水管渠。当工厂独立进行无害化处理时可直接排放；如果是一般性的生产污水，则可排入城市污水管道。而有毒害的生产污水经过无害化处理后即可直接排放，也可先经预处理后再排往城市污水处理厂合并处理。城市综合生活污水与工业废水排入城市污水系统的水质均应符合《污水排入城市下水道水质标准》的要求。除了这些一般标准外，各地方和部门根据水体用途不同，制定行业和地方标准。如《医院污水排放标准》、《造纸工业污染物排放标准》、《合成洗涤剂工业污染物排放标准》、《制革工业污染物排放标准》、《石油炼制工业污染物排放标准》、《石油化工工业污染物排放标准》、《纺织印染工业污染物排放标准》、《重有色金属工业污染物排放标准》等，这些标准详细说明了各类水体中污染物的最高允许含量，以便保证水环境质量。近年来，为了更有效地保护水体，控制污染物质的排放，有些国家推行除规定有害物质最高容许排放浓度外，同时还规定在一定时间内有害物质最高容许排放总量的办法。

城市污水和污泥经过有效处理之后，其排放、利用和处置的去向往往因地而异，因此必须根据当地的具体情况，依据国家和地方的有关水质标准和接纳水体的等级划分（水质目标），合理确定城市污水处理厂的污水处理程度和水质指标。

（3）污水处理的对象及方法

按污水处理的水质净化对象分类，城市污水（生物）处理技术经历了三个发展阶段。在发展的早期，人们认识到有机污染物对环境生态的危害，从而把有机物即碳源生化需氧量（BOD_5）和悬浮固体（SS）的去除作为污水处理的主要水质目标。到 20 世纪 60～70 年代，随着二级生物处理技术在工业化国家的普及，人们发现仅仅去除 BOD_5 和 SS 还是不够的。氨氮的存在依然导致水体的黑臭或溶解氧浓度过低，这一问题的出现使二级生物处理技术从单纯的有机物去除发展到有机物和氨氮的联合去除，即污水的硝化处理。到 20 世纪 70～80 年代，由于水质富营养化问题的日益严重，污水氮磷去除的实际需要使二级（生物）处理技术进入了具有除磷脱氮功能的深度二级（生物）处理阶段。而采用物理、化学方法对传统二级生物处理出水进行除磷脱氮处理及去除有毒有害有机化合物的处理过程通常被称作三级处理或深度处理。

因此，可以认为城市污水处理厂的主要处理对象包括 COD、BOD_5、SS 和氮、磷营养物质。根据这些污染物的无机或有机属性，溶解态和非溶解态，按去除对象和设备归类，城市污水处理方法一般分为三级：一级处理是指除去水中的悬浮物、胶体、浮油，经常采用格栅、中和、沉降、浮选、除油等方法，污水经一级处理后通常达不到排放标准；二级处理主要除去可以分解和氧化的有机物及部分悬浮固体，目前主要采用生物处理方法；三级处理是除去难以分解的有机物和无机物，处理方法有吸附、离子交换、化学法和膜法等，见表 9-22。

污水处理的分级 表 9-22

处理级别	污 染 物 质	处 理 方 式
一级处理	悬浮或胶态固体、悬浮油类、酸、碱	物理化学方法：格栅、沉淀、混凝、浮选、中和等
二级处理	溶解性可降解有机物	生物处理
三级处理	不可降解有机物	活性炭吸附
	溶解性无机物	离子交换、膜法、化学法、臭氧氧化

（4）污水处理程度

在考虑污水处理方案中，首先需确定污水应当达到的处理程度，以此作为选择污水处理方法、流程的依据。在不同地区和不同环境条件下，水体环境的功能划分及确定的水体水质标准往往差异很大，因而污水处理的目标及相应的处理程度也就不同。污水处理级别应根据污水水质、受纳水体的污染物总量控制标准以及水体的类别和使用功能等因素，在环境影响评价的基础上，通过技术经济比较后确定。

处理程度污水取决于下列因素。

1）环境保护的要求：包括受纳水体的用途，卫生、航运、渔业、体育等部门的意见，提出对污水排放标准的要求；

2）经污水处理厂处理后的出水供灌溉农田或养殖的可能性，以及所能接受的污水量；

3）当地的具体条件：包括污水管网现状，自然条件，城市性质及工业发展规模、速度，污水量、水质情况等；

4）近期污水处理投资额，如限于经济条件，可先进行一级处理，以后再建二级处理，作分期建设安排。

根据我国城市污水处理技术政策，设市城市和重点流域及水资源保护区的建制镇，必须建设二级污水处理设施，可分期分批实施。受纳水体为封闭或半封闭水体时，为防治富营养化，城市污水应进行二级强化处理，增强除磷脱氮的效果。非重点流域和非水源保护区的建制镇，根据当地经济条件和水污染控制要求，可先行一级强化处理，分期实现二级处理。对除磷要求较高，生物除磷不能满足要求时，可辅以化学除磷；污水处理厂出水进行再利用时，应根据使用的目的进行适当的深度处理。

9.12.4　污水处理方案的选择

（1）污水处理方案选择的主要原则

在处理程度或允许的出水排放总量确定以后，就可以据此列出所有能够满足要求的工艺方案，选择可行的几种处理工艺方案。根据污水水质与水量、受纳水体的环境功能要求与类别，并结合当地的实际情况，通过全面技术经济比较后确定处理工艺流程和设计参数。城市污水处理工艺方案的选择一般应体现以下总体要求：满足要求、因地制宜、技术可行、经济合理、节能节地。也就是说，在保证处理效果、运行稳定，满足处理要求（排入水体或回用）的前提下，使基建造价和运行费用最为经济节省，运行管理简单，控制调节方便，占地和能耗最小，污泥量少、操作管理方便的成熟处理工艺。同时要求具有良好的安全、卫生、景观和其他环境条件。

1）满足处理功能与效率要求

城市污水处理厂工艺方案应确保高效稳定的处理效果，城市污水处理出水应达到国家或地方规定的水污染物排放控制的要求。对城市污水处理出水水质有特殊要求的，须进行深度处理。排放标准的确定主要取决于处理出水的最终处置方式，如果排入水体，则取决于接纳水体的功能质量要求和水体的环境容量，如果回用，则取决于回用水用户对水质的要求。

2）规模与工艺标准因地制宜

污水处理厂工艺方案的确定必须充分考虑当地的社会经济和资源环境条件。要实事求是地确定城市污水处理工程的规模、水质标准、技术标准、工艺流程以及管网系统布局等问题。处理规模大小对处理工艺的影响很大，城市污水处理设施建设应按照远期规划确定最终规模，以现状水量为主要依据确定近期规模。污水处理厂的实际设计规模应根据污水收集量和分期建设、水质目标确定，污水收集量取决于管网完善程度和汇水区内的生活、工业污水产生与允许纳入量以及管网入渗或渗漏水量等因素。

在决定处理工艺方案时，要因地制宜，结合当地条件和特点，有所侧重，尤其是排放与利用的相结合，不同处理工艺的组合。例如在一个处理厂内，一部分采用强化一级处理加排海（江）工程，一部分采用二级处理后用于农田灌溉，还有一部分采用深度处理后回用于工业。要根据当地财力情况，充分考虑处理工艺的分期、分级实施。比如说，可以先采用一级处理或强化一级处理，以后再建二级处理，或一部分采用一级处理，另一部分采用二级处理。污泥处理应根据污泥的出路（农用、填埋、排海等），确定是否需要进行消化处理。

3）技术成熟可靠切实可行

根据城市污水处理技术政策，城市污水处理设施建设，应采用成熟可靠的技术。根据污水处理设施的建设规模和对污染物排放控制的特殊要求，可积极稳妥地选用污水处理新技术。因此，必须合理把握工艺先进性和成熟性（可靠性）的辨证关系。一方面，应当重视技术经济指标的先进性，同时必须充分考虑适合中国国情和工程的性质。城市污水处理工程作为城市基础设施工程，具有规模大、投资高的特点，且是百年大计，应该确保成功。工艺的选择必须注重成熟性和可靠性。因此，强调技术的合理，而不是简单地提倡技术先进，必须把技术的风险降到最小程度。

4）经济合理效益显著

节省工程投资与运行费用是城市污水处理厂建设与运行的重要前提。合理确定处理标准，选择简捷紧凑的处理工艺，尽可能地减少占地，力求降低地基处理和土建造价。同时，必须充分考虑节省电耗和药耗，把运行费用减至最低。因此，城市污水处理工艺应根据处理规模、水质特性、受纳水体的环境功能及当地的实际情况和要求，经全面技术经济比较后优选确定。工艺选择的主要技术经济指标包括：处理单位水量投资、削减单位污染物投资、处理单位水量的电耗和成本、削减单位污染物的电耗和成本、占地面积、运行性能可靠性、管理维护难易程度、总体环境效益等。

（2）影响城市污水处理工艺选择的主要因素

1）水质因素

进水水质水量特性和出水水质标准的确定是污水处理工艺选择的关键环节，污水处理技术政策中要求，应切合实际地确定污水进水水质，优化工艺设计参数。必须对污水的现状水质特性、污染物构成进行详细调查或测定，作出合理的分析预测。

一般城市污水主要污染物是易降解有机物，所以目前绝大多数城市污水处理厂都采用好氧生物处理法。如果污水中工业废水比重很大，难降解有机物含量高，污水可处理性差，就应考虑增加厌氧处理改善可处理性，或采用物化法处理。要求除磷脱氮的需选用稳定可靠的生物除磷脱氮工艺。

污水的有机物浓度对工艺选择有很大影响。当进水有机物浓度高时，AB法、厌氧酸化/好氧法比较有利。AB法中的A段只需较小的池容和电耗就可去除较多的有机物，节省了基建费和电耗，污水有机物浓度越高，节省的费用就越多。厌氧处理要比好氧处理显著节能，但只有在浓度较高时才显示出优越性。当有机物浓度低时，氧化沟、SBR等延时曝气工艺具有明显的优势。

2）城市工业废水的处理问题

在现代城市中，除了生活污水外，还有城市各处的工业企业产生的各种性质的工业废水（包括生产污水和生产废水）。因此，在城市污水处理时，必须考虑工业废水问题。

通常，除了大型的、集中的工业或工业区采用独立的污水处理系统外，对于多数的、分散的、中小型工业企业的废水，大多采用与生活污水一并处理、排放的方式，由城建部门设置统一的城市污水处理厂，采用综合治理方案。这种方案建设费用和运行费用较低，处理效果一般比分散处理好，总占地面积少，不影响环境卫生且易于管理，节省维护费用。

但有些工业废水含有特殊的污染物质，有些工业废水所含污染物质浓度很高。为了保证污水处理厂的正常运行，必须限制某些工业企业废水的排放，要求在厂内经过预处理，达到规定标准后才能排入城市污水管网，输入城市污水处理厂。各工业企业排放废水时必须取得当地市政部门的同意。

3）其他因素

为了降低污水处理厂的负担，减少污水处理的费用，在确定城市污水处理与利用方案时，要全面规划、统一安排、综合治理。应对城市中产生废水的工业企业、单位部门（医院、大型公建、对外交通、仓库等）逐一分析，并就哪些废水可直接排入城市污水管网，哪些废水应先预处理后再排入城市污水管网，哪些应单独处理，哪些可不经处理直接排入水体进行分类、统计，以便采取相应对策。分析工厂与工厂之间共同处理废水的可能性。城市污水处理中还要考虑其用于灌溉农田或养殖的可能性，以便降低污水处理厂出水的处理程度，节省处理费用。规划中要求各工业企业尽量压缩废水量和降低水中污染物质的浓度。通过生产工艺的革新，回收利用废水中有用物质以及进行废水循环使用、循序利用等措施，减少废水及污染物的排放量。

（3）污泥的处置

污水在处理的过程中会产生一定数量的有机污泥和垃圾，这些废弃物含水率高，有机物含量高，容易腐烂发臭，若不经处理，任意堆放或排泄，会对周围环境造成二次污染。为满足环境卫生方面要求和综合利用的需要，必须对污泥进行处理。

在我国的城市水污染治理中，污水处理厂污泥处理处置费用约占工程投资和运行费的24%～45%（发达国家如美国及欧洲国家已占污水处理厂总投资的50%～70%）。污水处理厂污泥处理处置高昂的投资及其运行费用，一方面使得目前国内大部分污水厂未对污泥进行稳定处理或处理工艺的配套设施不完善；另一方面也使得建有完善污泥处理设施的污水处理厂常因其运行费用较高而基本停用。随着我国城市污水处理设施的普及，处理率的提高和处理程度的深化，污泥的产生量将有较大的增长，对污泥的处理处置必须给予足够的重视。

目前，国内外污泥最终处置方式主要有：填埋、综合利用、焚烧。污泥消化后经脱水再进行填埋是目前国内许多大型污水处理厂中常采取的方式，经过消化后的污泥有机物含量减小，性能稳定，总体积减小，脱水后作填埋处置是一种比较经济的处理方式。由于消化装置工艺复杂、一次性投资大、运行操作难度大，实际运行经验表明往往难以达到预期的效果。且脱水污泥含水率大大高于普通生活垃圾卫生填埋场所要求的30%含水率，因此需再经处理才能送至生活垃圾填埋场填埋或者设置专用的污泥填埋场，根据污泥的含水率及力学特性等因素进行专门填埋，但此法占地较大、选址受限及存在二次污染隐患等问题。

根据我国污水处理技术政策,必须妥善处置污泥。

1) 城市污水处理产生的污泥,应采用厌氧、好氧和堆肥等方法进行稳定化处理。也可采用卫生填埋方法予以妥善处置;

2) 处理能力在10万 m^3/d 以上的污水二级处理设施产生的污泥,宜采取厌氧消化工艺进行处理,产生的沼气应综合利用;

3) 处理能力在10万 m^3/d 以下的污水处理设施产生的污泥,可进行堆肥处理和综合利用。

4) 采用延时曝气技术的污水处理设施,污泥需达到稳定化。采用物化一级强化处理的污水处理设施,产生的污泥须进行妥善的处理和处置;

5) 经过处理后的污泥,达到稳定化和无害化要求的,可农田利用;不能农田利用的污泥,应按有关标准和要求进行卫生填埋处置。

(4) 城市污水处理厂出水的再生利用

在我国的城市污水处理技术政策中,提倡各类规模的污水处理设施按照经济合理和卫生安全的原则,实行污水再生利用。

城市污水经过以生物处理技术为中心的二级处理和一定程度的深度处理后,水质能够达到回用的标准,可以作为水资源加以利用。污水再生利用的途径以不直接与人体接触为准,主要回用于工业补给水、城市杂用(绿化、道路浇洒、水体景观),也可以用于冲洗厕所。此外,城市污水处理厂出水也可看作是水文循环的组成部分,将合乎质量要求的出水排放到河流水体中,使河流水体能维持或变成供下游使用的水源,不仅经济可行,而且可减少风险并发挥河流水体自净能力。

城市污水再生利用应根据用户需求和用途,合理确定用水的水量和水质。

污水再生利用,可选用混凝、过滤、消毒或自然净化等深度处理技术。为了维护人们的身体健康,要绝对避免人们对再生回用水的误饮、误用,以切实保证居民的卫生安全。回用的城市污水必须满足下列各项要求。

1) 必须经过完整的二级处理技术和一定的深度处理技术处理;

2) 在水质上达到对回用水的要求;

3) 在保健卫生方面不出现危害人们健康的问题;

4) 在使用上不使人们产生不快感;

5) 对设备和器皿不会造成不良的影响;

6) 处理成本、经济核算合理。

(5) 污水处理方案的选择

1) 城市污水处理的工艺流程

A. 一级处理流程

污水处理采用物理处理法中的筛滤、沉淀为基本方法,污泥处置采用厌氧消化法。一级处理流程的各种方案造价低,运行管理费用低,但对水体存在一定程度污染,应慎重选用。一级处理方案主要有如下几种。

a. 方案一

如图 9-11 所示,采用沉淀池为基本处理构筑物,处理后的污水用于灌溉农田。沉淀池排出的污泥先贮存于污泥池，定期运走，进行堆肥发酵后用作农肥。在非灌溉季节，污水可经消毒后排入水体。

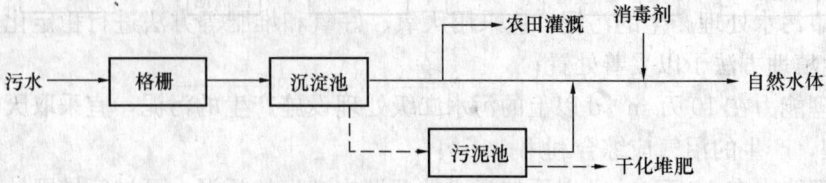

图 9-11　污水处理方案一

b. 方案二

如图 9-12 所示，利用天然洼地或池塘作为生物塘，在生物塘中养鱼、繁殖藻类或其他水生物。

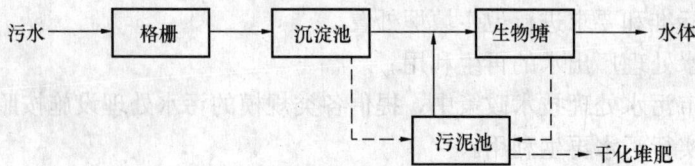

图 9-12　污水处理方案二

c. 方案三

如图 9-13 所示，采用沉砂池、双层沉淀池为基本处理构筑物。适用于污水量少的中小城镇。

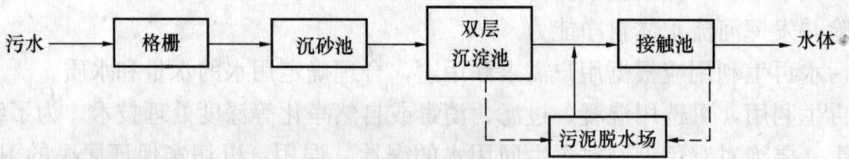

图 9-13　污水处理方案三

d. 方案四

如图 9-14 所示，沉淀池、消化池为基本处理构筑物，所产生的沼气可以利用。

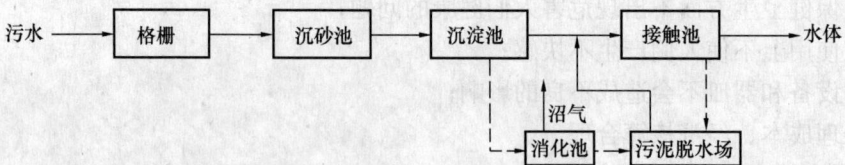

图 9-14　污水处理方案四

B. 二级处理流程

由于一级处理出水达不到排放标准的要求，目前，我国城市污水处理厂大多采用二级生物处理法。二级生物处理流程处理程度较高，处理后出水一般能达到排放标准的要求。但占地面积较大，造价较高。

a. 方案五

如图 9-15 所示，以生物滤池为生物处理构筑物，污水经过预处理（沉砂、沉淀）后进入生物滤池处理，污泥进入消化池处理，一般适用于水量不大的中小城镇。

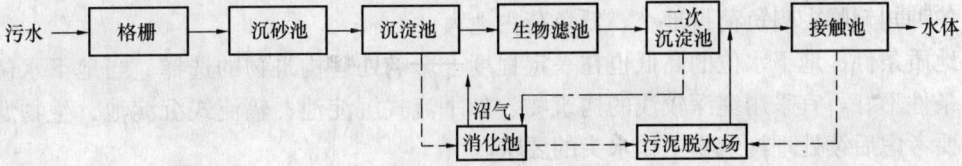

图 9-15　污水处理方案五

b. 方案六

如图 9-16 所示，这种方案主要是以活性污泥法为基础，目前已经有多种改良型工艺，主要生物处理构筑物为曝气池，污泥处理同方案五。其特点是占地面积较生物滤池小，处理效率较高，适应性广，大、中、小水量均可采用。

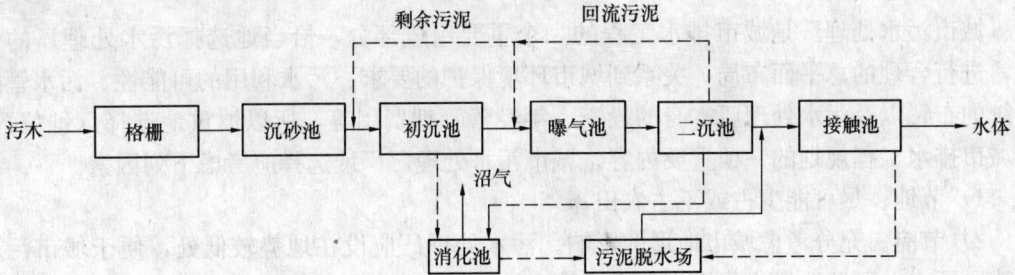

图 9-16　污水处理方案六

2）污水处理方案的选择

污水处理方案包括处理工艺流程和处理构筑物形式的选择。

A. 城市污水处理流程的选择。

污水处理流程的确定，主要根据污水所需的处理程度。首先，根据当地经济、环境等各方面的分析确定处理程度，然后可按几种处理方法的不同处理效率，选定处理流程。目前我国广泛采用的是二级处理。

B. 处理构筑物形式的选择。

处理构筑物形式的选用，应根据城市的具体条件，如污水量的大小、水质情况、处理程度的要求、能耗要求、污水处理厂位置、周围环境以及可能提供的厂区面积大小、地下水位高低、施工力量、建筑材料条件等。

从污水量大小分析，平流式或辐流式沉淀池适合于大污水量，而竖流式沉淀池宜用于中小污水量。生物处理构筑物中生物滤池一般适用于中小污水量，而曝气池适用性较广。当污水量大于 $8000 \sim 10000t/d$ 时，采用曝气池与沉淀池宜分建或采用其他形式处理构筑物。

从处理程度的要求分析，一般活性污泥法比生物滤池法处理效果好些，但负荷不同，处理效率不一样，低负荷的去除效率高，处理效果较好。

从能耗与节能上分析，避免采用需要动力设备的沉砂池，如采用平流沉砂池重力排砂能耗较低。采用污泥消化池可生产沼气，有利于综合回收利用。

从污水处理厂对环境的影响上分析，一般认为生物滤池对周围环境卫生影响比曝气池大，卫生防护要求高些。

从占地面积衡量，平流式沉淀池占地比竖流式、辐流式大，生物滤池占地比曝气池大，各种构筑物中高负荷占地小，低负荷占地大。

地质条件、地下水位的高低也在一定程度上影响处理构筑物的选择。当地下水位高，地质条件不好，宜采用埋深较浅的构筑物，如平流式沉淀池、辐流式沉淀池、生物滤池，同时要考虑后续处理构筑物工作水头的要求。

选择合理的处理工艺流程及处理构筑物是城市污水处理厂规划设计的首要问题，对污水处理十分重要。在技术上，必须是有效的、先进的、合理的，必须保证处理后的污水排入水体后不造成污染危害，并应尽可能采用高效的设施。在经济上，尽量节约基建投资，节省运行中的能量消耗与处理费用，并节省用地。

9.12.5 污水处理厂厂址选择及布置

（1）考虑因素

城市污水处理厂是城市排水工程的一个重要组成部分，恰当地选择污水处理厂的位置，进行合理的总平面布局，关系到城市环境保护的要求、污水利用的可能性、污水管网系统的布置以及污水处理厂本身的投资、年经营管理费用等，所以慎重地选择厂址位置，是城市排水工程规划的一项重要内容。城市污水处理厂厂址选择应考虑下列因素。

1）节地。尽可能少占或不占农田；

2）节能。充分考虑城市地形的影响。污水处理厂应设在地势较低处，便于城市污水自流入厂内。厂址选择应与排水管道系统布置统一考虑。污水处理厂宜设在水体附近，便于处理后的污水就近排入水体。充分利用地形，选择有适当坡度的地段，以满足污水在处理流程上的自流要求，尽量不提升；

3）卫生。为保证卫生要求，厂址应设在集中给水水源和城镇的下游，位于城市夏季最小风频的上风向，与城镇、工厂和生活区应有 300m 以上距离，并设卫生防护带。但也不宜太远，以免增加管道长度，提高造价；

4）结合污水的出路，考虑污水回用于工业、城市和农业的可能，厂址应尽可能与回用水的主要用户靠近，同时考虑污水处理后便于灌溉农田以及污泥作农肥利用，最好靠近灌溉区域，以缩短输送距离；

5）考虑洪涝灾害的影响。厂址不宜设在雨季易被水淹的低洼处。靠近水体的污水处理厂要考虑不受洪水的威胁，设计防洪标准不低于所在城市和居住区；

6）基础设施条件优越。应有方便的交通、运输和水电条件。污水处理厂选址应考虑污泥的运输和处置，宜靠近公路和河流，厂址处要有良好的水电供应，最好是双电源；

7）应考虑近远期结合与分期建设问题。选址应考虑城镇近、远期发展问题。近期合适位置与远期合适位置往往不一致，应结合城镇总体规划一并考虑，厂址用地应有扩建的可能，解决好远近期结合与分期建设等问题；

8）受纳体的环境容量。受纳体的环境容量决定了污水处理厂的出路，厂址的选择必须建立在充分分析受纳体的环境容量的基础上；

9）污水处理厂具体位置的确定还应考虑污水处理厂本身对用地各方面的要求，以利于污水处理厂建设的技术上的合理性与投资上的经济性。如污水处理厂用地宜在地质条件较好、无滑坡、坍方等特殊地质现象，土壤承载力较好（一般要求在 150kPa 以上）的地方。要求地下水位低，方便施工。此外，要求厂址用地基建清理简便，不拆迁或少拆迁旧房及其他障碍物。

城市污水处理厂位置选择是一个十分复杂的问题，通常不可能各方面要求都得到满足，选择中要进行深入调查研究、分析比较，找出影响厂址选择的关键因素。当有几个位置可供选用时，要进行方案技术经济比较，确定最佳方案。

（2）城市污水厂的用地指标

污水处理厂所需面积与污水量及处理方法有关，表 9-23 列出了各种污水量、不同处理程度的污水处理厂所需的面积指标，规划时可根据此表进行确定，同时，还要考虑污水处理厂的发展用地。

城市污水处理厂规划用地指标（$m^2 \cdot d/m^3$）　　　　表 9-23

建设规模	污水量（m^3/d）				
	20 万以上	10～20 万	5～10 万	2～5 万	1～2 万
用地指标	一级污水处理指标				
	0.3～0.5	0.4～0.6	0.5～0.8	0.6～1.0	0.6～1.4
	二级污水处理指标（一）				
	0.5～0.8	0.6～0.9	0.8～1.2	1.0～1.5	1.0～2.0
	二级污水处理指标（二）				
	0.6～1.0	0.8～1.2	1.0～2.5	2.5～4.0	4.0～6.0

注：① 用地指标是按生产必须的土地面积计算；
　　② 本指标未包括厂区周围绿化带用地；
　　③ 处理级别以工艺流程划分。一级处理工艺流程大体为泵房、沉砂、沉淀及污泥浓缩、干化处理等。二级处理（一）工艺流程大体为泵房、沉砂、初次沉淀、曝气、二次沉淀及污泥浓缩、干化处理等。二级处理（二）工艺流程大体为泵房、沉砂、初次沉淀、曝气、二次沉淀、消毒及污泥提升、浓缩、消化、脱水及沼气利用等；
　　④ 本用地指标不包括进厂污水浓度较高及深度处理的用地，需要时可视情况增加。

（3）平面布置

在城市规划的总体规划阶段和详细规划阶段不需要确定城市污水处理厂的总平面布置，而在污水处理厂专项规划布置中需要考虑。污水处理厂总平面布置包括：处理构筑物布置，各种管渠布置，辅助建筑物布置，道路、绿化、电力、照明线路布置等。总平面布置图根据厂规模可用 1：100～1：1000 比例尺的地形图绘制，如图 9-17 所示。设计应考虑下列要求。

1）体现节能。根据污水处理的工艺流程，决定各处理构筑物的相对位置，相互有关的构筑物应尽量靠近，以减少连接管渠长度及水头损失。厂内污水与污泥的流程应尽量缩短，避免迂回曲折，并尽可能采用重力流。

2）体现节约用地。处理构筑物布置应尽量紧凑，但必须同时考虑管渠的敷设要求、维护、检修方便及施工时地基的相互影响等。一般构筑物的间距为 5～8m，如有困难达不到时至少应不小于 3m。对于消化池，从安全考虑，与其他构筑物之间的距离应不小于 20m。

3）构筑物布置结合地形、地质条件，尽量减少土石方工程量及避开劣质地基。厂内各种管路较多，布置中要全面安排避免互相干扰。

4）系统布置要使各处理单元或设备能独立运转，运行时不会因某一处理单元或设备出现故障而迫使其他处理单元或设备停止运转。

5）道路布置应考虑施工及建成后运输要求，厂内加强绿化以改善卫生条件。

6）附属构筑物的位置应根据方便、安全等原则确定。

7）考虑扩建的可能性，为扩建留有余地，作好分期建设安排，同时考虑分期施工的要求。

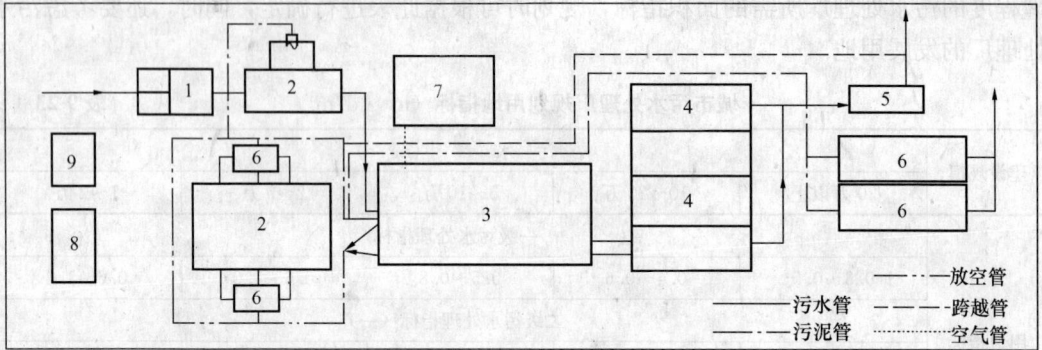

图 9-17　某污水处理厂总平面布置

1—泵房；2—初次沉淀池；3—曝气池；4—二次沉淀池；5—计量槽；

6—污泥池；7—空气压缩机房；8—办公楼；9—宿舍

第 10 章　城市再生水系统工程规划

10.1　城市再生水系统概述

随着工业发展和城市规模不断扩大，以及城市生活质量不断改善，城市用水量不断增加，导致污水排放量也不断增加，造成一方面水资源缺乏，一方面水质不断恶化的局面。若考虑再生水回用，不但可以减少城市对外部水资源的需求量，同时也可以减少城市排出的污水量，降低对外部水环境的污染。在城市规划中纳入城市污水再生利用规划的内容，建立城市用水的综合规划观念，对于城市建设与经济的协调发展、减少重复建设、节约投资和保护水资源环境具有重要意义。

《中国 21 世纪议程》、《中华人民共和国水污染防治法》、国家环境保护"十一五"规划等对污水的再生回用都作了明确要求。2005 年初，国家发展改革委等三部委对编制全国污水及再生水建设规划提出了多条原则。

（1）必须把保护城市水源和防止城市水污染纳入城市建设规划，有计划地建设城市污水处理设施，加强城市给水排水的综合整治。

（2）统一规划、合理布局、突出重点。根据城镇总体规划和城镇经济社会发展的需要，合理安排地级以上城市、县级市、县城污水处理和再生利用设施布局和建设顺序。

（3）统筹设计，同步建设。在规划建设污水处理设施时，要优先考虑管网系统建设，确保管网配套。北方缺水地区污水处理厂的建设必须考虑污水的再生利用。

（4）因地制宜，稳步推进。要根据地区间经济社会发展水平的差异，结合当地水环境功能区划分的目标要求、水环境容量和水资源状况，按照东、中、西有所区别的原则，因地制宜地确定污水处理率和再生利用目标。

近年来，城市规划中大多增加了再生水系统（建筑上有时称中水系统）规划的内容，编制城市规划时往往将再生水系统纳入城市给水系统规划中。随着我国城市再生水技术的日趋成熟，许多城市相继建设了一批再生水工程并取得了一定的成果。

10.1.1　城市自来水、污水、再生水之间的联系

城市再生水系统是指城市污水经处理后达到一定的水质标准，可在一定范围内重复使用的非饮用杂用水工程系统。城市自来水、污水、再生水之间是相互影响相互制约的，从水源地取得的原水，经给水厂按照用户对饮用水水质的要求进行处理后，通过输配水管道供给用户，经用户使用后形成的污水则通过排水管道进入污水处理厂，经过处理后，一部分排入受纳体，另一部分经深度处理后转换为再生水，返回再生水用户被再次利用，如图 10-1 所示。深入地分析了解城市自来水、污水、再生水之间的内在联系，摸清其水量水质的供需及转化情况，将有利于对水的开发、供给、使用、处理和排放等各环节作出统筹安排和决策。

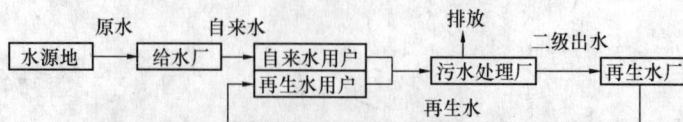

图 10-1 城市自来水、污水、再生水之间的关系

10.1.2 城市自来水、污水、再生水之间的水量平衡

自来水、污水、再生水在一段时间内的水量保持平衡，如图 10-2 所示。图中是以城市用水为核心，其中，消耗水量是指在输水、用水过程中，通过蒸腾、蒸发、土壤吸收、产品带走、饮用等各种形式消耗掉，而不能回归天然水体的水量；漏损水量指由于跑、冒、滴、漏而损失的水量；外排水量是回归天然水体的水量。

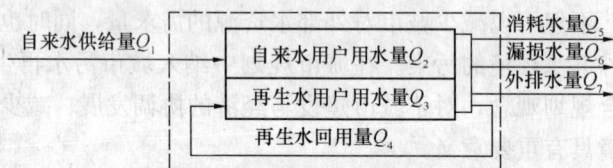

图 10-2 城市自来水、污水、再生水之间的水量平衡

图中各水量之间有如下的水量平衡关系。

$$\begin{cases} Q_1 + Q_4 = Q_2 + Q_3 \\ Q_2 + Q_3 = Q_4 + Q_5 + Q_6 + Q_7 \\ Q_7 = \alpha(Q_2 + Q_3) \end{cases} \quad (10\text{-}1)$$

上式中，α 为城市污水排水系数。城市污水排水系数（即城市污水排放量与城市用水量之比）视用水构成不同，通常在 0.75～0.9 之间波动。若 α 取值为 0.8，即城市用水量的 80％变为污水排入排水管道，如果不加以利用则必然是很大的水资源浪费，因为至少有 70％的污水（相当于城市供水量的一半以上）可以再生处理后安全回用；若城市用水量不变，增加再生水回用水量，可以使城市水资源需求量降低的同时降低城市排放量，不但可以缓解城市供水紧张的状况，还可以降低城市污水排放量的增加对受纳水体所造成的不利影响。

10.1.3 城市再生水水源及其水质

城市污水一般包括生活污水与工业废水，不但水量大，水质也较复杂，随各种污水的混合比例和工业废水中污染物质的特征不同而异。

生活污水是人们在日常生活中产生的各种污水的混合液，包括厨房、盥洗室、浴室和厕所排出的污水。一般来说，生活污水的成分比较固定，只是浓度随生活习惯、生活水平而有所不同。生活污水中有机污染物约占 60％，如蛋白质、脂肪和糖类等；无机污染物约占 40％，如泥砂和杂物等；此外还含有洗涤剂、病原微生物和寄生虫卵等。城市典型生活污水的成分及浓度见表 10-1。

工业废水是人们从事工业生产活动中所产生的废水。由于工厂的生产类别、工艺过程、使用的原材料以及用水成分不尽相同，工业废水在性质方面有着显著的不同，要具体分析。有的工业废水比较清洁，如在使用过程中受到轻度污染或水温增高的水，通常不需要处理或只需要进行简单处理，这类废水称为生产废水；而在生产过程中所形成，并被生产原料、半成品或成品等废料严重污染的工业废水称为生产污水，这类污水多数具有危害性，需经适当处理后才能排放或循环使用。我国对工业废水达标排放有严格规定，要求排放企业对排入城市污水收集系统的工业废水进行合理的厂内预处理，使其达到国家和行业规定的排放标准。

城市典型生活污水成分和浓度

表 10-1

成　分	pH 值	生化需氧量 BOD5 (mg/L)	化学需氧量 CODcr (mg/L)	悬浮物 SS (mg/L)	总　氮 (mg/L)	总　磷 (mg/L)	总有机碳 TOC (mg/L)
数量浓度	7.5～8.5	100～400	250～1000	100～350	20～85	4～15	890～290

当采用分散处理，即建筑物和小区再生水回用时，其再生水的原水水源可以选用建筑物和小区内杂排水和生活污水、附近的市政污水、雨水、海水等。当建筑物和小区内生活污水作为原水水源进行处理，达到用户的用水水质要求后回用时，可以省去一套单独的再生水水源收集系统，从而降低管网投资和管网系统的复杂程度。当采用集中处理，即城市污水再生回用时，主要是将城市污水处理厂的二级出水经深度处理后回用。根据常规二级处理技术所能达到的处理程度，城市污水经二级处理后，水质一般可达到表 10-2 所示的数值。

城市污水处理厂二级处理出水水质（mg/L）

表 10-2

生化需氧量（BOD5）	化学需氧量（CODcr）	悬浮物（SS）	氨　氮	总　磷
20～30	60～120	20～30	15～25	6～10

二级处理出水经深度处理后可以再利用，但回用于不同的目标时，一定要根据实际需要进行处理，使回用水达到相应的水质标准，如农田灌溉用水水质标准、工业用水水质标准、生活杂用水水质标准等，并根据不同的水质要求对污水采取相应的处理流程。当回用于农田灌溉时，一般采用生物处理工艺就能满足水质要求，但有时也需采用生物稳定塘对出水再做进一步净化处理。当回用于工业冷却水时，需对生物处理出水进行混凝沉淀或过滤处理（常称为三级处理），进一步去除水中残留的有机物和悬浮物，甚至需要进行软化及水质稳定处理，以防止管道及设备的结垢或腐蚀。

随着污染控制手段的不断加强，目前已经有了足够坚实的物质、技术、实践基础对城市污水进行再生处理，使再生水水质达到各种回用水要求。

10.1.4　城市再生水水质标准

目前，我国的污水相关标准总体上可分为排放标准和处理后回用标准。近年来，国家陆续颁布了多个城市污水再生利用的国家标准及规范，指导并应用于全国城镇污水处理再生利用的建设、设计、运营管理中，对解决我国水资源短缺，促进水资源循环利用和可持续发展起到了重要作用。

（1）针对再生水厂原水，《城市污水再生利用分类》GB/T 18921—2002 规定污水再生水厂的水源宜优先选用生活污水或不包含重污染工业废水在内的城市污水。

（2）《城市污水再生利用景观环境用水水质》GB/T 18921—2002 中有 50 项毒理学指

标，主要是对环境有较大影响、毒性较大，城市污水处理厂/城市污水再生水厂不易去除的污染物，如重金属、有毒有害化学物质等。

(3)《城市污水再生利用工业用水水质》GB/T 19923—2005 要求对于以城市污水为水源的再生水，除应满足该标准各项指标外，其化学毒理学指标还应符合《城镇污水处理厂污染物排放标准》GB 18918—2002 中一类污染物和选择控制项目的各项指标限值规定。

(4)《城市污水再生利用地下水回灌水质》GB/T 19772—2005 规定了利用城市再生水进行地下水回灌时应控制的项目与限值，以及取样与监测方法。

(5)《城市污水再生利用农田灌溉用水水质》GB 20922—2007 规定了城市污水再生利用于灌溉农田的规范性引用文件、术语和定义、水质控制项目、水质要求、其他规定及监测分析方法。

(6)《城市污水再生利用城市杂用水水质》GB/T 18920—2002 规定了城市杂用水水质标准、采样及分析方法。

(7)《循环冷却水用再生水水质标准》HG/T 3923—2007 规定了作为循环冷却水的再生水水质指标，本标准适用于以再生水为循环冷却水的补充水。

(8)《再生水水质标准》SL 368—2006 适用于地下水回灌、工业、农业、林业、牧业、城市非饮用水、景观环境用水中使用的再生水，主要是关于再生水水质标准分类、水质标准和水质监测等内容。

10.2　城市再生水系统分类与组成

10.2.1　系统分类

城市再生水系统按服务范围可分为以下三类。

(1) 建筑再生水（中水）系统

在一栋或几栋建筑物内建立的再生水系统，处理站一般设在裙房或地下室，再生水作为冲厕、洗车、道路保洁、绿化等使用。

(2) 小区再生水（中水）系统

在小区内建立的再生水系统。小区再生水系统可采用的原水类型较多，如附近的污水处理厂出水、工业洁净废水、小区内杂排水、生活污水、雨水等。系统可采取覆盖全区的完全系统、部分系统和简易系统。

(3) 城市再生水系统

又称城市污水再生利用系统，是在城市规划区内建立的城市污水回用系统。系统以城市污水、工业洁净废水为原水，经过城市污水处理厂处理及必要的深度处理后，回用于工业用水、农业用水、城市杂用水、环境用水和补充水源水等。

每种系统都有各自的特点，处理厂（站）的规模、管线长短、实施难易程度、投资规模和收益大小等各不相同。一般而言，建筑或小区再生水系统可就地回收、处理、利用，管线短、投资小、容易实施，作为建筑配套设施建设，不需要政府集中投资，但水量平衡调节要求高，规模效益较低。从水资源的利用和经济角度出发，城市再生水回用系统较为有利，无论从运行管理、污泥处理和经济效益上都有较显著的优势，但需要单独铺设回用水输送管道，整体规划要求高。同时，系统设置应遵循一定的原则综合考虑，包括用户的要求、水源的选用、管路的配置、主体工艺的选定等。此外，一些非技术问题也应予以充分考虑，有时需要重点考虑，如当地的价格成本比、当地的外部环境条件、管理水平等。

10.2.2 系统组成

城市再生水系统一般由三部分组成：再生水原水系统、再生水处理系统（包括二级处理、深度处理）、再生水供水系统等。

（1）再生水原水系统

再生水原水系统主要是原水收集系统，即把污水从产生地输送至城市再生水厂或小区再生水站，包括室内排水管道、室外排水管道及相应的收集、输送配套设施。

城市污水收集系统和排水管道系统是收集、输送污水的工程设施。回用水水源收集系统又包括生活污水排水管道系统、工业废水排水管道系统和雨水排水管道系统。

（2）再生水处理系统

再生水处理系统是指污水处理以及再生水处理所需的水处理设施，将污水处理到再生水所要求的水质标准。如能利用已有的城市污水处理厂二级出水，则仅需再生水处理设施的建设。

1）污水处理厂深度处理系统

污水处理厂内建设深度处理系统，将部分或全部经处理达标的二级出水送到厂内深度处理工艺系统进行处理，达到要求的回用水水质指标后，用专用管道输送到各类工业用水、城市杂用水、景观用水、农业用水或地下水的回灌等用户。

2）用户自行深度处理系统。

一种情况是污水处理厂将处理后达标的二级出水或达到合同要求的出水由专用管道输送到用户，由用户就地建设深度处理工艺系统，将污水处理厂提供的出水再生处理到回用要求。还有一种情况是用户直接收集污水（较多使用杂排水、雨水或工业洁净废水等）并就地处理回用。

（3）再生水供给系统

再生水供给系统是将经再生处理后的再生水送至各个再生水用户，包括建筑物室内外和小区的再生水配水管道系统、泵站及其他相关设施。

10.3 城市再生水回用系统规划

10.3.1 城市污水再生回用工程规划的指导思想和原则

（1）充分体现可持续发展。城市污水回用是水资源可持续开发利用的重要组成部分，应该成为可持续发展理念的应用范例。

（2）污水再生回用规划纳入城市水资源系统综合利用规划。将污水再生回用规划与城市总体规划有机结合起来，协调与城市给水工程、排水工程、雨水工程、环境保护以及城市用地等各专项工程规划之间的相互联系。

（3）以保证人体健康不受威胁，促进环境质量的提高为前提。必须充分考虑污水再生回用可能造成的危害，确保人体健康，确保不会造成城市环境质量的降低。

（4）优质优用、重复利用、合理调配再生水资源。合理布局再生水处理设施，集中与分散相结合，兼顾规模效益，力求经济合理。

10.3.2 再生水回用对象的选择

在城市生活、生产用水中，约有 40% 的水是与人们生活紧密接触的，如饮用水、洗浴及食品加工用水等，这些用水对水质要求很高，一般不应该用再生水替代。另外，多达 60% 的水是用在工业、城市杂用水、城市生态景观以及农田灌溉用水等方面，这些用水水质要求不高，可考虑优先采用城市再生水。

（1）工业用水

工业企业一般用水量较大，用水水质较低，如果工业用户紧靠再生水处理设施，是较理想的回用对象。工业冷却用水量大又相对稳定，规划中可优先考虑。

（2）城市杂用水

城市杂用水包括道路浇洒、绿化、消防、建筑施工及其他市政用水，其水质要求不高。长期依靠城市水厂提供这些用水，消耗了大量的优质水，因此，完全可以考虑采用城市再生水。

（3）城市景观生态用水

再生水可用于补给城市河湖等城市景观生态用水。再生水水质完全可以满足城市公园湖面、人工河道等水质要求，而且这些用水不受季节影响，能确保全年再生水的利用率，避免设施闲置。同时，再生水还可用于地下水回灌，改善地下水环境，防止因地下水过度开采产生相关的环境问题。

（4）农田灌溉用水

在优先考虑再生水用于城市的同时，如果城市再生水量充足，可由近及远地用于农田灌溉。

10.3.3 再生水回用系统模式选择

城市再生水回用系统的模式一般是以集中式污水处理回用为主，分散式污水处理回用为辅。

集中式污水处理回用是建立集中式管网收集体系和大型污水处理厂，在此基础上再进行深度处理，然后回用于城市生活、生产的各个方面，如图 10-3 所示。集中式污水处理回用最主要的特征是统一收集、统一输送、统一处理，是一种"资源—产品—废物"的物质流动，代表了对水资源的线性利用。集中污水处理技术在 20 世纪得到了很大发展，污水处理厂的规模也越来越大。全世界最大的污水处理厂——美国海河伦污水处理厂的处理规模已达 $3.4 \times 10^6 \, \text{m}^3/\text{d}$，我国最大的污水处理厂——北京市高碑店污水处理厂的处理规模为 $1.2 \times 10^6 \, \text{m}^3/\text{d}$。但是，随着规模的日渐庞大，其缺点也逐渐显露出来：大规模的污水处理厂需要建设相应庞大的管网系统，造价十分巨大，且运行维护费用昂贵；污水处理过程中产生大量非稳定的、具有污染性的污泥，必须进行无害化处理；许多城市的排水管道系统为合流制，在暴雨期间，大量未经处理的污水随着雨水溢流而排入受纳水体中造成污染；再生处理后的污水如果回用需要重新建设城市回用水管网系统，浪费大量的基建费用和运行维护费用；由于回用水的水质一般低于自来水的水质，回用水在管道中

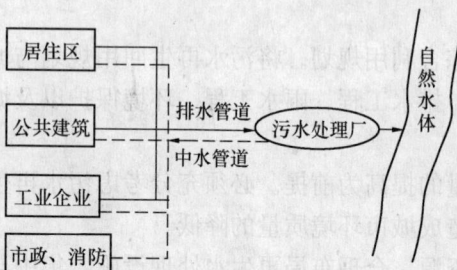

图 10-3　集中式污水处理回用概念图

长途运输，管内壁易形成生物膜，老化脱落的生物膜会造成回用水水质下降，达不到所要求的标准；长途输送回用水时，由于渗漏会造成 30％左右的水量损失。集中处理回用的优点是处理水量大，回用面广，特别适合于回用水量大的工业用水，如发电厂、冶金企业、纺织企业等的冷却用水，可明显地减少城市自来水供水量。在我国当前城市排水系统的格局下，集中污水处理回用仍然占主导地位。

分散式污水处理回用指将小规模地区排出的污水分别收集、分别处理，如图 10-4 所示。这种方式强调就近处理，运用低成本、可持续的处理系统进行污水处理和回用。分散式污水处理回用能满足小规模地区污水管理及资源化的要求，它允许以单独小型污水处理和就地土壤处理系统作为长期的解决方案。分散式污水处理的污水来自单独的住户、组团以及独立的

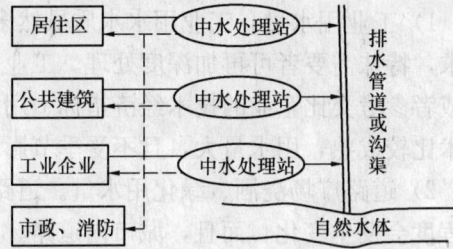

图 10-4　分散式污水处理回用概念图

社区、风景区，是一种"资源—产品—多种出路"的物质流动，是一种对水资源的树状利用。将污水按不同成分收集后，根据不同的成分和物质回收利用的特定要求进行再生处理，之后用来回用或补充地下水。分散式污水处理回用系统可以克服集中式的许多缺点，具有以下优点：不依赖于复杂的基础设施（如大规模供电、供水系统），受外界影响小；系统自主建设，运行和维护管理比较方便；不易受到不可预知的人为破坏；可应用于各种场合和规模；处理后污水易于进行回用。尤其在我国，经济不发达、城市排水设施不完善的地区，运用分散式污水处理回用系统能以较低成本达到资源的节省和回收利用、保护环境的目的。分散式污水处理回用系统主要有以下两类：一是指建筑再生水。城市大型建筑（办公大楼、高层建筑、宾馆、大型游乐场所等）的生活污水自成系统，分散独立处理后回用于原建筑的杂用水；二是指小区再生水。在一个范围较小的地区（居住小区、机关大楼、宾馆、学校等）的建筑群内建立分散式污水处理设施，收集建筑排放的污水，再生处理后回用于各建筑的杂用水。随着科学技术的发展，尤其是近年来微滤、纳滤和反渗透等膜技术的不断发展，污水处理设施实现了装置化、小型化，使污水分散处理回用得以很好的实现。与集中处理回用相比，分散处理回用可节省大量输送管道建设费用，但再生水量小、回用范围小、管理分散、运行操作难于规范化，而且也增加了污水处理设施和回用设施的投入。因此，现阶段分散式污水处理回用将是城市集中式污水处理回用的较好补充。

10.3.4　再生水水量计算

（1）可处理水量的计算

可处理水量与总排放量、排水管道的布置、工业性质、城市卫生设施等因素密切相关。可处理水量的测算必须结合给水排水工程规划同步进行，需综合考虑以下几方面的水量确定。

1）因城市管网供水而产生的污水量。结合城市总体规划重点分析给水普及率、污水收集系统的完善程度及地区特点等因素。

2）自备水源产生的污水量。在规划建设用地范围内，有自备水源的工业，若污水水质符合接入下水道水质标准（或经过厂内处理后达到标准），可纳入城市污水系统。

3）渗入及渗出排水系统的水量。地下水渗入及污水渗出量与城市的污水管道材质及

接口形式、地下水水位及地质状况有关。

4) 雨水进入量。城市雨水可以作为再生水水源的有效补充，在规划时可考虑将部分城市雨水纳入污水再生利用规划，同时考虑城市局部合流排水管及暴雨时路面积水导致雨水大量进入污水管道等雨水量。

（2）再生水用水量的计算

1) 工业用水量。工业用水水质虽然多有差异，但城市污水经三级处理后大多可达到要求，特殊需要者可再加深度处理。工业企业的生产用水量可通过调查分析、经营部门提供或者参考类比企业的技术经济指标、用水指标等方式来确定。对于工业冷却而言，回用技术比较成熟，用水量大，且不受季节影响，在规划阶段应考虑这部分用水量。

2) 道路广场浇洒、绿化用水量。道路、广场浇洒及绿化等市政用水随城市建设和发展程度会发生变化，而且，城市内道路、广场、绿化用地在不同的规划期也不尽相同，加之各城市性质和自然条件存在差异，这部分用水量与路面的种类、绿化措施、气候、土壤以及当地条件等实际情况都有关。其中，绿化措施对用水量的影响非常大。

绿化用水量可按下式计算。

$$Q_{绿化} = \sum_{i=1}^{n} A_i q_i / \eta_i \tag{10-2}$$

式中　$Q_{绿化}$——绿化用水量（m³/d）；

A_i——第 i 种绿地面积（m²）；

q_i——第 i 种绿地的净用水定额 m³/(m²·d)；

η_i——第 i 种绿地的水利用系数（70%～80%）。

通常，园林、绿化部门规定绿化用水定额为 0.001～0.002m³/(m²·d)，在夏季用水高峰时取上限，在冬天取下限或不浇水（视具体情况而定）。道路广场浇洒用水一般采用 0.001～0.0015m³/(d·次)，洒水次数按地区环境及气候条件以每天 2～3 次计。

3) 城市河湖补水量。城市河湖水补水量可按下式计算。

$$Q_{补} = \sum_{i}^{n} \frac{k_i \cdot A_i \cdot h_i}{T_i} \tag{10-3}$$

式中　$Q_{补}$——第 i 种河湖在其换水周期的补水量（m³/d）；

A_i——第 i 种河湖面积（m²）；

h_i——第 i 种平均水深（m）；

k_i——第 i 种河湖水利用系数（考虑河湖蒸发损失、渗漏损失等，一般取 80%～90%）；

T_i——第 i 种河湖换水周期（d）。

城市河流（特别是人工沟渠）的特点是缺水时水位低、流速小，为了保持河流最基本的生态功能，河道里必须保留一定的水量，即河道基流用水量。这部分水量应按相应的水文资料进行水文分析后确定。数据缺乏时可假定城市人工河道的横断面平均宽度为 8m，断面平均深度为 2m，断流控制天数按 0d 考虑。

（3）水量平衡分析

在进行城市污水再生利用规划时，根据各用水对象对水量和水质的基本要求，结合可处理污水的水量和水质的分析做好水量平衡分析，是顺利实现城市水资源可持续利用的基本要求。水量平衡分析的好坏直接影响污水再生回用工程的顺利实现，这一点在我国一些试点项目中已经得到了很好的验证。水量平衡的关键是绘制水量平衡分析图（图10-5），水量平衡计算见式（10-4）。

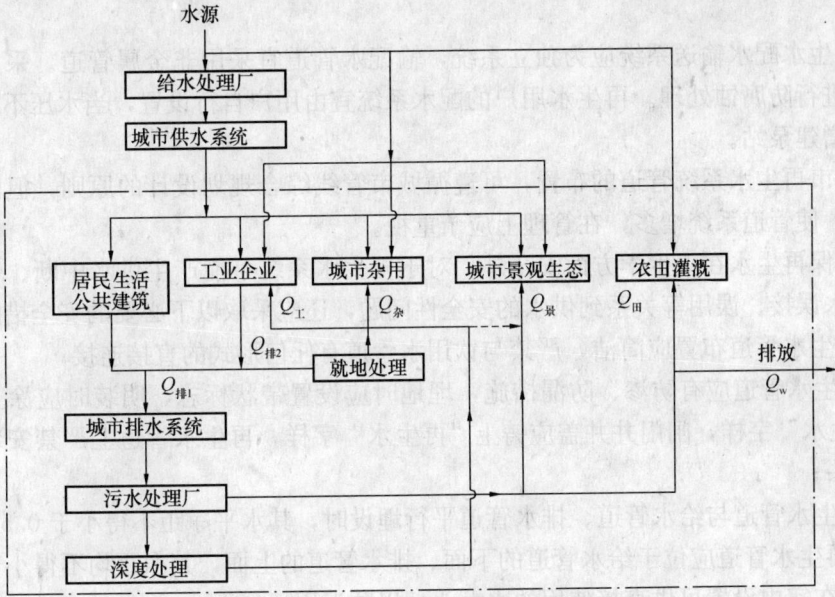

图10-5 城市污水再生回用系统水量平衡分析

$$\eta(Q_{排1}+Q_{排2})=Q_工+Q_杂+Q_景+Q_田+Q_w \tag{10-4}$$

式中　η——污水处理损耗系数，一般可取 $75\%\sim85\%$；

$Q_{排1}$——排入集中城市污水处理厂的流量（m^3/d）；

$Q_{排2}$——排入局部再生水设施的流量（m^3/d）；

$Q_工$——用于工业的再生水量（m^3/d）；

$Q_杂$——用于城市杂用的再生水量（m^3/d）；

$Q_景$——用于城市景观生态的再生水量（m^3/d）；

$Q_田$——用于农田灌溉的再生水量（m^3/d）；

Q_w——排入自然水体的污水量（包括污水处理厂损耗等）（m^3/d）。

10.3.5 再生水回用管网及处理设施规划

（1）回用管网规划

1）新建居住区和集中公共建筑区在编制各项市政专业规划时，必须同时编制污水再生回用管网规划，并作为市政管网综合设计的组成部分。

2）回用管网布置应以枝状为主。对于工业用户可考虑采用双管供水方式或建蓄水池来提高可靠性，城市杂用水、景观生态用水以及农田灌溉用水的供水可靠性稍差，没有必要采用环状管网。

3）对于回用水而言，在考虑再生水利用时，给水管网中的自由水头的数值取决于建筑物的层数，在不考虑建筑再生水时，可根据室外低压消防水压 $10mH_2O$ 考虑，同时综合考虑工业用水、市政用水、景观生态用水和农田灌溉用水的要求。

4）规划城市道路与管线时，必须预留再生水管道的位置，有条件的路段应预埋再生水管，力求使城市各项用水中能够使用再生水的（如绿化、道路浇洒）尽量使用再生水。

5）经济上要使管网修建费用最低，定线时应选用短捷的线路，并要使施工方便。为了便于维修与改造，回用水管道避免布置在重要道路下，尽可能布置在人行道或绿化带下。

6）再生水配水输送系统应为独立系统，输配水管道宜采用非金属管道。采用金属管道时，应进行防腐蚀处理。再生水用户的配水系统宜由用户自行设置，当水压不足时，用户可自行增建泵站。

7）城市再生水系统管道的布置，可遵循城市管线综合规划设计的原则，但由于再生水的增设，使管道系统增多，在管理上应予重视。

8）确保再生水在卫生学方面安全外，对于再生水系统可能产生供水中断、管道腐蚀以及自来水误接、误用等关系到供水的安全性问题，还应采取以下必要的安全措施。

A. 再生水管道布置应简洁，严禁与饮用水管道有任何形式的直接连接；

B. 再生水管道应有防渗、防漏措施，埋地时应设置带状标志，明装时应涂上标志颜色和"再生水"字样，闸门井井盖应铸上"再生水"字样，再生水管道上严禁安装饮水器和饮水龙头；

C. 再生水管道与给水管道、排水管道平行埋设时，其水平净距不得小于 0.5m；交叉埋设时，再生水管道应位于给水管道的下面、排水管道的上面，其净距均不得小于 0.5m；

D. 不在室内设置可供直接使用的水龙头，以防误用；

E. 为保证不间断地供水，应设有应急供应自来水的技术措施，以确保再生水处理装置发生故障或检修时不中断向用户供水。

（2）回用水处理设施规划

1）再生水（中水）处理工艺流程的选择

中水处理工艺流程的确定取决于要求的处理程度（再生水的用途及相应的再生水水质标准）、原污水的性质、水质和水量的变化幅度、建设单位的自然地理条件（气候、地形等）、可资利用的厂（站）区面积、工程投资和运行费用等因素。选择的工艺流程应尽量做到技术先进、经济合理、处理过程和处理后不产生二次污染，尽可能采用高效、低耗的回收与处理设备，基本建设投资和运行维修费用较低，并结合当地条件，通过技术经济比较确定。

如果中水处理工艺标准选择过高会增加中水处理设施的初期投资、运行费用和日常维护费用，导致中水处理成本和中水用户的负担费用增加；如果中水处理工艺标准选择过低，会使中水水质不能达到相关标准的规定，影响中水的正常使用。

国内集中式再生水（中水）处理基本工艺流程有以下几种。

A. 二级处理——消毒；

B. 二级处理——砂过滤——消毒；

C. 二级处理——混凝——沉淀（澄清、气浮）——砂过滤——消毒；

D. 二级处理——微孔过滤——消毒。

国内分散式建筑中水处理工艺流程有以下几种。

A. 水源为优质杂排水可采用如图 10-6 所示处理工艺。

B. 水源为一般杂排水或优质杂排水可考虑采用如图 10-7 所示处理工艺。

194

混凝剂　　消毒剂

格栅 → 调节池 → 絮凝沉淀 → 过滤 → 消毒 → 中水

或气浮

污泥

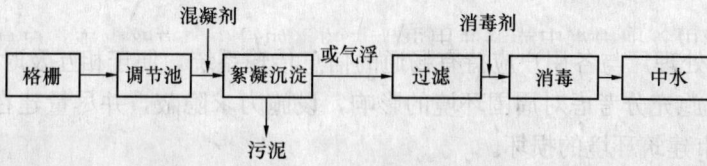

图 10-6　中水处理工艺一

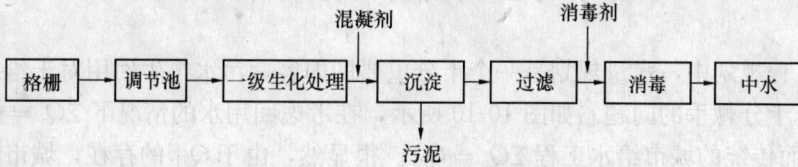

混凝剂　　消毒剂

格栅 → 调节池 → 一级生化处理 → 沉淀 → 过滤 → 消毒 → 中水

污泥

图 10-7　中水处理工艺二

C. 水源为生活污水可采用如图 10-8、图 10-9 所示处理工艺。

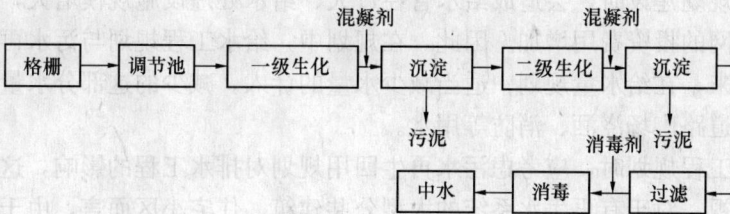

混凝剂　　混凝剂

格栅 → 调节池 → 一级生化 → 沉淀 → 二级生化 → 沉淀

污泥　　消毒剂　污泥

中水 ← 消毒 ← 过滤

图 10-8　中水处理工艺三

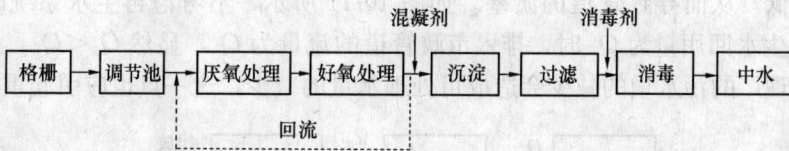

混凝剂　　消毒剂

格栅 → 调节池 → 厌氧处理 → 好氧处理 → 沉淀 → 过滤 → 消毒 → 中水

回流

图 10-9　中水处理工艺四

2）再生水处理厂安全要求

再生水处理厂与污水处理厂的处理目的有所不同，再生水处理厂的安全问题应加以重视，必须采取有效措施保证供水水质安全、水量稳定，确保用户用水安全。《污水再生利用工程设计规范》对再生水处理厂（再生水厂）提出了以下的安全措施。

A. 再生水处理厂设计规模宜为二级处理规模的 80％以下，工业用水采用再生水时应以新鲜水系统作备用；

B. 不得间断运行的再生水处理厂，其供电应按一级负荷设计；

C. 再生水处理厂主要设施应设故障报警装置；

D. 在再生水水源收集系统中的工业废水接入口应设置水质监测点和控制闸门，防止水质不符合接入标准的工业污水排入；

E. 再生水处理厂和用户应设置水质和用水设备监测设施，监测供水质量和用户使用效果，避免事故发生；

F. 再生水处理厂主要水处理构筑物和用户用水设施宜设置取样装置，在再生水处理厂出厂管道和各用户进户管道上应设计量装置，再生水处理厂宜采用仪表监测和自动控制；

　　G. 再生水处理厂与各用户应持有畅通的信息传输系统，便于相互及时通报情况。

　　H. 处理设施充分考虑对周围环境的影响，设施力求隐蔽，并尽量建在居住区的下风向，避免对城市建筑环境的损坏。

10.4　污水再生回用对给水排水工程的影响

　　给水工程规划中，水量规划是一个十分重要的内容，污水再生回用对于给水量的规划提出了一个十分棘手的问题。如图 10-10 所示，在考虑回用水的情况下 $\Sigma Q_i = Q_{给} + Q_{回} = Q_{排} + Q_{损}$，而传统的城市给水工程 $\Sigma Q_i = Q_{给}$。很显然，由于 $Q_{回}$ 的存在，城市给水工程规划从自然水体获取的水量应该减少。如果不考虑这种变化，易形成自来水供过于求的局面，出现鼓励用水、降低自来水价格现象，助长浪费。另一方面，由于规划给水量大于实际需水量，在规划建设时，会造成给水管径过大、给水处理设施规模增大，从而造成水处理和输配水管网的投资费用增加。因此，在规划中，给水工程规划与污水再生回用规划应有机地结合起来，在给水量规划中适当减少水量的计入。减少的这部分水量主要包括工业用水、绿化、道路广场浇洒、消防等用水。

　　进行排水工程规划时，应考虑污水再生回用规划对排水工程的影响，这一点在规划工作中常常被忽视。对于有再生水系统的大型公共建筑、住宅小区而言，由于建筑内部实现了再生水回用，会大大减少排入城市污水处理厂的污废水流量，造成管道流量比设计流量小、流速降低，从而导致管道的淤塞。如图 10-11 所示，不考虑再生水系统时排水量为 Q_1，考虑再生水回用量为 Q_2 时，排入市政管道的流量为 Q_3，显然 $Q_3 < Q_1$。此外，排入城市污水处理厂的污水量的减少会造成可处理水量的减少，这一点也应引起重视。

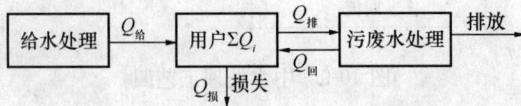

图 10-10　污水再生回用对给水量的影响

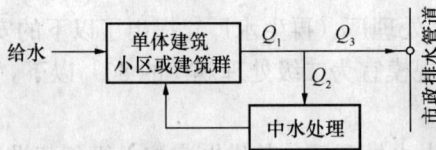

图 10-11　污水再生回用对排水量的影响

第11章 城市防洪排涝规划

11.1 概　　述

城市防洪排涝就是利用工程措施或通过法令、政策、经济手段等非工程措施，防治或减少洪涝造成的灾害。洪水是一种随机的自然现象，是河道水位暴涨且超过某一有影响水位的特大径流。洪灾则指超过人们防洪能力或未采取有效预防措施的大洪水对人民生命财产所造成的损害与祸患。当河流发生洪水时，往往因河槽不能容纳而发生漫溢泛滥。洪水泛滥将淹没城市、村庄和大片良田，中断交通，破坏生产、生活和各种工程设施，带来疾病和瘟疫，给人民生命财产造成巨大损失。

水与人类社会密不可分，从古代村落到现代都市，人类文明发生了巨大的进步，而这些进步是与水紧密相连的。自古以来，人类都习惯依山傍水，水体对于城市的发展起到了重要作用。人类经济活动的发展，使自然植被不断遭到破坏，地表涵蓄水源的功能不断减退，由暴雨径流所引起的洪水灾害日趋频繁。在人类漫长的发展历史中，洪水灾害几乎年年发生，几乎各个国家都面临洪水灾害问题。由于社会经济的发展，生产力水平的提高，社会财富和人口不断向城市集中，城市洪水灾害的损失也呈不断增长的趋势。洪水灾害影响城市发展的进程，严重时还会影响社会的稳定。城市是国家和地区政治、文化、经济中心和重要的交通枢纽，在整个国民经济中具有举足轻重的地位，其影响自然比一般地区大，因此城市历来是防洪的重点。搞好城市防洪，不仅对于城市建设具有重要意义，而且对于地区和国家的经济发展具有重大意义。洪涝灾害是城市灾害中的重要组成部分，它历时虽短，但造成的损失却极大，不仅破坏生命线、交通运输等，还会阻碍整个城市的经济发展。各类生产、生活设施的现代化、城市化的快速发展，城市居民对公共设施的依赖等，使得城市在灾害面前的脆弱性更为突出，一旦遭受重大灾害，后果将十分严重。据不完全统计，全世界每年自然灾害死亡人数的 75%、财产损失的 40% 为洪水所造成，这也是人们一向视洪水如猛兽的原因。1998 年我国长江、松花江、嫩江洪水泛滥，直接经济损失 1666 亿元，死亡 3300 人。

暴雨是洪水形成的根本原因，作为城市水患还应包括水土流失、泥石流、海潮等灾害。事实上，城市水患不仅仅是洪水的侵害，遭暴雨洪水后的适应和保护能力严重缺失，才是城市更普遍的水患困扰。随着城市的快速发展，城市洪涝灾害发生频率越来越高，危害也越来越大，城市规划中必须重视防洪工程规划。

洪水灾害的形成受气候、下垫面等自然因素与人类活动因素的影响。洪水可分为河流洪水、湖泊洪水和风暴潮洪水等。其中河流洪水依照成因的不同又可分为五种类型。

（1）暴雨洪水

暴雨洪水是最常见、威胁最大的洪水，由较大强度的降雨形成，简称雨洪。我国受暴雨洪水威胁的主要地区有 73.8 万 km²，耕地面积 3333 万余 hm²，分布在长江、黄河、淮河、海河、珠江、松花江、辽河七大江河下游和东南沿海地区。暴雨洪水的主要特点是峰高量大、持续时间长、灾害波及范围广。我国近代的几次特大水灾，如长江1931、1954、1998年大水、珠江1915年大水、海河1963年大水、淮河1975年大水等，都是这种类型的洪水。

（2）山洪

山洪是山区溪沟中发生的暴涨暴落的洪水。由于山区地面和河床坡降都较陡，降雨后产流和汇流都较快，形成急剧涨落的洪峰，使得山洪具有突发性、水量集中、破坏力强等特点，但一般灾害波及范围较小。这种洪水若形成固体径流，则称作泥石流。

（3）融雪洪水

融雪洪水主要发生在高纬度积雪地区或高山积雪地区。

（4）冰凌洪水

冰凌洪水主要发生在黄河、松花江等北方江河上。由于某些河段由低纬度流向高纬度，在气温上升，河流解冻时，低纬度的上游河段先行解冻，而高纬度的下游段仍封冻，上游河水和冰块堆积在下游河床，形成冰坝，也容易造成灾害。在河流封冻时也有可能产生冰凌洪水。

（5）溃坝洪水

溃坝洪水是大坝或其他挡水建筑物发生瞬时溃决，水体突然涌出，造成下游地区灾害。这种洪水虽然范围不太大，但破坏力很大。此外，在山区河流上，发生地震时，有时山体崩滑，阻塞河流，形成堰塞湖。一旦堰塞湖溃决，也形成类似的洪水。堰塞湖溃决形成的地震次生水灾的损失，往往比地震本身所造成的损失还要大。

我国幅员辽阔，除沙漠、戈壁和极端干旱区及高寒山区外，大约2/3的国土面积存在着不同类型和不同危害程度的洪水灾害。如果沿着400mm降雨等值线从东北向西南划一条斜线，将国土分作东西两部分，那么东部地区是我国防洪的重点地区。

11.2　洪水和水灾的成因

洪水和水灾是在一系列自然因素和人为因素特定的条件下形成的。影响洪水和水灾形成的因素主要有流域的地形条件、气候条件、地质条件、植物覆盖、水文因素和人为因素等。

（1）地形条件

流域的地形特点对洪水的形成起着重要作用。流域内地面坡度陡峻，则汇流速度快，洪水涨落快，洪峰流量大，水位高。

我国的大江大河，如长江、黄河、淮河、海河、辽河、松花江、珠江七大河流，流域面积的60%～80%为山区和丘陵区，这些地区暴雨引发的山洪来势凶猛，河水陡涨陡落，常常造成洪水灾害，给社会经济造成极大损失。这些河流由于山区及丘陵区面积较大，因此汇集的水量较大，流速较高，形成峰高量大的洪水。洪水进入平原地区后，由于平原地区河道的坡度缓、流速小，致使河槽容纳不下，造成洪水灾害。例如1761年黄河花园口站发生的特大洪水，洪峰流量达$32000m^3/s$，而河槽的过水能力仅为$22000m^3/s$；又如1870年长江出三峡后的荆江河段发生的特大洪水，洪峰流量达$110000m^3/s$，而河槽只能容纳 60000m³/s。

(2) 气候条件

气候条件是形成洪水和造成洪灾的另一重要因素。我国大部分河流的径流补给主要来自降雨，因此流域内发生暴雨时，就会引起河道洪水，洪水的大小与暴雨强度、历时和覆盖面积有直接关系。例如 1935 年 7 月上旬湖北西南部和四川东部发生特大暴雨，暴雨中心 5 天内降雨 1200mm，降雨量在 200mm 以上面积达 12 万 km²，造成长江上游的澧水和汉江形成特大洪水。又如 1963 年 8 月海河流域南部的暴雨洪水和 1975 年 8 月淮河上游暴雨洪水等。

我国的降雨受太平洋副热带高压的影响，一般年份 4 月初至 6 月初，副热带高压脊线在北纬 15°～20°，珠江流域和沿海地带发生暴雨洪水；6 月中旬至 7 月初，副热带高压脊线移至北纬 20°～25°，江淮一带产生梅雨，引起河道水位上涨；7 月下旬至 8 月中旬，副热带高压脊线移至北纬 30°，降雨带也移至海河流域、河套地区和东北一带，成为这一带河道的主汛期，而此时热带风暴和台风不断登陆，使华南一带产生暴雨洪水；8 月下旬副热带高压脊线南移，华北、华中地区雨季结束。由此可见我国江河洪水与气候条件的关系十分紧密。

(3) 地质条件

我国西北、华北和东北的西部地区，为一望无际的黄土区，土质均匀，缺乏团粒结构，土粒主要靠极易溶解于水的碳酸钙聚在一起，抗冲击能力极差。如遇暴雨，地表的冲刷很大，表土的侵蚀模数很高，而暴雨时大量泥沙的冲蚀和山坡的坍塌和崩塌，极易产生泥石流。黄河中游流经黄土高原，水土流失面积达 43 万 km²，大量泥沙随地表径流进入河道，河水的含沙量很高，居世界首位，以致河流的中下游河床淤积严重。由于河床淤积使得河底高出两岸地面河床冲淤变化剧烈，极不稳定，如遇特大洪水，河堤极易漫溢和溃决，泛滥成灾。

(4) 植物覆盖

植物覆盖可以保护地表土壤免受雨滴的冲击和减少雨水的冲刷，截流大量水分，减少地表径流，同时植物根系还能增加土壤的有机质，提高土壤的肥力，改善土壤结构，增强土壤的抗冲击能力。根据永定河流域的实测资料，当地面植物覆盖率为 20% 时，每年每公顷土地的土壤流失量为 111m³；覆盖率为 40% 时，流失量为 54m³；覆盖率为 60% 时，流失量为 19.5m³。植物覆盖少，降雨后坡面雨水的流速大、入渗少、汇流速度快，导致暴雨后河道的洪峰高、洪量大。根据 1971～1974 年陕北地区的观测资料，植物覆盖可以减少地表径流 60%～80%，减少土壤冲刷 70%。

(5) 人为因素

人类活动对流域内洪水的形成和洪水灾害的产生影响也很大。人类活动的不利影响主要包括以下方面。

1) 林木的滥伐，不合理的耕作和放牧，使植被减少；

2) 在河湖内围垦或筑围养殖，致使湖泊面积减少，调蓄洪水的能力下降，河道的行洪发生障碍；

3) 在河滩擅自围堤，占地建房，修建建筑物，甚至发展城镇；

4) 在河滩上修建阻水道路、桥梁、码头、抽水站、灌溉渠道，影响河道正常行洪；

5）擅自向河道排渣，倾倒垃圾，修筑梯田，种植高秆作物，使河道过水断面减小。

人类的上述不合理活动，将使流域内的洪水增大，河道的行洪能力降低，增加发生洪水灾害的几率。例如松花江哈尔滨段的行洪能力原为 12000m³/s，而 1986 年汛期通过 8500m³/s 时，哈尔滨市就出现了险情。

11.3 城市防洪工程的主要内容和步骤

防洪工程规划是为防治流域、河段或者区域的洪涝灾害而制定的总体部署，包括国家确定的重要江河、湖泊的流域防洪规划，其他江河、河段、湖泊的防洪规划以及区域防洪规划。防洪规划是江河、湖泊治理和防洪工程设施建设的基本依据，城市防洪问题关系城市的安全，影响城市的经济发展、用地布局和环境建设，是大多数城市防灾面临的首要问题，城市防洪规划属城市总体规划的法定内容。

（1）城市防洪类型

按照城市与江河的相对位置，城市防洪有以下几种类型。

1）位于海滨或河口的城市，有风暴潮、河口洪水等产生的增水问题，如上海、广州、福州等城市；

2）位于大江大河沿岸的城市，主要受江河洪水的影响，如武汉、南京、哈尔滨、开封等城市；

3）位于河网地区的城市，由于地势低洼，市区内河道纵横交错，又因航运等原因主要河道不能建闸控制，往往要分许多片进行圈圩防护，如苏州、无锡等城市；

4）依山傍水的城市，除河流洪水外，还受山洪、山体塌滑等威胁，如银川、太原、延安等城市。

（2）防洪工程规划基本内容

《城市规划编制办法实施细则》中关于城市防洪规划的基本内容有以下规定。

1）判明城市防洪类型，属河洪、山洪、海潮还是泥石流，并提出相应防洪标准；

2）计算防洪安全泄量；

3）确定防洪方案和防洪设施的位置与规模；

4）解决防洪设施与道路桥梁的交叉问题。

（3）防洪规划基本步骤

1）确定城市防洪区域（即可能对城市造成洪水威胁的水体或附近山区的汇水流域范围）；确定规划年限内城市防洪工程的设计规模。

2）基础资料的搜集、整理和分析。搜集各种有关资料，并对取得的资料进行整理分析，对其可靠性和精度进行评价。一般包括对被保护城市历次发生洪水的特点进行频率分析；自然资料的整理分析；被保护对象在城市总体规划与国民经济中的地位以及洪灾可能影响的程度分析；城市现有防洪设施，如堤防等工程情况、抗洪能力分析等。

3）防洪标准的选定。合理选定城市防洪标准，对超过设计标准的洪水所造成的危害提出对策方案。城市防洪标准的选定，应以中华人民共和国行业标准《城市防洪工程设计规范》为准。首先根据城市重要程度和人口数量确定城市等别；然后按城市洪灾成因确定所属洪灾类型，对照规范规定即可确定防洪标准的上、下限范围；最后分析洪灾特点、损失大小、抢险难易、投资条件等因素，在规范规定的范围内合理选定城市防洪标准。

4）总体设计方案的拟订、比较与选定。在拟订总体设计方案时，首先应明确城市在流域中的政治、经济地位，城市总体规划对防洪的具体要求；然后根据城市洪灾类型、防洪设施现状、流域防洪规划，结合水资源的综合开发，因地制宜地选择各种防洪措施（如整治河道、加高堤防、修建水库或分滞洪区等）；最后拟定几个综合性的可行性防洪方案，分别计算其工程量、投资额、淹没程度、占地多少、效益大小等指标，并进行政治、经济、技术分析比较，选定最优方案。

11.4　城市防洪工程规划的设计原则

城市防洪工程规划设计中应遵循如下原则。

（1）突出"以人为本"的观念，积极调整人水关系。随着经济、生活水平的不断提高，人们对恢复和建设水边空间景观和生态环境建设的期望越来越高。城市防洪规划应体现城市景观建设和水环境的改善，突出"以人为本"的思想，并贯穿于规划、设计、建设、管理等方面，为人们创造一个安稳、优美、和谐的水环境，恢复和加深人水之间的感情。城市防洪工程要适应城市水利现代化的要求，与城市给水排水改善、河道两侧的绿化和景观建设相结合，尤其要为搞活城市水体、引清拒污和改善水质创造条件，既要在洪水时保证安全，又要在平时为居民亲近水体创造条件，发挥综合效益。

（2）与流域、区域防洪规划相辅相成、相互联系。城市防洪有其自身的特点，需要建立满足城市防洪要求的独立防洪体系，但在建设中必须考虑城市防洪体系的建设对周围区域所带来的影响，服从所在流域、区域的综合规划。流域、区域性防洪工程，则应考虑为城市防洪创造必要的外部环境，帮助城市减轻防洪压力。

（3）城市防洪工程规划是城市总体规划的重要组成部分。城市防洪工程规划要以城市总体规划为依据，统筹兼顾、相互协调。城市规划必须考虑城市的防洪和排涝，居民区、工业和商贸区的总体规划应首先服从城市防洪工程规划和排水工程规划；防洪工程布局应与城市规划中的建筑物、铁路、航运、道路、排水等工程设施的布局综合考虑，与城市规划和排水工程设计保持一致；城市防洪堤坝可以与道路规划一致；山区城镇排洪沟应与排水工程统一考虑。

（4）贯彻防治结合和以防为主的方针。在充分发挥堤防作用的同时，进行全面规划、综合治理、因地制宜、因害设防，以达到提高防洪标准，保护城市工业生产和人民生命财产安全的目的。

（5）编制防洪规划，应当遵循确保重点、兼顾一般，以及防汛和抗旱相结合、工程措施和非工程措施相结合的原则，充分考虑洪涝规律和上下游、左右岸的关系以及国民经济对防洪的要求，并与国土规划和土地利用总体规划相协调。

（6）根据城市的大小及其重要性，在充分分析防洪工程效益的基础上，合理选定城市防洪标准。

（7）充分发挥城市防洪工程的防洪作用，并考虑流域防洪设施的联合利用，防洪措施应与农田灌溉、水土保持、园林绿化等相结合。

（8）充分利用洼地、山谷、原有的湖塘等有利地形，修建泄洪塘库，搞好河湖防洪系统的建设，同时应考虑溃堤后对城市居民点或乡镇企业、农田区域等所产生的影响和应采取的相应措施；防洪工程应尽量避免设置在不良地质的区域内。

（9）重点保护城市沿河岸一侧新建的城市或两岸发展不均衡时，应确保城市一侧的安全。城市一侧的设防标准应高于另一侧。

（10）保证城市内河的通水能力。有内河通过城市时，应保证城市内河的通水能力，以确保在洪水时不会溢出河槽或堤坝。为此应进行较详细的内河设计与计算。沿海城市应注意潮汐的影响。

11.5 防 洪 标 准

11.5.1 设计洪水

设计洪水是指工程规划、设计和施工所依据的一定标准的洪水。设计洪水是为防洪等工程设计而拟定的符合防洪设计标准的当地可能出现的洪水，即防洪规划和防洪工程预计设防的最大洪水。设计洪水的内容包括不同时段的设计洪峰流量、设计洪水过程线、设计洪水的地区组成和分期设计洪水等，可根据工程特点和设计要求计算全部或部分内容。

洪水的特性可用洪水过程线、洪峰流量和洪水总量来说明。洪水过程线是指洪水流量随时间变化的曲线，洪峰流量是指一次洪水过程中的瞬时最大流量，洪水总量是指一次洪水过程的总水量。

通常，河流中每年出现的洪水其大小是不相同的，某一大小的洪水在一定时间内出现次数的百分数，称为该洪水的频率（即该洪水出现次数与规定时间的比值的百分数），如1%、2%及5%频率的洪水等。而在长时间内该洪水平均多少年出现一次或多少年一遇，这一平均重现间隔期，即为该洪水的重现期，如100年一遇或50年一遇的洪水等。

11.5.2 防洪设计标准

城市防洪工程并不像城市给水、排水、供电、燃气、集中供热等市政公用设施，直接参与工业生产和经常为居民生活服务，而是通过为城市提供安全保障，间接体现其经济效益、社会效益和环境效益。特别是经济效益，只有在发生洪水时才集中突出地反映出来，通常由避免或减少洪灾损失来体现。洪水的发生具有偶然性，其发生的几率较少，且历时较短，城市防洪建设的投资较多。

城市防洪标准是指防洪工程抗御洪水能力的规定限度，是城市应具有的防洪能力，即整个城市防洪体系的综合抗洪能力。城市防洪工程的规划设计标准并不是所有城市采取同一个标准，而应根据城市规模的大小、等级的高低、在国民经济中的地位与作用、受洪水威胁的程度、淹没损失大小、工程修复难易程度、人口多少、环境污染状况以及其他自然经济条件等因素，进行综合分析后合理选定。设防标准的采用应依据当地经济技术等条件，因地制宜，不同期限及不同对象可采用不同的设防标准。

一般情况下，当发生不大于防洪标准的洪水时，通过防洪体系的正确运用，能够保证城市的防洪安全。具体表现为防洪控制点的最高水位不高于设计洪水位，或者河道流量不大于该河道的安全泄洪量。防洪标准与城市的重要性、洪水灾害的严重性及其影响直接有关，并与国民经济发展水平相适应。设计防洪水工建筑物时，选用过大的洪水作为设计依据虽然安全，但不经济；若选择的洪水偏小，投资虽然减少，但不安全或达不到预期的防洪要求。因此，需权衡安全和经济各个方面，为工程的防洪能力规定一个恰当的限度，即防洪设计标准。

确定防洪标准需要明确防护对象。防护对象是指受到洪水威胁需要采取措施保护的对象，分为三类：一是自身无能力需要采取其他防洪措施保护其安全的对象，主要指位于防洪保护区内的城市、乡村、工矿企业、重要交通等基础设施；二是受洪水直接威胁需要采取自保措施保证防洪安全的对象，主要指跨、穿和横越江河、湖泊的桥梁、线路、管道等基础设施以及无防洪任务的水电站等；三是保障防护对象防洪安全的对象，主要是指有防洪任务的堤防、水库和蓄滞洪区等水利工程。

（1）城市等级及防洪设计标准

城市不仅人口差别悬殊，在政治、经济、文化方面的重要程度相差也甚大。一般人口愈多、重要程度愈高者，其防洪标准应当愈高；反之，其防洪标准就要低些。我国城市规划法按城市市区和近郊区非农业人口的多少将城市划分为特大城市、大城市、中等城市和小城市四个等级。特大城市是指人口等于或大于 150 万的城市；大城市是指人口在 50 万以上小于 150 万的城市；中等城市是指人口在 20 万以上小于 50 万的城市；小城市是指人口不满 20 万的城市。国家《防洪标准》根据防护对象及其规模和重要性对不同等级城市规定了防洪标准，见表 11-1。需注意的是：城市可以分为几部分单独进行防护，各防区的防护标准，应根据其重要性、洪水危害程度和防护区非农业人口数量确定相应的防洪标准。

城 市 的 防 洪 标 准　　　　　　　　　　　　　　　　表 11-1

城市等级	分级指标		防洪标准(重现期：a)			
	重要程度	城市人口（万人）	河(江)洪、海潮	山洪	泥石流
一	特别重要城市	≥150	≥200	100～50	>100
二	重要城市	150～50	200～100	50～20	100～50
三	中等城市	50～20	100～50	20～10	50～20
四	小城市	≤20	50～20	10～5	20

（2）工矿企业的防洪标准

受洪水威胁的冶金、煤炭、石油、化工、林业、建材、机械、轻工、纺织、商业等工矿企业要有相应的防洪能力，其防洪标准根据规模等级确定，见表 11-2。

（3）乡村防洪标准

以乡村为主的防护区（简称乡村防护区），应根据其人口或耕地面积分为四个等级，各等级的防洪标准按表 11-3 确定。

工矿企业的防洪标准　　　　　　　　　　　　　　　　表 11-2

等　　　级	工矿企业规模	防洪标准（重现期：a）
Ⅰ	特大型	200～100
Ⅱ	大型	100～50
Ⅲ	中型	50～20
Ⅳ	小型	20～10

注：① 各类工矿企业的规模，按国家现行规定划分；

　　② 辅助厂区（或车间）和生活区单独进行防护时，其防洪标准可适当减低。

乡村的防洪标准 表 11-3

等 级	防护区耕地面积（万亩）	防护区人口（万人）	防洪标准（重现期：a）
Ⅰ	≥300	≥150	100～50
Ⅱ	300～100	150～50	50～30
Ⅲ	100～30	50～20	30～20
Ⅳ	≤30	≤20	20～10

（4）基础设施的防洪标准

《防洪标准》对各种城市基础设施的防洪标准作了比较详细的规定，在规划时应根据各种基础设施的重要性采用不同的防洪标准。

工矿企业的尾矿坝或尾矿库根据库容或坝高的规模分为五个等级；国家标准轨距铁路的各类建筑物、构筑物根据其重要程度或运输能力分为三个等级，并结合所在河段、地区的行洪和蓄、滞洪的要求确定；一般公路的各类建筑物、构筑物根据其重要性和交通量分为三个等级；汽车专用公路的各类建筑物、构筑物根据其重要性和交通量分为三个等级；江河港口主要港区的陆域根据所在城镇的重要性和受淹损失程度分为三个等级，当港区陆域的防洪工程是城镇防洪工程的组成部分时，其防洪标准应与该城镇的防洪标准相适应；天然、渠化河流和人工运河上的船闸的防洪标准根据其等级和所在河流以及船闸在枢纽建筑物中的地位确定；海港主要港区的陆域根据港口的重要性和受淹损失程度分为三个等级；民用机场根据其重要程度分为三个等级，当跑道和机场的重要设施可分开单独防护时，跑道的防洪标准可适当降低；跨越水域（江河、湖泊）的输水、输油、输气等管道工程根据其工程规模分为三个等级；从洪水期冲刷较剧烈的水域（江河、湖泊）底部穿过的输水、输油、输气等管道工程，其埋深应在相应的防洪标准洪水的冲刷深度以下；木材水运工程各类建筑物、构筑物根据其工程类别和工程规模分为两个或三个等级；水利水电枢纽工程根据其工程规模、效益和在国民经济中的重要性分为五等；水利水电枢纽工程的水工建筑物根据其所属枢纽工程的等别、作用和重要性分为五级；江、河、湖、海及蓄、滞洪区堤防工程的防洪标准根据防护对象的重要程度和受灾后损失的大小，以及江河流域规划或流域防洪规划的要求分析确定；堤防上的闸、涵、泵站等建筑物、构筑物的设计防洪标准，不应低于堤防工程的防洪标准，并应留有适当的安全裕度；潮汐河口挡潮枢纽工程主要建筑物的防洪标准应根据水工建筑物的级别确定。对于保护重要防护对象的挡潮枢纽工程，如确定的设计高潮位低于当地历史最高潮位时，用当地历史最高潮位进行校核。火电厂根据其装机容量分为四个等级；公用长途通信线路根据其重要程度和设施内容分为三个等级；不耐淹的文物古迹根据其文物保护的级别分为三个等级；对于特别重要的文物古迹，其防洪标准可适当提高。受洪灾威胁的旅游设施根据其旅游价值、知名度和受淹损失程度分为三个等级。

（5）治涝标准

治涝标准一般应以涝区发生一定重现期的暴雨不受涝为准，重现期一般采用 5～10a，条件较好的地区或有特殊要求的粮棉基地和大城市郊区可适当提高标准。如湖北省洪湖地区、湖南省洞庭湖地区、广东省珠江三角洲地区、浙江省杭嘉湖地区的设计暴雨重现期均为 10a；河北省白洋淀地区、辽宁省平原地区的设计暴雨重现期均为 5a。

11.6 设计洪水和潮位计算

11.6.1 设计洪峰流量

相应于防洪设计标准的洪水流量，称为设计洪峰流量。此流量是防洪工程规划设计的基本依据。洪水量计算与泥石流计算是正确规划防洪、防泥石流工程的重要依据。为满足城市河段防洪工程的设计要求，应选定一个或几个河流断面进行设计洪水计算，以这些断面一定标准的洪水作为设计依据，这些断面称为控制断面。推求设计洪水实际上是推求这些控制断面的设计洪水。推求江、河、山洪设计洪水的方法有以下几种。

（1）推理公式法

推理公式是缺乏资料时小流域计算设计洪水时常用的方法，如山洪防治。推理公式有一定的理论基础，方法简便。被应用的流域由于自然条件各异，有关参数的确定也存在一定的任意性，因此必须对计算成果进行合理性与可靠性分析，并与其他方法综合分析比较，从中进行取舍。我国水利科学研究院水文研究所提出的推理公式已得到广泛采用。

$$Q = 0.278C\frac{S}{t^n}F \tag{11-1}$$

式中 Q——设计洪峰流量（m^3/s）；

S——暴雨雨力，即与设计重现期相应的最大的一小时降雨量（mm/h）；

C——洪峰径流系数；

t——流域的集流时间（h）；

F——流域面积（km^2）；

n——暴雨强度衰减指数，与当地气象有关。

该推理公式的适用范围为流域面积 $40\sim50km^2$。公式中各参数的确定方法，需要通过查阅相关计算图表和当地水文手册求得。

（2）地区性经验公式法

在缺乏水文直接观测资料的地区，可采用经验公式法。该法使用方便，计算简单，但地区性很强。相邻地区采用时，必须注意各地区的具体条件是否一致，否则不宜套用，地区经验公式可参阅各省（区）水文手册。应用最普遍的是以流域面积为参变数，其中"公路科学研究所"经验公式使用方便，应用较广。

$$Q = CF^n \tag{11-2}$$

式中 Q——洪峰流量（m^3/s）；

C——径流模数，是概括了流域特征、气候特征、河槽坡度和粗糙程度及降雨强度公式中的指数等因素的综合系数，可根据不同地区按表 11-4 采用。

F——流域汇水面积（km^2）；

n——面积参数，当 $1<F<10km^2$ 时按表 11-4 采用；当 $F\leqslant1km^2$ 时，$n=1$。

该经验公式适用于汇水面积小于 $10km^2$ 的流域。

经验公式使用方便，被广泛推广应用。地区性经验公式很多，应用时可参阅有关资料和各省水文手册。

地　区	在不同洪水频率时的 C 值					n 值
	1：2	1：5	1：10	1：15	1：25	
华北	8.1	13.0	16.5	18.0	19.0	0.75
东北	8.0	11.5	13.5	14.6	15.8	0.85
东南沿海	11.0	15.0	18.0	19.5	22.0	0.25
西南	9.0	12.0	14.0	14.5	16.0	0.75
华中	10.0	14.0	17.0	18.0	19.6	0.75
黄土高原	5.5	6.0	7.5	7.7	8.5	0.80

注：表中的洪水频率反映不同大小洪水发生的可能性，例如 1：5 反映这种洪水发生的可能性是 20％（即 5 年中可能发生一次，或 100 年中可能发生 20 次）。

（3）洪水调查法

当城市或工业区附近的河流或沟道，没有实测资料或资料不足时，设计洪水流量可采用洪水调查法进行推算。当采用推理公式或经验公式进行计算时，为了论证其正确性，也可采用洪水调查法推算洪水流量加以验证。

洪水调查主要是对河流、山溪历史上出现的特大洪水流量的调查和推算。调查的主要内容是历史上洪水的概况及洪水痕迹标高，推出它发生的频率，选择和测量河槽断面，按照式（11-3）计算流速，按照式（11-4）推算设计洪峰流量。

通过洪水调查，取得了洪痕标高（洪水水位）、调查河段的过水断面及河道的其他特征数值，根据这些数值，即可整理分析计算洪水流量。计算洪水流量的方法较多，其中均匀流公式最为常用。

$$v = \frac{1}{n} R^{2/3} I^{1/2} \qquad (11\text{-}3)$$

$$Q = A \cdot v \qquad (11\text{-}4)$$

式中　　n——河槽粗糙系数；

　　　　R——河槽的过水断面与湿周之比，即水力半径；

　　　　I——水面比降，一般用河底平均比降代替；

　　　　Q——通过调查面的洪水流量（m³/s）；

　　　　A——调查河槽断面的过水面积（m²）；

　　　　v——相应调查断面的流速（m/s）。

（4）实测流量法

城市上游设有水文站，且具有 20 年以上的流量等实测资料，利用这些多年实测资料，采用数理统计方法，计算出相应于各重现期的洪水流量。计算成果的准确性优于其他几种方法。在有条件的地区，最好采用实测流量推算洪水流量。

11.6.2　潮位计算

设计高（低）潮位是沿海城市进行防洪（潮）规划、设计时的一个重要水文数据。这不仅关系到临海堤防、护岸和防潮闸等构筑物高程和船舶航行水域深度的确定，而且也影响到构筑物的选型和结构设计计算等。设计潮位包括设计高潮位和设计低潮位。设计高、低潮位的推算，采用年频率统计方法。在分析计算高（低）潮位时，应有不少于 20a 的实测潮位资料，并调查历史上出现的特殊高（低）潮位。

（1）有 20a 以上实测潮位资料推算设计潮位

设有 n 个年份最高（低）潮位值，则可用下式计算。

$$h_d = \bar{h} + \lambda_{pn} \cdot S \tag{11-5}$$

式中　h_d——设计年频率的高（低）潮位（m），高潮位用正号，低潮位用负号；

　　　λ_{pn}——与设计年频率及资料年数有关的系数，可按表 11-5 确定；

　　　$\bar{h}$——连续 n 年的年最高（低）潮位的平均值（m）；

　　　S——n 年潮位值的均方差，可按式（11-6）计算。

$$S = \sqrt{\frac{1}{n}\sum_{i=1}^{n} h_i^2 - \bar{h}^2} \tag{11-6}$$

与设计年频率及资料年数有关的系数 λ_{pn}　　　　　　　表 11-5

年数	频　率　（%）											
	0.1	0.2	0.5	1	2	4	5	10	25	50	75	90
8	7.103	6.336	5.321	4.551	3.779	3.001	2.749	1.953	0.842	−0.130	−0.897	−1.458
10	6.752	6.021	5.055	4.322	3.587	2.847	2.606	1.848	0.790	−0.136	−0.865	−1.400
12	6.513	5.807	4.874	4.166	3.456	2.741	2.509	1.777	0.755	−0.139	−0.844	−1.360
14	6.337	5.650	4.741	4.052	3.360	2.663	2.437	1.724	0.729	−0.142	−0.829	−1.331
16	6.196	5.523	4.634	3.959	3.283	2.601	2.379	1.682	0.708	−0.145	−0.817	−1.308
18	6.087	5.426	4.551	3.888	3.223	2.552	2.335	1.649	0.692	−0.146	−0.807	−1.291
20	6.006	5.354	4.490	3.836	3.179	2.517	2.302	1.625	0.680	−0.148	−0.800	−1.277
22	5.933	5.288	4.435	3.788	3.138	2.484	2.272	1.603	0.669	−0.149	−0.794	−1.265
24	5.870	5.232	4.387	3.747	3.104	2.457	2.246	1.584	0.659	−0.150	−0.788	−1.255
26	5.816	5.183	4.346	3.711	3.074	2.433	2.224	1.568	0.651	−0.151	−0.783	−1.246
28	5.769	5.141	4.310	3.681	3.048	2.412	2.205	1.553	0.644	−0.152	−0.799	−1.239
30	5.727	5.104	4.279	3.653	3.026	2.393	2.188	1.541	0.638	−0.153	−0.776	−1.232
40	5.576	4.968	4.164	3.554	2.942	2.326	2.126	1.495	0.615	−0.155	−0.762	−1.208
50	5.479	4.881	4.090	3.491	2.889	2.283	2.086	1.466	0.601	−0.157	−0.754	−1.191
60	5.410	4.820	4.038	3.446	2.852	2.253	2.059	1.446	0.591	−0.158	−0.748	−1.180
80	5.319	4.738	3.970	3.387	2.802	2.213	2.022	1.419	0.577	−0.159	−0.740	−1.165
100	5.261	4.686	3.925	3.349	2.770	2.187	1.998	1.401	0.568	−0.160	−0.735	−1.155
200	5.130	4.568	3.826	3.263	2.698	2.129	1.944	1.362	0.549	−0.162	−0.723	−1.134
500	5.032	4.481	3.752	3.200	2.645	2.086	1.905	1.333	0.535	−0.164	−0.714	−1.117
1000	4.992	4.445	3.722	3.174	2.623	2.069	1.889	1.321	0.529	−0.164	−0.710	−1.110
∞	4.936	4.395	3.679	3.137	2.592	2.044	1.886	1.305	0.520	−0.164	−0.705	−1.110

（2）不足 20a 实测潮位资料推求设计潮位

实测潮位资料不足 20a，但在 5a 以上，可按极值同步差比法与附近有 20a 以上资料的验潮站（或港口）进行相关计算，推求设计高（低）潮位。进行差比计算时，拟建工程地点与验潮站（或港口）应符合如下相似条件。

　　1）潮汐性质相似；

　　2）地理位置邻近；

　　3）受河流径流（包括汛期）的影响相似；

　　4）受增减水量影响相似。

极值同步差比法的计算公式如下。

$$h_y = A_y + \frac{R_y}{R_x}(h_x - A_x) \tag{11-7}$$

式中　h_y，h_x——分别为拟建工程地点和附近验潮站（或港口）的设计年频率的高（低）潮位值（m 或 cm）；

　　　　A_y，A_x——分别为拟建工程地点和附近验潮站（或港口）的同期年平均潮位值（m 或 cm）；

　　　　R_x，R_y——分别为拟建工程地点和附近验潮站（或港口）的年最高潮位平均值与同期年平均潮位的差值（m 或 cm）。

11.6.3　设计泥石流量计算

由于泥石流形成的条件比较复杂，影响因素较多，流量计算很困难。用流量配方法计算，用形态调查法相补充，是比较常用的方法。

（1）普通配方法

假定沟谷里发生的清水水流，在流动过程中不断的加入泥沙，而使全部水流都变为一定重度的泥石流，这种方法一般称为配方法。可按下式计算。

$$Q_n = (1 + \varphi)Q_w \tag{11-8}$$

$$\varphi = \frac{\gamma_n - 1}{\gamma_h - \gamma_n} \tag{11-9}$$

式中　Q_n——与 Q_w 相同重现期的泥石流流量（m^3/s），一般为 26.7～27.5；

　　　　Q_w——某一重现期的清水流量（m^3/s）；

　　　　φ——泥石流流量增加系数；

　　　　γ_n——泥石流密度（kN/m^3）；

　　　　γ_h——泥砂颗粒密度（kN/m^3）。

按此式计算出的泥石流流量一般偏小，需要增加一个附加量。

$$Q_n = [5.8(1 + \varphi)Q_w]^{0.83} \tag{11-10}$$

（2）考虑泥沙含水量的配方法

对于高密度的黏性泥石流来说，普通配方法中应考虑泥沙含水量。

$$Q_n = (1 + \varphi')Q_w \tag{11-11}$$

$$\varphi' = \frac{\gamma_n - 1}{\gamma_h(1 + \omega) - \gamma_n(1 + \gamma_h\omega)} \tag{11-12}$$

式中　φ'——考虑泥沙含水量的泥石流流量增加系数；

　　　　ω——补给泥石流泥沙中的平均含水量，一般为 0.05～0.1；

其余符号同前。

（3）形态调查法

泥石流形态调查与一般洪水形态调查方法相同，主要是对历史上发生的泥石流在沟床上留下的痕迹、坡度、断面形状和断面粗糙情况进行调查，通过水力学方法估算泥石流的流量。泥石流调查流量按照下式计算。

$$Q_n = Av \qquad\qquad (11\text{-}13)$$

式中　Q_n——调查的泥石流流量（m³/s）；

　　　A——形态断面的有效过流面积（m²）；

　　　v——形态断面的断面泥石流平均流速（m/s），一般按谢才—曼宁公式计算。

11.7　城市防洪排涝工程措施

防洪工程措施是指按照人们的要求用工程手段去改变洪水的天然特性，以防治或减少洪水所造成的灾害，又称为改造洪水的措施。

11.7.1　水库调蓄

（1）修建水库调节洪水

在被保护城镇的河道上游适当地点修建水库，调蓄洪水、削减洪峰，保护城镇的安全。同时还可利用水库拦蓄的水量满足灌溉、发电、供水等发展经济的需要，达到兴利除害的目的。

（2）利用已建水库调节洪水

利用河道上游已建水库调蓄洪水，削减洪峰，保护城镇安全。例如利用位于丹江和汉江入汇口处的丹江口水库的调节，可削减汉江洪水近50%，保证了汉江中下游广大地区和城镇免受洪水的威胁。

（3）利用相邻水库调蓄洪水

如图11-1所示，若相邻两河流 A 和 B 各有一座水库 A 和 B，位置相距不远，高程相差也不大。水库 A 的库容较小，调蓄洪水的能力较低，下游有防护区，而水库 B 的容积较大，调蓄洪水的能力较强，则可在两水库之间修筑渠道或隧洞，将两座水库相互联通，当 A 河道发生洪水时，通过 A 水库调蓄后的部分洪水可通过联通的渠道或隧洞流入 B 水库，通过水库调蓄后泄入 B 河下游，从而确保防护区的安全。

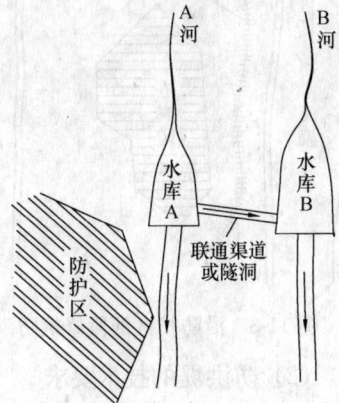

图 11-1　相邻水库联通调蓄洪水

（4）利用流域内干、支流上的水库群联合调蓄洪水

如图11-2所示，利用流域内干、支流上已建的水库群对洪水进行联合调蓄，以削减洪峰和洪量，保证下游防护区的安全；同时利用水库群的联合调度，合理利用流域内的水资源。

11.7.2　修筑防洪堤

（1）防洪堤的布置

如图11-3、图11-4所示，防洪堤应在常年洪水位以下的城市用地范围以外布置，堤线必须顺畅，不能拐直弯。同时也要考虑最高洪水位和最低枯水位、城市泄洪口标高、地下水位标高等因素。当居民点内支流与防洪堤之间出现矛盾时，应参考以下方案妥善解决

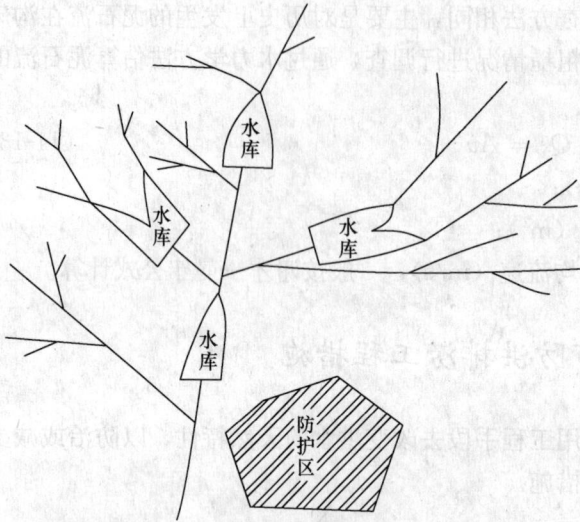

图 11-2 干、支流水库联合调蓄洪水

排除。

1) 沿干流及市内支流的两侧筑堤，而将部分地面水采用水泵排除。此方案排泄支流洪水方便，但要增加防洪堤的长度和道路桥梁、泵站的投资；

2) 只沿干流筑堤，支流和地面水则在支流和干流交接处设置暂时蓄洪区，洪水到来时，闸门关闭，待河流退洪后，再开闸放出蓄洪区的洪水，或者设置泵房排除蓄洪水。此方案适用于流量小、洪峰持续时间较短的支流，且堤内有适当的洼地、水塘可作蓄洪区的情况；

3) 沿干流筑堤，把支流下游部分的水用管道排出，不需抽水设备，这种方案一般在城市用地具有适宜坡度时才宜采用；

4) 在支流建调节水库，城市上游修截洪沟，把所蓄的水引向市区外，以减少堤内汇水面积的水量。

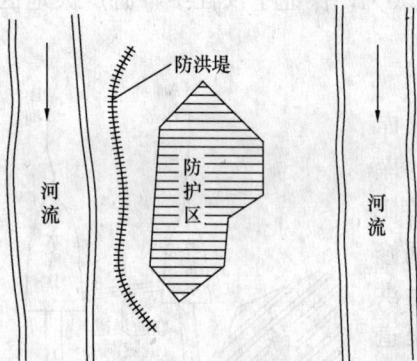

图 11-3 沿防护区河段修筑防洪堤

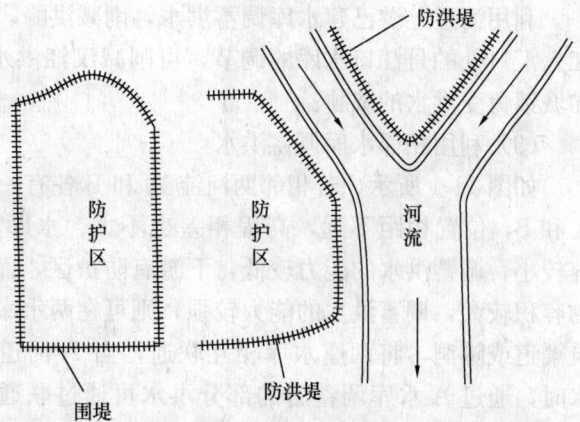

图 11-4 沿防护区修筑围堤

（2）防洪堤的技术要求

1) 防洪堤的轴线应与洪水流向大致相同，并与常水位的水边线有一定的距离；

2) 防洪堤的起点应设于水流平顺的地段，以避免产生严重冲刷；对设于河滩的防洪堤，若对过水断面有严重挤压时，则首段还应布置成八字形，以使水流平顺，避免发生严重冲刷现象；

3) 防洪堤顶可以与城市道路结合，但功能上必须以堤为主；

4) 防洪堤的顶部标高，可采用同一标高或采用与最高洪水的水面比降相一致的坡度。堤顶标高可用下式计算。

$$H = h_h + h_b + \Delta h \qquad (11-14)$$

式中　H——堤顶标高（m）；

　　　h_h——最高洪水位（m）；

　　　Δh——安全超高（m）；一般取 $0.3\sim0.5\text{m}$；

　　　h_b——风浪爬高（m），h_b 可用下式计算。

$$h_b=3.2h_L K \cdot \tan\alpha \tag{11-15}$$

式中　α——护堤迎水面坡角（°）；

　　　K——与护面糙度及渗透性有关的系数。混凝土护坡，$K=1.0$；土坡或草皮护坡，
　　　　　　$K=0.9$；块石护坡，$K=0.8$；

　　　h_L——浪高（m），可用下式计算。

$$h_L=0.0208V_{max}^{5/4}L^{1/3} \tag{11-16}$$

式中　V_{max}——当地最大风速（m/s）；

　　　L——最大水面宽（m）。

5）堤岸迎水面应用块石或混凝土砌护，背坡可栽种草皮保护。为防止超过设防标准的洪水，堤顶可加修 $0.8\sim1.2\text{m}$ 高的防浪墙。

11.7.3　整治河道

整治河道，提高局部河段的泄洪能力，使上下河段行洪顺畅，可以避免因下游河段行洪不畅，致使上游河段产生壅水，而对上游河段造成洪水威胁。河道整治包括如下内容。

（1）河道清障

清理河道中的阻水障碍物称为河道清障，河道清障的内容包括：清理河道中的淤积物和冲积物、树木和杂草、碴土、废弃物、垃圾等；清理在行洪河滩上的建筑物、围堤、围墙等障碍物；清理在河道上修建的阻水桥梁和道路。

（2）扩宽和疏浚河道

扩宽河道和疏浚河道可以加大河道的过水能力，使河道上下水流顺畅，因而可避免因水流不畅而产生壅水。河道扩宽和疏浚的内容包括：加宽局部较窄处的河床，使上下河段行洪顺畅；清除伸向河中的局部岸角，如图 11-5 所示；清除河道两岸岸坡上局部突起的坡角，如图 11-6 所示；清除河道中的浅滩；疏浚河道中淤积的泥沙，加深和扩宽河槽等。

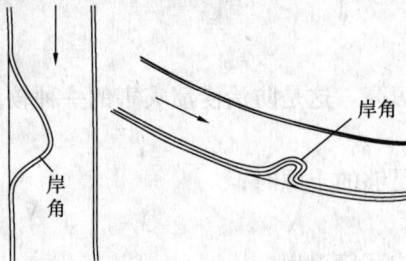

图 11-5　清除岸角　　　　　　　　图 11-6　清除坡角

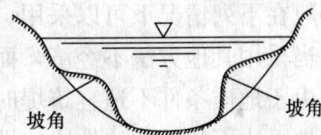

（3）裁弯取直

弯曲河道凸岸往往淤积，凹岸常常冲刷，河槽极不稳定。同时由于河道弯曲，行洪不畅，上游河道将会产生壅水，对防洪造成威胁。为了使河道水流顺畅，提高其行洪能力，应对弯曲河道进行裁弯取直，如图 11-7 所示。

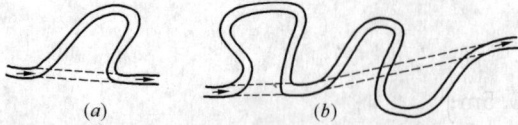

图 11-7　裁弯取直

（4）稳定河床

游荡性河道往往冲淤严重，河宽水浅，主流极不稳定，河床变化迅速，汛期河岸极易冲决。这类河道的治理措施就是稳定河床，具体措施包括：在河滩上植树，加固滩地；对河岸进行加固，防止洪水时受到冲刷；在河滩上修建防护堤，防止汛期时洪水漫溢；在河道中受冲刷的一岸修建丁坝、顺坝、格坝等工程来稳定河床。

11.7.4　修建排水工程

在平原成低洼地区，汛期由于连续降雨或降暴雨、排水不畅、地下水位升高，将会出现涝渍灾害，造成土地盐碱化和沼泽化，致使农作物减产、树木枯萎、建筑物沉陷开裂、地下水质恶化、蚊蝇孳生、地面湿陷坍塌等现象。防治措施就是修建排水工程。

（1）修建排水沟渠

如果涝渍区附近有排水出路，如附近有河道、湖泊、天然洼地、坑塘等容泄区，则可修建排水沟、排水渠进行排水，排除渍水和降低地下水位，这是防治涝渍和浸没的重要措施。

1）地面排水沟渠。排水沟渠敷设在地面，用以排除地表水。根据排水沟渠结构的不同。这种排水沟渠又可分为：排水明沟（渠）和盖板明沟（渠）；

2）地下排水沟渠。排水沟渠设在地面以下，做成暗沟（渠）的形式。

（2）修建排水井

如果地下水位较高，为了除涝和防止发生浸渍，降低地下水位，可以修建排水井进行排水。

1）自流排水井。当地下水位较高，高于地面高程，或地下水为承压水时，则地下水可通过排水井自流排出地面，再结合地面排水沟渠将地下水排入承泄区；

2）抽水排水井。当地下水为非承压水，地下水位低于地表面时，则地下水不可能通过排水井自流排出地面，此时必须通过向井外抽水来降低地下水位。

（3）修建排涝泵站

对于低洼地区的积水，无法自流排出防护区，则应选择适当地点修建排涝泵站，将水抽出防护区。

11.7.5　场地填高

场地填高就是把容易被淹没用地进行平整填高，这是防治涝渍灾害的一种较为简单的措施，一般在下列情况下可以采用。

（1）当采用其他方法不经济，而又有方便足够的土源时；

（2）由于地质条件不适宜筑堤时；

（3）填平小面积的低洼地段，以免积水影响环境卫生。

填高低地可以根据建设需要进行填高，并可分期投资，以节约开支。但土方工程量一般较大，总造价昂贵。

11.7.6　修建与整治城市湖塘

利用城市低洼地、河沟修建城市湖塘或将现有的城市湖塘进行扩建整治，使其发挥调蓄洪水的功能是许多城市在规划中常用的方法。整治后的城市湖塘还可以发挥多项功能，一是可以调节气候，改善城市卫生，美化城市；二是可以集蓄雨水，在旱季时用来灌溉园林、农田；三是可以利用城市增加副业生产，养鱼、种茭白和莲菜等经济作物；四是可利用其修建休闲福利设施，增加城市文化、休息的活动场所。

（1）在小河、小溪或冲沟上筑坝，形成坝式池塘；

（2）在河漫滩开阔地段筑围堤或者挖深，营造一个较大水面，形成围堤式池塘；

（3）整治原有池塘，开挖出水口，变死水为活水。

由于水源和地质条件的限制，往往不是所有的洼地都能建成湖塘，为了保证湖塘有足够的水源，需要做仔细的经济技术比较。

11.8 非工程防洪措施

11.8.1 非工程防洪措施概述

非工程措施（Non—structural measures）是对工程措施而言的，泛指直接利用蓄、泄、分、滞等各类防洪工程以外的可以减少洪灾损失的其他各种措施。1966 年美国国会一个论述洪水灾害的文件中正式使用了"非工程措施"的概念，自此以后，这个术语便被许多国家引用，我国也采用了。非工程措施防洪策略的基本思想，是根据洪水的自然条件，在一定条件下允许大洪水淹没一部分洪泛区，通过采取各种非工程措施，尽可能减少洪灾损失，并逐步达到洪泛区合理的利用。

采用防洪非工程措施的原因主要有以下几点。

（1）只靠工程措施既不能解决全部防洪问题，又费用高昂，必须考虑与非工程措施的结合。

（2）洪泛区的开发利用不尽合理，人口和财富迅速增长，以致世界各国虽作了大量的防洪工程，但洪水所造成的损失仍然有增无减；

（3）现有防洪工程多数防御标准不高，提高标准在经济上又不合理，而超标准的洪水又可能发生；

（4）大型防洪工程投资大、占地多、移民问题突出，开发条件越来越差，可兴建的工程越来越少。因此，以非工程措施与工程措施相结合来减少洪灾损失的途径，日益为人们所重视。

11.8.2 非工程防洪措施的内容

非工程防洪措施作为整个防洪体系的重要组成部分，其内容是不断丰富扩大的，它涉及立法、行政管理、经济和技术措施等各个方面。不同文献对非工程防洪措施的概括和分类是不完全相同、但基本内容是一致的，大体包括以下内容。

（1）洪泛区管理。按洪水危险程度和排洪要求，将不宜开发区和允许开发区严格划分开；允许开发区根据可能淹没的几率规定一定用途，并通过政府颁布法令或条例进行管理，防止侵占行洪区，达到经济合理地利用洪泛区。

（2）对洪水易淹区内的建筑物及其内部财物设备的放置等方面都给予规定。例如规定建筑物基础的高程、结构，规定财物存放在安全地点或在洪水到来前移至安全地点等。

（3）推行洪水保险。通常指强制性的洪水保险，即对淹没几率不同的地区，对开发利用者强制收取不同保险费率，从经济上约束洪泛区的开发利用。

（4）建立洪水预报、警报系统，拟定和采取居民应急转移计划和对策。把实测或利用雷达遥感收集到的水文、气象、降雨、洪水等数据，通过通信系统传递到预报部门分析，直接输入电子计算机进行处理，作出洪水预报，提供具有一定预见期的洪水信息，必要时发出警报，以便提前为抗洪抢险和居民撤离提供信息，以减少洪灾损失。它的效果取决于社会的配合程度，一般洪水预见期越长，精度越高，效果就越显著。

（5）救灾。从社会筹措资金、国家拨款或利用国际援助等进行救济，给受灾者以适当补偿，以安定社会秩序，恢复居民生产生活。救灾虽不能减少洪灾损失，但可减少间接损失，增加社会效益。

（6）制定执行有关法令和经济政策等。

11.8.3　非工程措施与工程措施的区别

防洪的工程措施和非工程措施两者目标是一致的，也是互相关联和有互补性的，但在具体措施上是不同的。

（1）工程措施着眼于洪水本身，设法利用各种防洪工程控制或约束洪水，改变洪水有害的时空分布状态，使防洪保护区不受淹或少受淹；非工程措施并不改变洪水的存在状态，而是着眼于洪泛区，设法改变洪泛区的现实和发展状况，使之更能适应洪水的泛滥。

（2）工程措施基本上是一个工程技术问题，非工程措施在很大程度上是一个管理问题，它涉及行政、法律、经济和技术等各个方面。

（3）工程措施要修建防洪工程，需要投入较多的资金，一般要列入基本建设计划。非工程措施虽不修建防洪工程，但也需要一定资金进行洪泛区安全建设，建立洪水预报、警报系统和开展各项有关业务活动等，投入资金可能要少一些，但过去往往被忽视或容易被削减。

（4）防洪工程的管理维修和调度运行，技术性较强，主要依靠专业部门去做。非工程措施的政策性较强，关系到全社会各个方面，必须由各级地方政府直接领导，依靠各有关业务主管部门、社会团体和广大群众共同执行。

（5）工程措施通常是用一个指标，如用防御百年一遇洪水的指标来表示对防洪保护区的防御程度；非工程措施不采用保护程度的指标，而是根据措施本身特点采用减少洪灾损失程度或风险程度等含义。

11.9　规划基础资料及成果

11.9.1　基础资料

城市防洪工程规划具有综合性特点，专业范围广，涉及的市政设施也多。因此在工程设计中要搜集整理各种有关资料。一般包括地形图、河道（山洪沟）纵横断面图、地质资料、水文气象资料、社会经济资料等。搜集齐全后，还要到现场实地踏勘、核对。

（1）地形图

地形图是防洪规划设计的基础资料，各种平面布置图，在各设计阶段对地形图的比例要求不同，见表11-6。

防洪工程设计对地形图的比例要求 表 11-6

初步设计	汇水面积 （km²）	≥20		1：25000～1：50000
		≤20		1：5000～1：25000
	工程总平面图布置图、滞洪区平面图			1：1000～1：5000
	堤防、护岸、山洪沟、排洪渠、截洪沟平面及走向布置图			1：1000～1：5000
施工图设计	工程总平面布置			1：1000～1：5000
	构筑物 平面布置	堤防、山洪沟、排洪渠、截洪沟		1：1000～1：5000
		谷坊、护岸、丁坝		1：500～1：1000
		顺坝、防洪闸、涵闸、小桥、排涝泵站		1：200～1：500

（2）河道（山洪沟）纵横断面图

对拟设防和整治的河道或山洪沟，必须进行纵、横断面的测量，并绘制纵、横断面图。纵横断面图的比例要求见表 11-7。横断面施测间距一般为 $100\sim200$m。在地形变化较大地段，应适当增加断面，纵、横断面施测点应相对应。

防洪工程的范围大小差异很大，因此对测量资料的要求差异也很大，测量范围应根据工程的具体情况确定。

纵横断面图的比例 表 11-7

图 名	比 例		图 名	比 例	
纵断面图	水平	1：1000～1：5000	纵断面图	水平	1：100～1：500
	垂直	1：100～1：500		垂直	1：100～1：500

（3）水文地质资料

1）主要包括设防地段的覆盖层、透水层厚度以及覆盖层、透水层和弱透水层的渗透系数；

2）设防地段的地下水埋藏深度、坡降、流速及流向；

3）地下水的物理化学性等。

（4）工程地质资料

1）设防地段的地质构造、地段的地貌条件；

2）地震断裂带、滑坡、陷落情况；

3）地基岩石和土壤的物理力学性质；

4）天然建筑材料（土料和石料）场地、物理力学性质、分布厚度、质量、储量及其开采和交通条件等。

（5）水文气象资料

1）历年暴雨量资料（至少 $10\sim20$a）；

2）地区水文图集及水文计算手册；

3）历年最高洪水位，洪峰流量及持续时间，历史洪水及灾害调查资料；

4）历史最高洪水位和多年洪水位以及当地最大暴雨强度和持续时间；

5）河道含砂量及河道变迁情况。

（6）其他资料

1）汇水流域内的地貌和植被情况；

2）洪水汇水域图，比例 1：5000～1：50000；

3）城市总体规划，河湖及城市市区、工业区、郊区布局规划图，比例 1：5000～1：50000；

4）当地建材价格、运输及当地概算有关资料；

5）现有防洪、排水、人防工程等设施及使用情况；

6）有关河道湖泊管理的文件规定等；

7）城市市区防洪、排水设施现状图，比例 1：1000～1：10000；

8）生活、生产污水的水质、水量、环境污染状况以及造成的危害；

9）环保、卫生、农业、水利等部门对水体防护的要求；

10）工业发展预测资料：在规划年限内可能发展的工业企业类型，产品种类和产量以及规划位置等；

11）规划区域内的地形测量成果图，1：500～1：5000；

12）市区道路工程规划图，1：2000～1：10000。

11.9.2 规划成果及其要求

（1）城市防洪工程专业规划说明书

1）城市概况，主要说明城市人口及发展预测、污水排放情况和历年洪水情况以及现状、自然条件等；

2）防洪、排水设施现状；

3）防洪工程规划的范围及任务；

4）规划依据；

5）城市防洪工程规划的原则及内容：主要指城市防洪标准的选择；洪水量的计算方法，计算公式及洪水的计算成果；防洪工程主要措施（包括工程措施和非工程措施）；防洪渠的定线及水力计算成果；

6）需要新建设的城市防洪工程设施与现有防洪工程设施互相衔接的技术措施；

7）主要设备材料及工程量情况；

8）存在问题及意见。

（2）规划图纸

城市洪水防治区域规划图，比例一般 1：2000～1：50000，主要反映防洪、排洪沟的布置及其长度、坡度等。若城市用地规模过大、过小或过于分散，或有其他特殊要求时，可视情况缩小或放大比例尺。

第12章 区域给水排水工程综合规划

12.1 区域给水排水工程综合规划概述

12.1.1 区域给水排水工程规划的提出

随着改革开放的不断深入和社会主义市场经济的蓬勃发展，城镇分布密度增大，城市的辐射和集聚功能日益明显并得到强化，绝大部分城镇的人口和面积出现急剧膨胀，新城镇数量迅速增加。各市、县为了加快经济增长速度和招商、引商的需要纷纷开辟了各种工业园区、经济开发区、高科技产业园区、旅游度假区等。从而使相邻城市间的距离愈来愈短，城市之间的亲和、渗透作用、资源的共享和基础设施的区域整体功能要求加强。城市发展中的这些变化已经引起各级城市管理部门和规划人员的重视并逐渐形成共识。为了适应这种变化已经提出进行"都市圈"、"城市密集带"、"组团型城市"等的区域性规划——一种更大范围的宏观控制规划。

随着国民经济的不断发展，水污染的问题也越来暴露出来，目前，我国江河流域普遍受到污染，且呈发展趋势，不能满足Ⅲ类水质标准的河段占85.9%，城市河流污染更加严峻，63.8%的河段污染较重，为Ⅳ类水质。我国东部的湖泊几乎都处于富营养化状态，全国的大型淡水湖泊和城市湖泊均达中度污染，大型湖泊污染程度由重到轻依次为滇池、巢湖、南四湖、洪泽湖、太湖、洞庭湖、镜泊湖。近20年来，城市地下水水质也普遍呈恶化趋势。城市建设注重给水、偏废排水、忽略生态用水，对有限的水资源一味盲目开采、利用，缺乏有效保护，造成水资源短缺和水环境质量的不断恶化。而且，由于缺乏区域统筹规划，各城市仅关注本城市可获取的水量、水质及水系的上下游问题，结果常常出现城市之间污染转嫁、上游城市过度开发，从而导致整个流域或区域用水日趋紧张。目前，城市供水可取用水源日渐减少，加之城市工业的发展和城市规模的扩大，城市需水量迅猛增长。许多城市为了解决供水问题，纷纷各自寻找水源，采用远距离引水。为了提高供水水质，减少重复投资，合理利用水资源，实现规模效益，在全国很多地区开始提出或已经实施了区域供水规划。这样既能协调城镇供水需求和供水工程建设，又有利于统一排放经过处理的污水，也有利于管理城市用水。

12.1.2 区域给水排水工程综合规划的基本思想

（1）树立区域、流域观念，实现给水排水工程建设的整体协调发展

纵观世界各国发展历程，在规划、开发新区以及自然资源的开发与环境保护等方面，区域规划被广泛地推行采用，成为实现区域经济发展的重要前提。区域规划中有一项很重要的专业规划即水资源综合利用规划，其主要内容之一就是给水排水工程规划。区域性的给水排水工程规划应根据区域水资源时空分布特点或河流水体上、下游的水文、水利关系，进行水资源开发和水污染控制，在区域范围内通过水资源的合理调配，平衡供需矛盾，通过协调污水处理、排污口及水体自净容量之间的关系，维系河流水资源的供给能

力，保证下游城市的生存和发展，维护区（流）域生态平衡。此外，区域给水排水工程综合规划还应根据区域内水资源可供量及分布特点、水环境承载力，对区域内各城市用地布局、产业结构、发展需求进行分析评价，限制高耗水工业与重污染企业的发展，提倡建设节水工业和采用清洁工艺，促进区域经济——水资源——环境的协调发展。

（2）以系统分析方法进行区域给水排水工程综合规划

系统方法的主要作用就在于它能够帮助我们实现系统的最优化。系统方法就是以系统思想为出发点，着重从区域整体与各城市或地区之间、区域与水环境之间的相互联系、相互作用中综合地考察给水排水系统，建立相关数学模型，寻求区域内给水排水系统的优化。区域给水排水工程作为一个系统，包括取水设施、供水设施、用水对象、排水设施、污水处理设施、水源的生态环境以及该地区的经济文化状况等诸多相互关联和相互影响的要素，它们构成了一个整体。在这个整体里由于环境和经济活动等各种因素的变化，这个系统及其内部关系又总是在不断地变化。经过通盘的考虑和细致的研究，可寻找出这个给水排水工程的设计、建设和管理的综合最优方案。系统分析方法是解决社会用水供需矛盾以及水体环境恶化与恢复的平衡矛盾比较科学的、有效的方法之一。

（3）保障区域生态环境需水，提倡水资源综合利用

忽视水资源与生态环境系统之间的关系是 20 世纪水资源管理的失误，直接导致了生态环境的恶化，引发出河道断流、地下水位下降、森林退化和生物多样性减少等问题。要解决这些问题，必须重新审视水资源管理策略，强调水资源、生态系统和人类社会的相互协调，重视生态环境和水资源的内在联系，必须考虑生态用水要求，重新审视供水、用水、节水、排水、污水处理及其回用等规划策略。此外，还需充分考虑水资源的可持续利用。提倡一水多用、串联使用，提高生活用水的重复使用率、实行工业循环用水、分质用水、回收利用污水等措施，将以往对水污染的消极治理变为积极预防，这样才能促进水环境质量向着有利于人类当今和长远利益的方向发展。

12.2 区域给水规划

12.2.1 区域需水量预测

区域用水包括城镇生活用水、工业用水、市政公共服务用水以及农村用水。通常城市供水工程设计时采用的水量预测方法有：按分类用水定额法测算；按历年用水增长率法测算；按综合用水定额法测算。历年用水增长率法是依据过去历年用水增长（递减）率来对未来的水量推测。由于经济发展的变化非线性，预测值前后相差很大，不容易估计准确。综合用水定额法是用规划人口乘以人均综合用水定额指标来预测未来某年的水量，由于不同地区的工业结构不同，万元产值耗水率不同，工业用水与生活用水的比例也不一样，则工业用水人均指标就不同，而生活用水量指标几乎差不多，故采用综合用水定额指标来估算水量不太准确。因此，区域供水规划中水量预测宜采用分类用水定额法计算，用综合用水定额法校核。

（1）综合用水定额法

目前，城市规划行业往往采用城市单位人口综合用水量指标来测算水量。综合用水量可根据《城市给水工程规划规范》规定进行估算，具体数据参见第 8 章内容。

（2）分类用水定额法

1）城镇生活用水

根据 1997 年《中国城市生活用水状况及节水目标》统计资料，我国不同规模和地区的城市生活用水量见表 12-1。城镇生活用水量随着城镇人口的增加、住房面积的扩大、公共设施的增多、生活水平的提高在不断增加。用水水平与城镇规模、水源条件、生活水平、生活习惯和城市气候等因素有关。据世界一些主要大城市生活用水量统计资料，每人每天用水量较低的约 100～200L，一般为 300L，最高可达 600L 以上。我国一些大城市为 100～150L，最高达 200～250L，最低为 70～80L。规划时，可按远景人口规模和人均日用水量标准（200～400L/d）估算日常生活用水。

我国不同规模和地区的城市生活用水量[L/（人·d）]　　　　　　表 12-1

城市类别（人口数）	城市生活用水		居民住宅用水		公共市政用水	
	北方	南方	北方	南方	北方	南方
特大城市（>100 万）	177.1	260.8	102.9	160.8	74.2	94.0
大城市（50～100 万）	179.2	204.0	98.8	103.0	80.4	101.0
中城市（20～50 万）	136.7	208.0	96.8	148.9	39.9	59.1
小城市（<20 万）	138.0	187.6	79.3	148.5	58.7	39.1

2）工业用水

工业用水一般是指工、矿企业在生产过程中，用于制造、加工、冷却、空调、净化、洗涤等方面的用水，其中也包括工、矿企业内部职工生活用水。工业用水不仅占城市用水的比重大，而且增长速度快、用水集中，现代工业生产尤其需要大量的水，它是造成城市水资源紧张的主要原因。工业用水还与工业结构、工业生产的技术水平、节约用水的程度、用水管理水平、供水条件和水源多寡等因素有关。在规划时，可按万元产值用水量和远景工业产值进行估算，也可按趋势法和相关法进行预测。

$$Q = Q_0 (1+p)^n \tag{12-1}$$

式中　Q——规划期工业需水量；

　　Q_0——起始年工业用水量；

　　p——工业用水年平均增长率；

　　n——预测期。

3）城市市政公共服务用水

可按占城镇总用水量比例（10%～20%）估算。

上述三者合计平均日总用水量规模和年总用水量作为今后水厂建设规模的依据。

4）农村用水

农村用水包括农林牧副渔及农村居民点、乡镇企业等总的用水量。其中以灌溉用水量所占比重最大。农村用水受农作物生长期的有效降雨量的大小及土壤的保水性能好坏影响，还受农作物组成、灌溉管理等人为因素的影响，用水量面广、量大、季节性强。可根据各种作物的灌溉定额乘以种植面积得出灌溉需水量，并选择好灌溉水源，搞好和城镇用水的协调。

12.2.2 区域给水规划

（1）区域给水系统组成

区域给水系统一般由水源、取水工程、净水工程、输配水工程四部分组成。

1）水源

A. 地表水。包括江河水、湖泊水以及海水等；

B. 地下水。包括浅层水、承压水、裂隙水、岩溶水和泉水。

此外，污水的回收处理再利用，也越来越被人们重视。

2）取水工程

指在适当的水源和取水地点建造的取水构筑物。其主要目的是保证城镇取得足够数量和良好质量的水。

3）净水工程

建造的给水处理构筑物，对天然水质进行处理，满足国家生活饮用水质标准或工业生产用水水质标准要求。

4）输配水工程

包括由水源或取水工程至净水工程之间的输水管、渠或天然河道、隧道以及由净水工程到用户之间的输水管道、配水管网和泵站、水塔、水池等构筑物。

（2）水源地选择

地下水、地表水、水库水等清洁水源（Ⅲ类水以上）可作为供水的水源地，视其水量、分布和周围环境择优而定。一般应选择水量充沛，水质良好，便于防护和综合利用矛盾小的水源；同时，接近用水大户，有利于经济合理地布置给水工程。

（3）拟定水厂地址

地下水应根据水文地质条件，选在接近主要用户的水质良好的富水地段，取水构筑物位置应设在城镇和工业企业的上游。河流水应选择水深岸陡、泥沙量少的凹岸或河床稳定、水深流速快的河段较窄的顺岸，接近用水集中的大户，布置在不受洪水淹没，安全可靠的城镇和工业区的上游地段。

（4）管网布置

区域性给水工程一般有以下三种形式：一是长距离输水工程如引滦入津，引黄济青等；二是集中型布置，即若干个乡镇由一个水厂供水，如某市一水厂由太湖取水，设计能力80万 t/d，通过输水干管，统一供给该市东部 20 余个乡镇。三是分散型布置，各个城镇和工业区各自取水就近布置输水管网。此外城市人口、工业集中，用水量大，需要若干个水厂分区供水，可同时组成统一的输配管网，便于互相补充和调剂。

12.3　区域排水规划

12.3.1　区域性布置形式

区域性布置就是把两个以上城镇地区的污水统一排除或处理，如图 12-1 所示。该形式有利于污水处理设施集中化、大型化和水资源的统一规划管理，节省投资，运行稳定占地少，是水污染控制和环境保护的一个发展方向，这种布置形式对于边远地区和城郊等建筑密度较小地区不适用，因为管理复杂，工程基建周期长，见效较慢，而且存在事故影响面较大的问题。适用于城镇密集区及区域水污染控制的地区，并能与区域规划进行有效地协调。

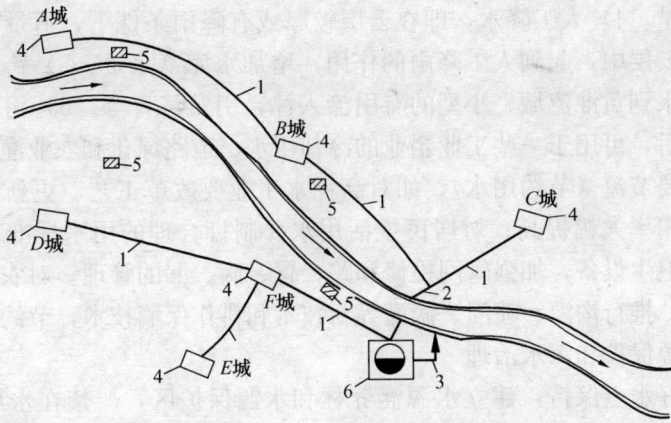

图 12-1　区域排水系统示意图

1—污水主干管；2—压力管道；3—排放管；4—泵站；
5—废除的城镇污水处理厂；6—区域污水处理厂

12.3.2　规划步骤

城镇和工业区的排水可以采用合流制，也可采用雨污分流制。由于工业污水和生活污水对环境污染日趋严重，一般都采用雨污分流排放制。其规划步骤如下。

（1）污水量预测。

（2）污水管网规划。

（3）集中污水处理厂设置。

12.3.3　区域排水量估算

按用水量的 80%～85% 计，或工业污水和生活污水分别计算。

12.3.4　区域排水规划布局

污水管网规划包括划分排水区域，确立排污管走向、断面形式和尺寸、泵站和污水处理厂位置。污水处理厂一般选择距城镇工业区一定距离的河流下游。污水经物理、生物、化学等方法处理达到排放标准后，才能排入河道。雨水排放按相应城市暴雨强度公式估算排水量，设计排水管网，就近排入河道。

12.4　区域给水排水规划中的几个问题

（1）综合利用

水资源是一种多用途的资源，兼有航运、发电、灌溉、供水之功效。给水规划应在水资源综合利用、统筹安排、供需平衡的前提下才可能得到有效的实施，否则会形成抢水现象。为此应开展流域规划、河湖水系规划，建立水资源管理、协调机构，充分发挥水资源的经济效益，最大限度地满足各部门、各地区的用水要求，保证洪水排泄畅通无阻。

（2）开源节流，合理用水

为了解决干旱地区和城市水源不足的困难，需要广辟水源。主要做法有：1）向地下要水，供给分散的居民和居民区、工业区，但只能适度开采，以免地面沉降。2）海水淡化或用海水作为冷却水，但海水淡化制水的成本高，不易推广。3）建立水源工程，修筑水库，扩大蓄水量。4）人工降水，即在云层较厚或有降雨条件下，适量撒播有促进降雨作用的凝结核于云层中，起到人工降雨的作用，增加水库蓄水量。5）跨流域调水，如南水北调，引长江水到黄淮流域，小型的有引滦入津，引黄济青等。6）污水再利用。在城市污水处理净化后，可用于一些工业企业的冷却用水、道路绿化和农业灌溉用水等。在开源的同时，更需要节流（节约用水），如对高耗水工业要改革工艺、更新设备，建立节水型工业，使水利用率大幅提高；对居民生活用水要制订合理的用水标准，实行超标水费制，推广节水型卫生设备，加强管网检修和跑、冒、滴、漏的管理。对农业要提高农业灌溉水的利用系数，推行沟灌、喷灌、滴灌等新技术和耕作保墒技术，节约灌溉用水。

（3）加强水源保护和污水治理

首先，要搞好水土保持，建立水源涵养林和水源保护区，严禁在水厂上游 1km、下游 100m 范围内建厂排污；控制地下水过量开采，实行冬季回灌。其次要治理污水，应采取厂内治理和城市集中治理、污染物的综合利用和净化处理相结合的办法改善城市水质，工业废水排放必须符合工业废水排放浓度标准。城市汇集的工业废水和生活污水应经过污水处理厂处理达标后排入河流。由于农田中化肥、农药所含的有机物和有毒物质也随着农灌退水流入河流，污染水体。因此，应多施有机肥和生物农药，禁磷，减轻污染危害。最后，在管理上应采取行政、立法、经济等手段，实行环境保护责任制，改浓度控制为总量控制和企业、部门定量排放制、收取排污费等措施，加强水源保护，加快污水治理。

第 13 章 城市给水排水规划工程实例

13.1 西部某县城给水排水总体规划工程实例

13.1.1 县城概况

规划县城位于西部某省西部，位于黄河北岸，东西长 118km，南北宽 91.8km，全境面积 4760.34km²，折合 47.6034 万 hm²。该县城地形由西向东、由南向北倾斜，境内海拔高度最高为 2362m，最低为 1194m。地貌类型分为沙漠、黄河冲积平原、台地、山地、盆地五个较大的地貌单元。属宁南中温带干旱气候区，地处内陆，远离海洋，靠近沙漠，是典型的大陆性气候，而且具有沙漠性气候特征。全年日照时数 2845.9h，日照率 64%。太阳年辐射总量 141.90kcal/cm²；年平均气温 8.4℃，无霜期 167 天；年平均降水量 188.4mm，多集中于 7～9 这 3 个月；年平均蒸发量平原地区为 1913.8mm，沙漠地区为 3206.5mm。主要自然灾害有干旱、洪水、霜冻、风沙及冰雹等。该县城水资源比较丰富，境内共有三条主要河流，主要为黄河过境水。年平均流量 1039.8m³/s，年平均过境水量 328.14 亿 m³，年可利用水量 7.05 亿 m³。水资源分布极不平衡，地区间有余有缺。2002 年全县 339369 人，非农业人口 71317 人，占总人口 21%。县域总人口控制指标为：2005 年 36 万，2010 年 40 万，2020 年 45 万。现状城镇化水平为 34.9%。规划期内城镇化水平每年增加 1～2 个百分点，则城镇化水平 2005 年 40%，2010 年 45%，2020 年 60%。城镇人口为 2005 年 14.4 万，2010 年 18.0 万，2020 年 27.0 万。确定的城市人口规模为：2005 年 13.0 万，2010 年 16.0 万，2020 年 25.0 万。2002 年全县国民生产总值 178381 万元，其中第一产业 42451 万元，第二产业 69573 万元，第三产业 66357 万元，三大产业比重为 24:39:37。工业总产值 146773 万元，轻工业 74531 万元，占 50.8%；重工业 72242 万元，占 49.2%；农业总产值 51503 万元。农民人均纯收入 2806 元，城镇居民人均可支配收入 5685 元。人口出生率 13.29‰，死亡率 5.27‰，自然增长率 8.02‰。主要农产品有粮食、油料、水果、肉类、水产品等，工业产品为原煤、机制纸、水泥、铁合金、电石、石膏板、金属镁、染料中间体等。该县是全国农业先进县和平原绿化先进县，是该省重要的商品粮生产基地、水果蔬菜种植基地、畜牧业发展基地，形成了粮食、肉蛋、蔬菜、果品四大农业支柱产业。工业形成了造纸、农副产品加工、建材、冶金、化工四大支柱产业。

13.1.2 给水排水工程现状

（1）给水工程现状

1）水源

城区供水水源为地下水，水源水质除锰含量超标外，所监测的 20 项水质指标均符合国家《生活饮用水水源水质标准》CJ 3020—93 的规定。县城自来水公司水厂原有深井泵房 8 眼，清水池 4 座（2×800m³、2×3500m³）。

2）给水处理厂

由于黄河贯穿县城，流量大、水质较好，地下水补给良好，现有水厂一座，位于县城沙渠桥头南侧，占地面积 1.3hm²，日供水能力为 8000m³/d。近期（2000 年）供水规模为 2.0 万 m³/d，远期（2010 年）供水规模为 4.2 万 m³/d。

3）城区给水管网现状

城区给水管网不全，没有形成网络，供水可靠性差。随着城区规模的不断扩大，现有供水设施的供水能力已无法满足城区用水的要求。迎水区没有给水系统，靠自备井自行解决。主要给水管网包括：南二环路主干管：DN200～600 球墨铸铁管，埋深 1.5m；东西大街主干管：DN150～500 球墨铸铁管，埋深 1.5m；南北大街、环城路主干管：DN200 球墨铸铁管，埋深 1.5m；长城东街、文昌南路、四中南路、卫谢南路、南大街、卫谢北路主干管：DN200～300 球墨铸铁管，埋深 1.5m。

（2）排水工程现状

1）现状排水体制

城市排水采用合流制。

2）污水处理厂

污水处理厂位于黄河引道与转盘东南角，日处理污水能力为 4 万 m³/d。

3）城市排水管网现状

城市污水主干管沿美利街、应理街、长城街、文昌街敷设，总长为 7335m，均为钢筋混凝土预应力 Ⅰ 级管，其中：应理街排水干管：d500 钢筋混凝土管 799m，埋深 1.7m；长城街排水干管：d600 钢筋混凝土管 476m，d800 钢筋混凝土管 707m，埋深 1.9m；文昌街排水干管：d1000 钢筋混凝土管，长 818m，埋深 2.1m；美利街排水干管：d1200 钢筋混凝土管 1085m；d1500 钢筋混凝土管 653m，d1550 钢筋混凝土管 589m，d1800 钢筋混凝土管 2206m，埋深 2.1m。

（3）消防与防洪现状

1）消防

该县消防中队现址位于中山街，占地约 0.3hm²。属标准型普通消防站，现有消防车 4 辆，其中普通水罐车 3 辆，泡沫消防车 1 辆。现状有消火拴 37 个，另有自备消火栓 47 个。

2）防洪

该县地处黄河上游下端，境内地貌类型多样，县城南依黄河，坡陡流急，随着与河水俱来的石子和悬移泥沙的推移，河身不停的游移改道。因此县城历史上多受河汛洪灾之害。1968 年上游刘家峡等水库建成后，境内黄河径流年内分配有显著变化。直到 1987 年才基本稳定了河床，堵塞了岔道。黄河自景庄乡南长滩村入境，北东向流，而后于下河沿进入引黄灌区。境内流程 114km。南长滩至下河沿长 61km 行于黑山峡峡谷之中，河床宽 150～250m，下河沿至山河桥长 53km，河床宽 250～1000m。实测最大流量 5980m³/s，最高水位 1235.19m，最低水位 1228.99m，多年平均过境水量 327.35 亿 m³、流量 1038m³/s，含沙量 4.3kg/m³，输沙量 14207 万 t/a。下河沿以下水面纵比降 1/1000～1/3000，最大流速 3.2～4.2m/s，最大水深 8.7m。经过多年治理，在黄河两岸已修筑防洪堤 69.9km。营造黄河护岸林带 74km，宽 50～300m，修筑护岸码头 180 座，挑水丁坝

130座。黄河上游龙羊峡等建库蓄水后，调洪作用进一步加强。

13.1.3 给水工程规划

（1）设计依据

1)《中华人民共和国城市规划法》

2)《城市规划编制办法及实施细则》

3)《省国民经济和社会发展第十个五年计划纲要》

4)《省国民经济和社会发展"十五"计划》

5)《县城市总体规划（1997—2010)》

6)《省"十五"给水工程规划》

7)《县城水源地供水水位地质勘探报告》（2003.5)

（2）规划原则

实行水资源的统一规划，统一管理和调度；充分挖掘河流水源、地下水源；节约用水，实行有计划用水；努力提高现有工业用水的重复利用率，限制建设高水耗生产企业；保护水源水质，提高用水质量；改造和新建管网，形成统一的和以环状管网为主的给水管网，保证供水的安全性。

（3）用水量估算

用水量估算结果见表 13-1。

县城用水量估算一览表

表 13-1

用水项目	近 期			远 期		
	用水量指标	规模	日用水量（m³/d）	用水量指标	规模	日用水量（m³/d）
居民生活用水	120L/(人·d)	16 万人	19200	150L/(人·d)	25 万人	37500
公建用水	1 万 m³/(km²·d)	1.161km²	11610	1 万 m³/(km²·d)	7.196km²	71960
工业用水	2 万 m³/(km²·d)	1.369km²	27380	2 万 m³/(km²·d)	2.816km²	56320
市政用水	按上述 5%计		2910	按上述 5%计		8289
未预见量	按上述 10%计		6110	按上述 10%计		17406
合计			67210			191475

根据该县的规划人口指标和消防规范规定，火灾次数按同一时间内 2 次考虑，1 次灭火用水量为 55L/s，火灾延续时间按 2h 计。

（4）水源地选择

规划采取由自来水公司统一供水的原则，近期考虑城区供水水源为地下水，水源地为袁家桥一带，西起吴家脑——高墩一线，东至黄家营子——上冯庄一线，北起杨庄，南至黄河，总面积 70km² 范围，可开采水量 4.20 万 m³/d；远期考虑采用黄河水作为水源，水源地选在沙坡头。

（5）供水能力

近期供水 6.72 万 m³/d，远期达到 19.15 万 m³/d。

（6）取水方式及水厂组成

规划近期考虑二井式组井，考虑在现有水井附近增加水井形成二井式组井，设计组井可以节省投资、便于管理，进行工程设计前必须进行工程性的水文地质勘探和抽水试验，以取得确定的数据。规划水厂位置不变，满足近期（2010 年）供水规模为 6.72 万 m^3/d 的要求。水厂处理工艺：深井原水—曝气—过滤—除锰—消毒—清水池—加压泵站—输水管网。远期（2020 年）供水规模要求达到 19.15 万 m^3/d，需取黄河水作为补充水源，新建一地表水水厂，水厂位于现有地下水厂的南部，水厂规模为 10 万 m^3/d，占地 3.30hm^2。水厂处理工艺为：初沉—反应—沉淀—过滤—消毒—管网。利用中水 2.43 万 m^3/d。

（7）给水管网系统

近远期均采用枝状管网与环状管网相结合的方式供水，在管网中每隔 120m 设置一个消火栓，在有中水的地方消火栓设置于中水管网，无中水的地方设置于给水管网，消防采用低压，近期以枝状为主，远期以环状为主，中水管网沿主要绿化区布设。输配水管如图 13-1 所示。

（8）近期建设

加快自来水厂建设，使其供水能力总计达到 6.72 万 m^3/d，建设城市人口密集地区的给水管网。

（9）消防给水

1）消防用水量

消防用水按同一时间发生火灾 2 次，每次灭火用水量为 55L/s，火灾持续时间为 2h 计算，则消防用水量为：$Q=2×55×2×3600/1000=792m^3$。

2）消防水源

消防用水规划由给水管网和消防水池供给。规划消防用水量储存在城市自来水厂的清水池中，不得随意动用。在消防要求较高和消防给水不足或无消防车通道的地方，应设消防水池。

3）消防给水管网

规划采用生活——消防统一给水系统，消防采用低压制。市政给水管网宜布置成环状，室外消防给水管道的最小管径不应小于 100mm，最不利点市政消火栓的压力不小于 0.1MPa，流量不小于 10～15L/s，对于给水管网压力低的城区和高层建筑集中的地区，应增建给水加压站，确保压力达到消防要求。

4）消火栓布置

规划采用室外地下式消火栓，消火栓应沿道路设置，并宜靠近十字路口，间距不应大于 120m，保护半径不超过 150m，当道路宽大于 60m 时，宜在道路两边设置消火栓。

室外消火栓应有直径为 100mm 和 65mm 的栓口各一个，并有明显的标志。

（10）中水工程

城市污水经过二级处理后，再经过混凝沉淀过滤和消毒，可作为中水用于市政绿化用水、浇洒道路、洗车和消防、农灌或其他生态用水，回用水量近期按 3 万 m^3/d 设计。此外，可在详细规划阶段考虑局部设中水处理站就近处理回用，城市道路考虑中水管线位置，详见给水工程规划图。

13.1.4 排水工程规划

（1）设计依据

1）《中华人民共和国城市规划法》；

2）《城市规划编制办法》；

3)《省国民经济和社会发展第十个五年计划纲要》；

4)《省国民经济和社会发展"十五"计划》；

5)《县城市总体规划（1997—2010)》；

6)《县城区集污及日处理 4 万 m^3 污水处理厂工程环境影响报告表》。

（2）排水体制

排水体制采用雨、污分流制。

（3）雨水系统

暴雨强度按下式计算。

$$q=\frac{240(1+0.83p)}{t^{0.477}}$$ （13-1）

式中　　q——暴雨强度[L/(s·hm^2)]；

p——重现期（a）；

t——降雨历时（min）。

重现期采用 1a，$t_1=8\sim12min$。径流系数为：公建用地为 $\psi=0.55$，居住产业用地 $\psi=0.60$。

根据规划区西北高东南低的地形特点，充分利用现有的管渠系统，本着就近、简捷、分散的原则，采用重力流将雨水就近排入黄河水体或干渠。

（4）污水系统

1）污水量

生活污水与工业废水合流一个管网系统，工业废水须达到三级标准后方可排入，各企业还应加强节水措施，减少污水排放量。污水量按供水量（居民生活用水、公建用水和工业用水）的 0.80 计，近期总污水量为 $5.82\times0.80=4.66$ 万 m^3/d，远期污水总量为：$16.58\times0.80=13.26$ 万 m^3/d。

2）污水处理厂

原有污水处理厂继续保留，在本规划区外西南角新建一污水处理厂，采用二级生化处理，处理规模为 9.26 万 m^3/d，占地面积 $12hm^2$。污水经二级生物处理后，除 3.0 万 m^3/d 作为城市中水水源外，其余经处理后就近用于农灌或其他生态用水。污水厂设中水池两座，容积均为 $700m^3$。

3）管网系统

根据道路规划，充分利用城区西高东低、北高南低的特点，采用重力流将污水收集到污水处理厂进行处理，如图 13-2 所示。

（5）近期建设

近期先建设主要集中在城市旧城区排水管网的改造上，做好雨污合流制管道的分流改造，新建区要充分考虑雨污分流。

13.1.5　防洪工程规划

（1）防洪标准

根据《防洪标准》GB 50201—94 有关规定，结合该县城的政治、经济、文化地位及城市发展规模等因素综合考虑。黄河按 50a 一遇洪水标准设防，其他小河沟均采用 30a 一遇洪水标准设防，河道上的桥梁等构筑物设防标准须大于或等于相应河道的设防标准。

西部某县城市总体规划

(2003-2020)

中心城区给水工程总体规划

1:10000

图例
- 水源地
- 给水厂
- 输水管
- 规划给水干管
- 现状给水管
- 规划中水管
- 污水厂
- 水　域
- 规划控制区

×××城市规划设计研究院

2003.12

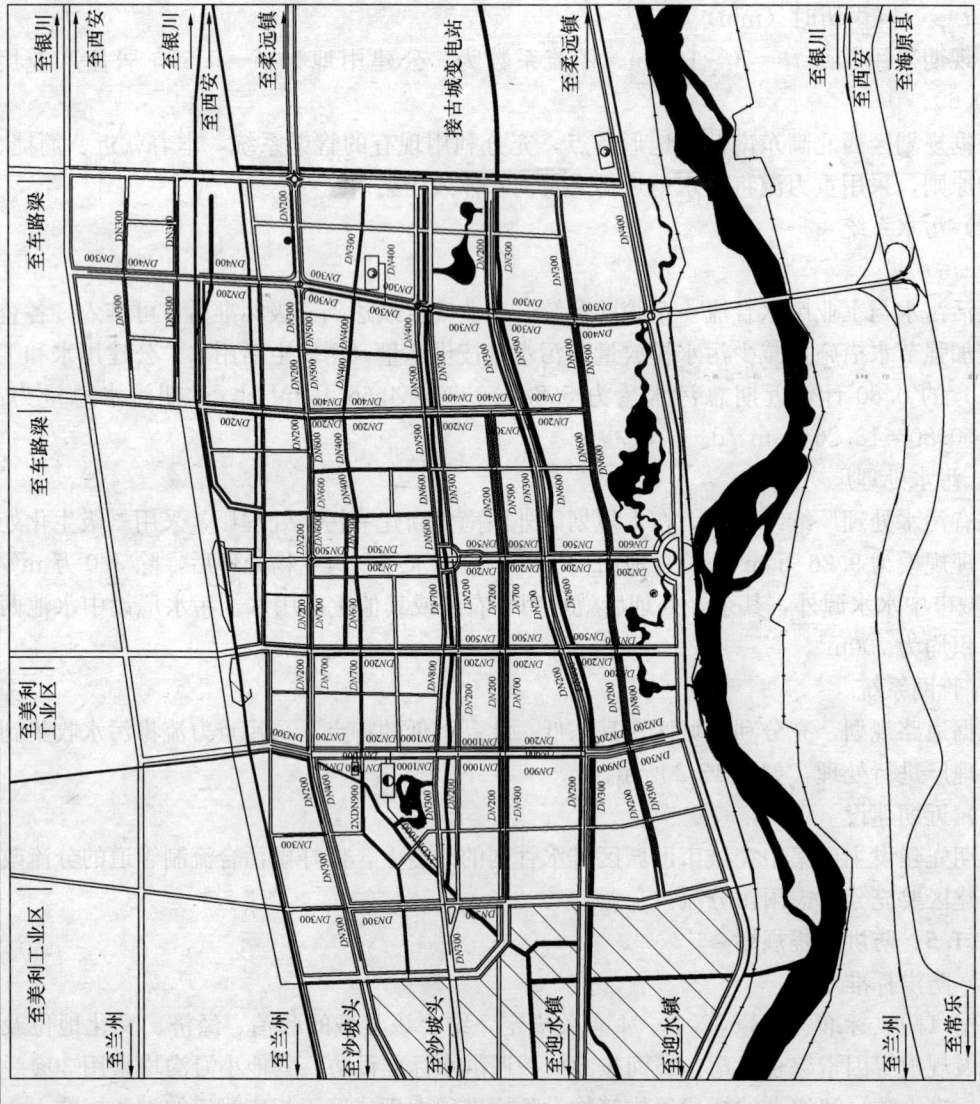

图 13-1　西部某县城给水工程总体规划图

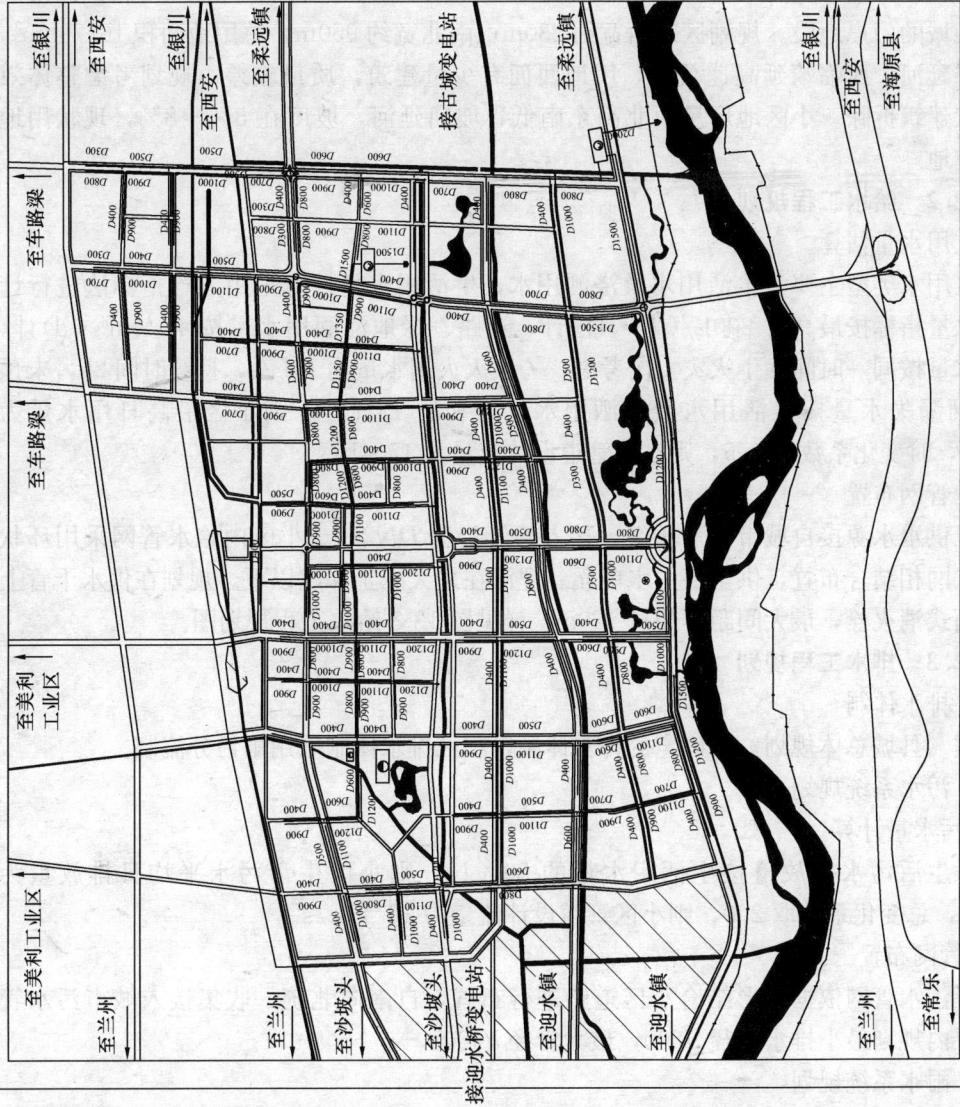

图 13-2 西部某县城排水工程总体规划图

（2）防洪措施

1）沿河城区修建防洪堤，按50年一遇，超高1m，对河堤整治，河堤线及坝高由水利部门具体确定；

2）加强河道管理工作，严禁在河道中建设有碍行洪的构筑物等。做好河道清淤工作，控制河道挖砂等活动，以确保河道的泄洪能力；

3）与城区连接的河段，要沿河边确定出治导线，不能在治导线范围内设障或建设，以免影响行洪。

13.2 陕北某小区详细规划实例

13.2.1 小区概况

某居住小区位于陕北某县城最北端，延河西岸，依据总体规划，此处为城市的新发展区，是县城的门户地段。规划区东西宽约230m，南北宽约950m，总用地面积16.79hm²。小区东靠延河，西临靖延高速公路，用地西面有少量建筑，质量较差，规划考虑整体效果，现状建筑拆除。小区地形呈西北高东南低，坡向延河，坡度在5%～8%，现状用地基本为空地。

13.2.2 给水工程规划

（1）用水量估算

小区用水类型主要为生活用水及浇洒用水，生活用水量计算采用人均指标法进行计算，用水量指标按最高日200L/（人·日）计，道路、绿地浇洒用水量按4L/（m²·d）计，消防用水量按同一时间发生火灾1次考虑，一次灭火用水量为10L/s，持续时间2h，未预见及管网漏失水量按生活用水及浇洒用水量之和的15%计。则小区最高日用水量为887m³/d，时变化系数取1.5，则小区管道设计流量为15.4L/s。

（2）管网布置

小区供水水源接自城市供水干管，接入管管径为DN200。小区内给水管网采用环状网与枝状网相结合布置，供至各用水单元。埋深在最大冻土深度以下。规划在供水干管上设置地面式消火栓，最大间距不超过120m。详见图13 3给水工程规划图。

13.2.3 排水工程规划

（1）排水体制

依据《县城总体规划》所确定的排水体制，小区排水体制采用雨污分流制。

（2）污水系统规划

1）污水量计算

小区生活污水排放量按生活用水量的80%计，则小区生活污水平均日排放量为710m³/d，总变化系数取2.0，则小区管道设计流量为16.43L/s。

2）管网布置

小区污水管网依据地形结合小区道路进行布置，自南向北统一收集接入城市污水管道，小区内规划最小排水管径d200，最大管径d400。

（3）雨水系统规划

1）雨水量计算

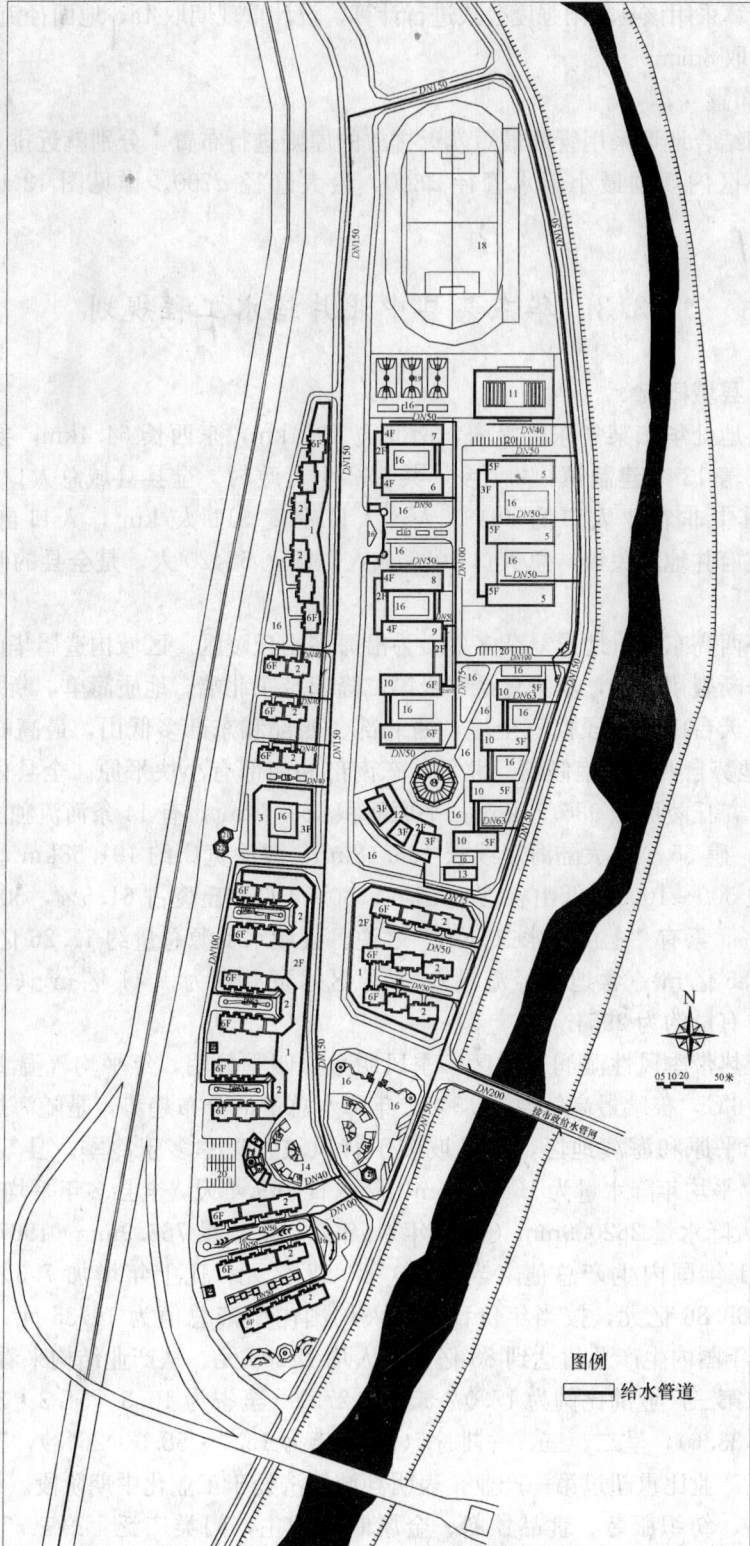

图 13-3　某小区给水工程修建性详细规划

雨水量计算采用该县暴雨强度公式进行计算，设计重现期取 1a，地面径流系数取 0.56，地面集水时间取 8min。

2）管网布置

雨水管网结合地形采用管线最短就近排放的原则进行布置，分别就近排入城市雨水管网及延河，小区内规划最小雨水管径 d300，最大管径 d700。详见图 13-4 排水工程规划图。

13.3 华东某县中北片给水工程规划

13.3.1 县城概况

华东某县地处华东某省东部沿海，南北宽 49.4km，东西长 64.4km，县域土地总面积 1880km²。辖 13 个建制镇，4 个乡，共 832 个行政村。全县县域总人口 2001 年末为 584276 人，其中非农业人口为 66135 人，人口密度 311 人/km²，人口自然增长率为 3.98‰。县政府驻地城关镇，总人口 103877 人，镇区 58420 人，是全县的政治、经济和文化中心。

该县地势西高东低，地形复杂多变，为沿海多山丘陵区。区域构造属华南台块浙闽隆起带东南沿海断裂褶皱区，新华夏系一级第二隆起带东北端。地质简单，断裂发育，属滨海丘陵地带。天台山脉中段横亘全境，西北部、西部和东部多低山，最高峰蟹背尖海拔 954m。全县地势自西向东南倾斜。北部、东南部和南部有小块平原。全县内陆低山地面积 167.25km²，丘陵面积 986.75km²；平原面积 480.6km²。有 14 条河流独立入海。沿海有岛屿 44 个，礁 55 个，大陆海岸线长 166.48km，滩涂宽广约 191.58km²。全县陆地总面积中，海拔 500～1000m 低山谷占 10.1%，50～100m 丘陵占 61.5%，50m 以下台地、平地占 28.4%，素有"七山一水二分田"之说。县域水资源总量约 17.26 亿 m³，山区水资源量为 15.85 亿 m³（含地下径流量）、平原区水资源量为 1.41 亿 m³（含潜水部分）。人均水资源占有量约为 2954m³。

该县属亚热带季风性湿润气候区，季风明显，四季分明，年平均气温 16.2℃。极端最低气温 −9.6℃，极端最高气温 39.5℃。年降水总量的分布趋势，是随海拔高度上升递增，山区多于平原和海滨地区，迎风坡多于背风坡，暖季多于冷季。县气象站 1957～1983 年资料，平均年降水量为 1655.3mm，降水日 169.4 天。全县多年平均降雨量 29.93 亿 m³，年最大降水量 2620.9mm（1960 年），年最小降水量 766.9mm（1967 年）。

该县 2001 年国内生产总值（当年价）68.57 亿元，比上年增加 7.5%，可比价为（1990 年价）69.86 亿元，按当年价计算，人均国内生产总值为 11735 元，比上年增加 7.1%。2002 年国内生产总值达到 83 亿元，人均 14200 元。从产业结构来看，县 2001 年第一、第二、第三产业的比例为 17.0∶55.9∶27.1（全省为 10.3∶51.3∶38.4，全国为 15.2∶51.1∶33.6），呈二、三、一排序（2002 年为 15.7∶58.0∶26.3），工业经济占主要份额，第三产业比重超过第一产业，表明县域经济处于工业化中期阶段。第二产业以模具、文教用品、纺织服装、食品饮料、金属制品为主，门类广泛。第三产业发展迅猛，2001 年增幅达到 21.4%，其中旅游经济快速增长，已成为县第三产业发展的重要增长点。由于地形、交通和历史条件的差异，县域经济发展不平衡，中部地区经济较发达，集中了

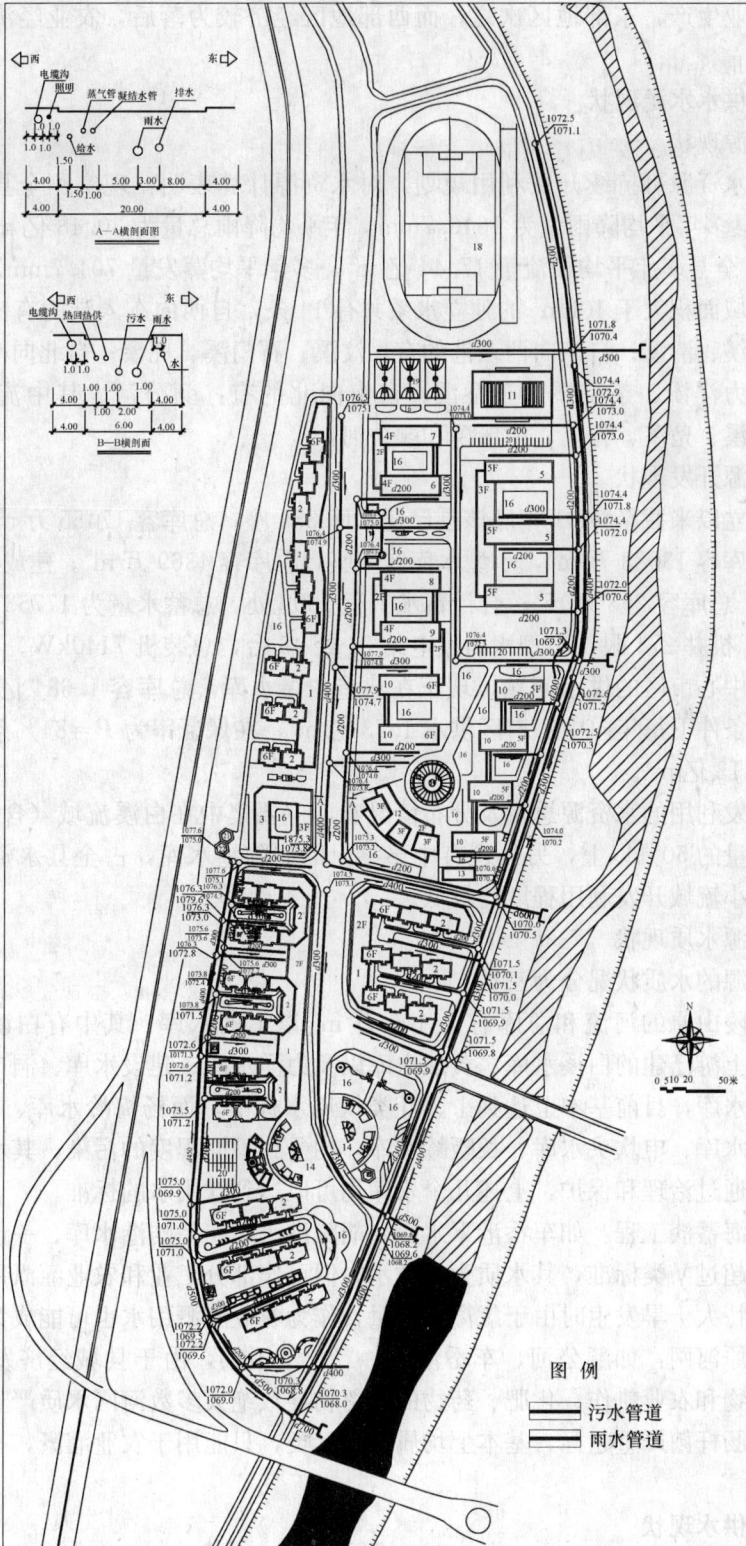

图 13-4 某小区排水工程修建性详细规划

全县主要的工业生产，东部地区次之，而西部地区经济较为落后，农业经济仍发挥突出作用。

13.3.2 供水水源现状

（1）水资源现状

根据《县水资源可持续开发利用规划》对水资源计算表明：现实测全县产水面积为 $1851km^2$，全县多年平均降雨量为 1646.7mm，年平均降雨总量为 30.48 亿 m^3，平均径流量为 942mm，全县多年平均径流量 17.44 亿 m^3，多年平均蒸发量 704.7mm。

县域内流域面积大于 $10km^2$ 的独立水系共有 14 条，自西向东入港的有：五市溪、紫溪、凫溪、白溪、清溪；自东向西入港的有：汶溪、石门溪、虎溪；自北向南的有：中堡溪、西苍溪、力洋溪、茶院溪、车岙溪；自南向北的有：颜公河。其中流域面积大于 $50km^2$ 的有白溪、凫溪、青溪、中堡溪和颜公河。

（2）水资源开发现状

新中国成立以来截至 2001 年底该县已建水库 355 座，总库容 17455 万 m^3，其中中型水库 4 座，总库容 13083 万 m^3，小型水库 351 座，总库容 4369 万 m^3。建成 1 万 m^3 以下山塘 1254 座，总库容 298 万 m^3；合计蓄水工程 1609 处，总蓄水量为 17753 万 m^3；建成堰坝 1762 条，机井 271 眼，小型水力发电站 31 处 45 台，总装机 7140kW。

为了解决中心市区的供水问题，现正在建造白溪水库，总库容 1.684 亿 m^3，在保证率为 $P=94\%$ 条件下每年向中心市区供水 1.73 亿 m^3，在保证率为 $P=84\%$ 条件下向本县供灌溉用水 0.13 亿 m^3。

从目前开发利用的水资源总量及分布情况看，主要集中在白溪流域（含大溪），约占全县开发利用量的 50% 以上，另外还有中堡溪上的胡陈港水库，占全县水资源开发量的 20%，其他中小流域开发利用程度均较低。

（3）水资源水质现状

该县水资源的水质状况分为三类。

一类为丘陵山原的河流和总库容为 100 万 m^3 以上的水库：其中有白溪、青溪、大溪、中堡溪和上游已建的白溪水库、黄坛水库以及力洋水库、建设水库、洞口庙水库、红泉水库、西林水库，目前基本上达到Ⅰ、Ⅱ类饮用水标准，而杨梅岭水库、车岙港（上）水库、蟹钳口水库、申坎头水库、长畈岭水库，均受到不同程度的污染，其水质未能达到饮用水标准。通过治理和保护，上述几个水库均可以达到饮用水的标准。

二类属围海蓄淡工程：如车岙港下水库、胡陈港水库、毛屿港水库、一市港水库，其水质除氯离子超过Ⅴ类标准，其水质为Ⅴ类水，但可作部分工业和农业灌溉用水、水产养殖等用水，当特大干旱发生时由于氯离子过量，作为农业灌溉用水也可能成为问题。

三类为平原河网：如颜公河、车岙港一、二、三干渠，由于县城经济发展及人口密集，生活污染物和农业耕作、化肥、药物的残留物导致绝大多数河网水质严重恶化，水体发黑发臭、大肠杆菌严重超标，基本上均属Ⅳ、Ⅴ类，只能用于农业灌溉，有的连水产养殖也成问题。

13.3.3 供水现状

近几年来，该县的给水工程经过各方努力，取得较大成就，供水能力有了很大提高，居民用水条件得到很大改善，基本满足城市发展和经济建设的需要。

中心城区有自来水厂两座：分别为第一水厂和第二水厂。总供水能力 7 万 m^3/d，最高日供水量为 5.17 万 m^3/d。第一水厂位于滨溪路范家桥边，以大溪为水源。该厂供水能力为 2 万 m^3/d。水厂采用大口井取水。处理工艺为水力加速澄清池＋无阀滤池。第二水厂位于山河村东侧，设计规模 10 万 m^3/d，总占地面积 $5hm^2$，目前已建成一期工程，供水能力 5 万 m^3/d，于 1996 年 10 月正式投产运行。主要处理工艺为微絮凝过滤。第二水厂设计规模为 10 万 m^3/d 的二期工程的净水系统部分现已完工。截至 2002 年城关镇区的用水普及率达到 100%。全县现有水厂 568 座（包括村级水站），其中乡镇水厂 13 座，总供水能力 17 万 m^3/d。

13.3.4　给水工程规划

（1）规划依据

1）《县城市总体规划调整》（2002～2020 年）；

2）《西店中心镇总体规划》（2001～2020 年）；

3）《县临港开发区总体规划》（2003～2020 年）；

4）《县大佳何镇总体规划》（2003～2020 年）；

5）《县水资源可持续开发利用规划》；

6）《县国民经济及社会发展第十个五年计划纲要》；

7）《城市给水工程规划规范》GB 50282—98；

8）《室外给水设计规范》GBJ 13—86（1997 年版）；

9）《地表水环境质量标准》GB 3838—2002；

10）《生活饮用水水源水质标准》CJ 3020—93；

11）《生活饮用水水质卫生规范》（中华人民共和国卫生部，2001 年 6 月）

（2）规划目标

县中北片给水工程规划是在符合县城市总体规划的前提下，对 2020 年中北片供水工程作的统一规划，通过对中北片规模的综合分析与论证，确定中北片区供水规模、供水水源、水厂的位置以及中北片供水管网的优化布置，并根据总体规划中城市近期建设规模，制定合理的城市供水工程分期实施计划，从而确保城市供水设施满足城市发展的需求。

（3）规划期限及规划范围

1）规划期限

与《县城总体规划调整》（2002～2020 年）确定的规划年限相衔接。

近期：2005～2010 年；

远期：2011～2020 年。

2）规划范围

规划的范围为县中北片区，包括中心城区、西店镇、大佳何镇、临港开发区和黄坛镇五个镇区，如图 13-5 所示。

（4）规划指标

1）供水水质

城镇供水水质统一执行中华人民共和国卫生部卫生法制与监督司 2001 年 1 月公布的《生活饮用水水质卫生规范》，农村水厂供水水质可参照上述规范执行。

2）供水水压

城市水厂应逐步提高供水压力，使城市配水管网的供水水压满足用户接管点处服务水头大于28m的要求，乡镇配水管网的供水水压宜逐步满足最不利自由水压不小于16m的要求。

3）供水普及率

近期供水普及率在现有基础上适当提高，中远期城区及镇区供水普及率达到100%；乡镇及镇域农村中期分别达到30%～95%，远期达到100%。

（5）用水量预测

1）预测方法

需水量预测对供水系统的规划和建设具有重要的意义，它的准确程度直接影响到供水系统规划和建设的可靠性及实用性。

通常城市供水工程采用的用水量预测方法有以下几种：历年用水增长率法、分类用水定额法、不同性质用地用水量指标法以及综合用水量指标法。

历年用水增长率法是依据过去历年用水增长率统计资料来推算未来的需水量。由于用水增长率前后相差很大，近年来更是呈现负增长趋势，因而很难估计准确。区域供水不仅包括城市供水，还包括乡镇及农村供水，而乡镇特别是农村历年供水量统计资料很不完整，很难作为用水量测算的基础，因而此种方法难以采用。本规划将采用综合用水量指标法和分类用水量定额法两种方法预测需水量。

2）中心城区

A. 综合用水量指标法预测用水量

a. 综合用水量预测指标

根据统计，1994～2001年县城关历年平均单位人口最高日综合用水量为798L/(cap·d)，同时根据资料该省内的城市综合用水指标平均值为：2010年为585L/(cap·d)，2020年为695L/(cap·d)，据此综合确定中心城区综合用水量指标为：2010年为600L/(cap·d)，2020年为650L/(cap·d)；供水普及率为100%。

b. 用水量预测结果

根据《县城市总体规划调整》中心城区规划人口及上述综合用水量预测指标，即可测算出中心城区用水量，详见表13-2。

中心城区用水量预测结果 表13-2

		2010年	2020年
城关片	人口（万人）	15.4	18.62
	供水量（万m³/d）	9.24	12.1
竹冠片	人口（万人）	2.0	3.42
	供水量（万m³/d）	1.2	2.2
梅桥片	人口（万人）	4.6	7.96
	供水量（万m³/d）	2.76	5.2
供水量合计（万m³/d）		13.2	19.5

B. 分类用水量定额法预测需水量

a. 综合生活用水量预测

据统计 2001 年中心城区供水人口约 6.61 万人，年综合生活用水量为 554.9 万 m^3。最高日综合生活用水指标为 230L/(cap·d)。

随着城市化进程特别是第三产业的发展，综合生活用水量将有很大的提高，原因有二：一是随着居民住房卫生设施条件的逐步改善和生活水平的提高，居民住宅的用水量标准必然增加；二是随着第三产业特别是商贸服务业的发展，公共建筑用水尤其是商贸服务业的用水量会较快增长。结合《城市给水工程规划规范》GB 50282—98，确定中心城区 2010 年和 2020 年最高日综合生活用水量指标分别取值为 330L/(cap·d) 和 360L/(cap·d)；供水普及率为 100%。

根据规划综合生活用水量定额及前述规划供水人口即可测算出各规划期的最高日综合生活用水量。

2010 年：　　　　　　　　22.0×0.33＝7.26 万 m^3/d

2020 年：　　　　　　　　30.0×0.36＝10.8 万 m^3/d

b. 工业用水量预测

根据县城 1991—1999 年城市用水情况统计，工业用水量占售水量的 19%～49%，虽然近几年部分工业企业生产出现不景气状况，工业用水所占比例有所下降，但考虑到今后城市经济将有一定的发展，其工业用水量会逐年增加。为此，考虑 2005—2020 年，工业用水量占总用水量的 30%。

2010 年：　　　　　[7.26/(1－0.30)]×30%＝3.11 万 m^3/d

2020 年：　　　　　[10.8/(1－0.30)]×30%＝4.63 万 m^3/d

c. 总用水量预测

根据综合生活用水量及工业用水量预测结果，并考虑消防、浇洒道路、绿化用水以及漏耗和其他未预见水量，即可测算出总用水量，预测结果详见表 13-3。

中心城区用水量预测结果 　　　　　　　　　　　　　表 13-3

年限 项目	2010 年 （万 m^3/d）	2020 年 （万 m^3/d）
综合生活用水量	7.26	10.80
工业用水量	3.11	4.63
市政用水量	1.04	1.54
漏耗及未预见水量	1.71	2.55
最高日总用水量	13.12	19.52

注：① 市政用水量指消防、绿化及浇洒道路用水量，按生活和工业用水量之和的 10% 计；
　　② 漏耗及未预见水量分别按生活、工业用水量及市政用水量之和的 15% 计取。

C. 中心城区规划用水量

取两种预测方法预测结果的平均值可得中心城区 2010 年和 2020 年最高日总用水量分别为 13.16 万 m^3/d 和 19.51 万 m^3/d。

3）临港开发区

A. 综合用水量指标法预测用水量

a. 综合用水量预测指标

由于临港开发区工业用水量占很大的比重，因此结合《城市给水工程规划规范》GB

50282—98，确定临港开发区 2010 年和 2020 年市最高日综合用水量指标取值均为 1000L/（cap·d）；供水普及率为 100%。

b. 用水量预测结果

根据《县临港开发区总体规划》到 2020 年临港开发区人口规模约为 5.1 万人，城市建设用地 1225.4hm²，近期启动区城市建设用地 346hm²，可估算出 2010 年临港开发区人口规模约为 2.66 万人。根据上述综合用水量预测指标，即可测算出 2010 年和 2020 年临港开发区最高日总用水量分别为 2.66 万 m³/d 和 5.10 万 m³/d。

B. 分类用水量定额法预测需水量

a. 综合生活用水量预测

参照中心城区的最高日综合生活用水量定额，确定临港开发区 2010 年和 2020 年最高日综合生活用水量定额分别取值为 330L/（cap·d）和 360L/（cap·d）；供水普及率为 100%。

根据规划综合生活用水量定额及前述规划供水人口即可测算出各规划期的最高日综合生活用水量。

2010 年：   2.66×0.33＝0.88 万 m³/d

2020 年：   5.10×0.36＝1.84 万 m³/d

b. 工业用水量预测

根据资料，目前开发区单位工业区面积用水量指标一般为 0.6～1.0 万 m³/（km²·d），视产业方向、生产规模、技术先进程度、水资源情况等因素取不同的值。根据《县临港开发区总体规划》，临港工业区的产业方向主要以机械、电子信息、新材料、海洋资源综合开发等为重点，并不是耗水大的产业，用水指标可以取略低值，因此单位工业用地面积用水量指标采用 0.65 万 m³/（km²·d）。

根据《县临港开发区总体规划》到 2020 年临港开发区工业用地面积为 433.8hm²，占城市建设用地 1225.4hm² 的 35.4%；2010 年工业用地面积为 226.3hm²。根据上述单位工业用地面积用水量指标，即可测算出最高日工业用水量。

2010 年：   2.263×0.65＝1.47 万 m³/d

2020 年：   433.8×0.65＝2.82 万 m³/d

c. 总用水量预测

根据综合生活用水量及工业用水量预测结果，并考虑消防、浇洒道路、绿化用水以及漏耗和其他未预见水量，即可测算出总用水量。预测结果详见表 13-4。

临港区用水量预测结果   表 13-4

年限 项目	2010 年 （万 m³/d）	2020 年 （万 m³/d）
综合生活用水量	0.88	1.84
工业用水量	1.47	2.82
市政用水量	0.24	0.47
漏耗及未预见水量	0.39	0.77
最高日总用水量	2.98	5.90

注：① 市政用水量指消防、绿化及浇洒道路用水量，按生活和工业用水量之和的 10% 计；

② 漏耗及未预见水量分别按生活、工业用水量及市政用水量之和的 15% 计取。

C. 临港开发区规划用水量

取两种预测方法预测结果的平均值可得临港开发区 2010 年和 2020 年最高日总用水量分别为 2.82 万 m³/d 和 5.50 万 m³/d。

4）西店镇

A. 综合用水量指标法预测用水量

a. 规划供水普及率

规划西店镇镇区供水普及率为 100%，镇域农村近期供水普及率为 90%，中期供水普及率为 95%，远期供水普及率为 100%。

b. 综合用水量预测指标

根据《西店中心镇总体规划》可知镇区生产用水与生活用水之比，近期为 4：6，远期按 4.5：5.5，生产用水较中心城区高，因此结合规划城区综合用水量指标以及《城市给水工程规划规范》，确定西店镇区 2010 年和 2020 年最高日综合用水量指标分别取值为 700L/(cap·d) 和 800L/(cap·d)；西店农村 2010 年和 2020 年最高日综合用水量指标分别取值为 500L/(cap·d) 和 600L/(cap·d)。

c. 用水量预测结果

根据《西店中心镇总体规划》到 2020 年西店镇域人口规模为 4.8 万人，2010 年镇域人口规模为 4.53 万人；2010 年、2020 年西店镇区人口规模分别为 2.47 万人和 3.0 万人。

根据供水人口及上述综合用水量预测指标，即可测算出西店用水量，详见表 13-5。

西店镇供水量预测结果　　　　　　　　　　　　　　　　表 13-5

		2010 年	2020 年
西店镇区	人口（万人）	2.47	3.0
	供水量（万 m³/d）	1.73	2.40
镇域农村	人口（万人）	2.07	1.80
	供水量（万 m³/d）	0.99	1.08
供水量合计（万 m³/d）		2.72	3.48

B. 分类用水量定额法预测需水量

a. 综合生活用水量预测

参照中心城区的最高日综合生活用水量指标，结合《城市给水工程规划规范》，确定西店镇区 2010 年和 2020 年市最高日综合生活用水量定额分别取值为 700L/(cap·d) 和 800L/(cap·d)；西店农村 2010 年和 2020 年最高日综合生活用水量指标分别取值为 500L/(cap·d) 和 600L/(cap·d)。根据规划综合生活用水量定额及前述规划供水人口即可测算出各规划期的最高日综合生活用水量。

西店镇区

2010 年：　　　　　　　　2.47×0.33＝0.82 万 m³/d

2020 年：　　　　　　　　3.0×0.36＝1.08 万 m³/d

镇域农村

2010 年： $2.07 \times 0.28 \times 0.95 = 0.55$ 万 m^3/d

2020 年： $1.8 \times 0.31 = 056$ 万 m^3/d

b. 工业用水量预测

根据《西店中心镇总体规划》可知西店镇区生产用水与生活用水之比，近期为 4：6，中远期按 4.5：5.5；镇域农村生产用水与生活用水之比为 3：7。

西店镇区

2010 年： $[0.82/(1-0.45)] \times 45\% = 0.67$ 万 m^3/d

2020 年： $[1.08/(1-0.45)] \times 45\% = 0.88$ 万 m^3/d

镇域农村

2010 年： $[0.55/(1-0.30)] \times 30\% = 0.24$ 万 m^3/d

2020 年： $[0.56/(1-0.30)] \times 30\% = 0.24$ 万 m^3/d

c. 总用水量预测

根据综合生活用水量及工业用水量预测结果，并考虑消防、浇洒道路、绿化用水以及漏耗和其他未预见水量，即可测算出总用水量，预测结果详见表 13-6。

西店镇用水量预测结果 表 13-6

年限 项目	2010 年 （万 m^3/d）	2020 年 （万 m^3/d）
综合生活用水量	0.82+0.55	1.08+0.56
工业用水量	0.67+0.24	0.88+0.24
市政用水量	0.23	0.28
漏耗及未预见水量	0.38	0.46
最高日总用水量	2.89	3.50

注：① 市政用水量指消防、绿化及浇洒道路用水量，按生活和工业用水量之和的 10% 计；

    ② 漏耗及未预见水量分别按生活、工业用水量及市政用水量之和的 15% 计取。

C. 西店镇规划用水量

取两种预测方法预测结果的平均值可得西店镇 2010 年和 2020 年最高日总用水量分别为 2.81 万 m^3/d 和 3.49 万 m^3/d。

5）大佳何镇

同样采用上述二种预测方法（过程略）可预测出大佳何镇区 2010 年和 2020 年最高日总用水量分别为 0.44 万 m^3/d 和 0.53 万 m^3/d。

6）黄坛镇

同样采用上述两种预测方法（过程略）可预测出黄坛镇区 2010 年和 2020 年最高日总用水量分别为 0.42 万 m^3/d 和 0.43 万 m^3/d。

7）中北片总用水量

根据上述预测可测算出中北片总用水量，详见表 13-7。

年限 镇区	2010 年 （万 m³/d）	2020 年 （万 m³/d）
中心城区	13.16	19.53
临港开发区	2.82	5.50
西店镇	2.80	3.49
大佳何镇区	0.44	0.53
黄坛镇区	0.41	0.43
中北片最高日总用水量	19.63	29.48

（6）供水水源选择

经过县政府同意，杨梅岭水库将作为电厂的专用水库，杨梅岭水库在 2008 年之前可作为供水厂的供水水源地。因此根据《县水资源可持续开发利用规划》和《县城总体规划调整》，中心城区、临港开发区、大佳何镇和黄坛镇的主要供水水源是西溪水库和黄坛水库，两水库可供水资源量约为 30 万 m³/d，近期主要利用黄坛水库，部分利用杨梅岭水库；西店镇的主要供水水源是梁坑水库，近期可利用白溪引水工程。

（7）供水总规模

根据上述用水量预测结果，县中北片 2010 年及 2020 年供水的总规模应为 20 万 m³/d 及 30 万 m³/d。

（8）供水总体方案

根据选定的水源、供水规模，县中北片区域水厂建设有三个方案可供选择，方案一为将县二水厂扩建至 15 万 m³/d，在黄坛镇新建一座规模为 5 万 m³/d 的水厂，在临港开发区新建一座规模为 6 万 m³/d 的水厂，西店镇的用水由西店镇新建水厂解决；方案二为将县二水厂扩建至 15 万 m³/d，在黄坛镇新建一座规模为 11 万 m³/d 的水厂，西店镇的用水由西店镇新建水厂解决；方案三为将县二水厂扩建改造至 10 万 m³/d，在黄坛镇新建一座规模为 16 万 m³/d 的水厂，西店镇的用水由西店镇新建水厂解决；经综合分析比较，方案三投资和运行成本均最低（方案技术经济比较过程略），规划推荐采用方案三，如图 13-6 所示。

推荐方案具体内容如下。

1）新建西店水厂

根据上述用水量预测结果可知西店镇 2010 年和 2020 年最高日总用水量分别为 2.81 万 m³/d 和 3.49 万 m³/d。但根据《县西店水厂可行性研究报告》西店水厂还需考虑香山、紫溪两片区近、远期 0.93 万 m³/d 和 2.50 万 m³/d 的用水，因此西店水厂的近、远期规模分别为 3.0 万 m³/d 和 6.0 万 m³/d，西店水厂的实施步骤为：2010 年之前，先建设西店水厂一期工程 3.0 万 m³/d，水源拟在白溪引水工程黄坛水库下游拟建石水缸水库附近预留县供水接口，预留接口规模 2 万 m³/d；同时在黄坛水库下游，由黄坛水库接管至白溪引水工程引水管，接管规模 1 万 m³/d；至 2020 年，西店镇及香山、紫溪两片区总需水量将达到 6.0 万 m³/d，故届时将建成西店水厂二期工程 3.0 万 m³/d，由拟建梁坑水库提供 3.0 万 m³/d 原水。

2）扩建改造县二水厂

县二水厂位于山河村东侧，总占地面积 5hm²，一期工程已于 1996 年 10 月建成，供水能力 5.0 万 m³/d；二期扩建工程设计规模 10.0 万 m³/d，工程净水系统部分现已在 2005 年 3 月底建成通水。由于二水厂一期工程已运行 8 年多，絮凝池和滤池均出现了一定的问题，且原设计未考虑沉淀池，因此二水厂目前出厂水虽基本能满足现行国家颁布的《生活饮用水水质卫生规范》，但浊度基本在 1～3NTU，偶有出现大于 3NTU 的情况，最高曾达 12NTU。要使二水厂出水水质能满足卫生部 2001 年 6 月发布的《生活饮用水水质卫生规范》对出厂水浊度应不大于 0.5NTU 的要求。必须对二水厂一期工程进行改造，但考虑一期工程改造的难度较大，且二水厂现有用地较为紧张，在滤池东侧新建一座规模为 5.0 万 m³/d 的网格絮凝、斜管沉淀池后，必须在二水厂东侧新征用地用以污泥处理工程，征地难度也较大，因此考虑二水厂二期扩建工程建成后，废除一期工程，改为二期工程污泥处理和深度处理用地，二水厂供水能力为 10.0 万 m³/d。供水水源近期为黄坛水库，远期为黄坛水库和西溪水库，水厂主要解决临港开发区、大佳何镇以及中心城区北片的用水。

3）新建黄坛水厂

根据用水量预测结果，县中北片扣除西店镇 2010 年及 2020 年供水的总规模应分别为 16.83 万 m³/d 及 25.99 万 m³/d。扣除县二水厂设计规模 10.0 万 m³/d，还差 16.0 万 m³/d 的水量，因此拟在黄坛镇新建设计规模为 16.0 万 m³/d 的水厂一座，供水水源为黄坛水库和西溪水库，水厂主要解决黄坛镇和中心城区的用水，

黄坛水厂考虑分二期实施，一期工程规模 6.0 万 m³/d，2010 年建成通水，二期工程工程规模 10.0 万 m³/d，2020 年建成通水，届时县中北片区扣除西店供水能力将达 26 万 m³/d，完全可满足该区域供水要求。

4）临港开发区水厂改为中途加压泵站

临港开发区水厂一期工程 3.0 万 m³/d 已于 2005 年底建成通水。杨梅岭水库是国华电厂淡水补给水的专用水库，目前临港开发区水厂暂借用国华电厂淡水补给水作为水厂原水，今后按原计划由黄坛水库供给原水。由于原水输水管线长达 26.9km，线路走向复杂，施工难度大，工程投资费用高。因此拟从新建的黄坛水厂和县二水厂直接输送清水至临港开发区，将临港开发区水厂改为中途加压泵站，并保留已建临港开发区水厂一期工程 3.0 万 m³/d 的水处理设施和附属建筑物，以备发生特殊情况时投入运行。

13.4 华东某市污水系统专项规划

13.4.1 城市概况

某市地处华东某省东部，市域南北长 60km，东西宽 46km，市域总面积约 1403km²，全市共辖 18 个乡镇、3 个街道，其中 12 个建制镇，6 个乡。2003 年全市总人口 77.41 万人，270278 户。其中城镇人口 31.64 万人。

该市地处海滨，背山面海，南部为丘陵地带，全市 22 座海拔 500m 以上山峰集中在东南部，其中覆卮山海拔 861m 为最高；市北部系堆积平原，平均海拔 5m 左右。全市丘陵山地约占 50%，平原约占 41.75%，河流湖泊占 8.3%，海岸线长达 40.6km。

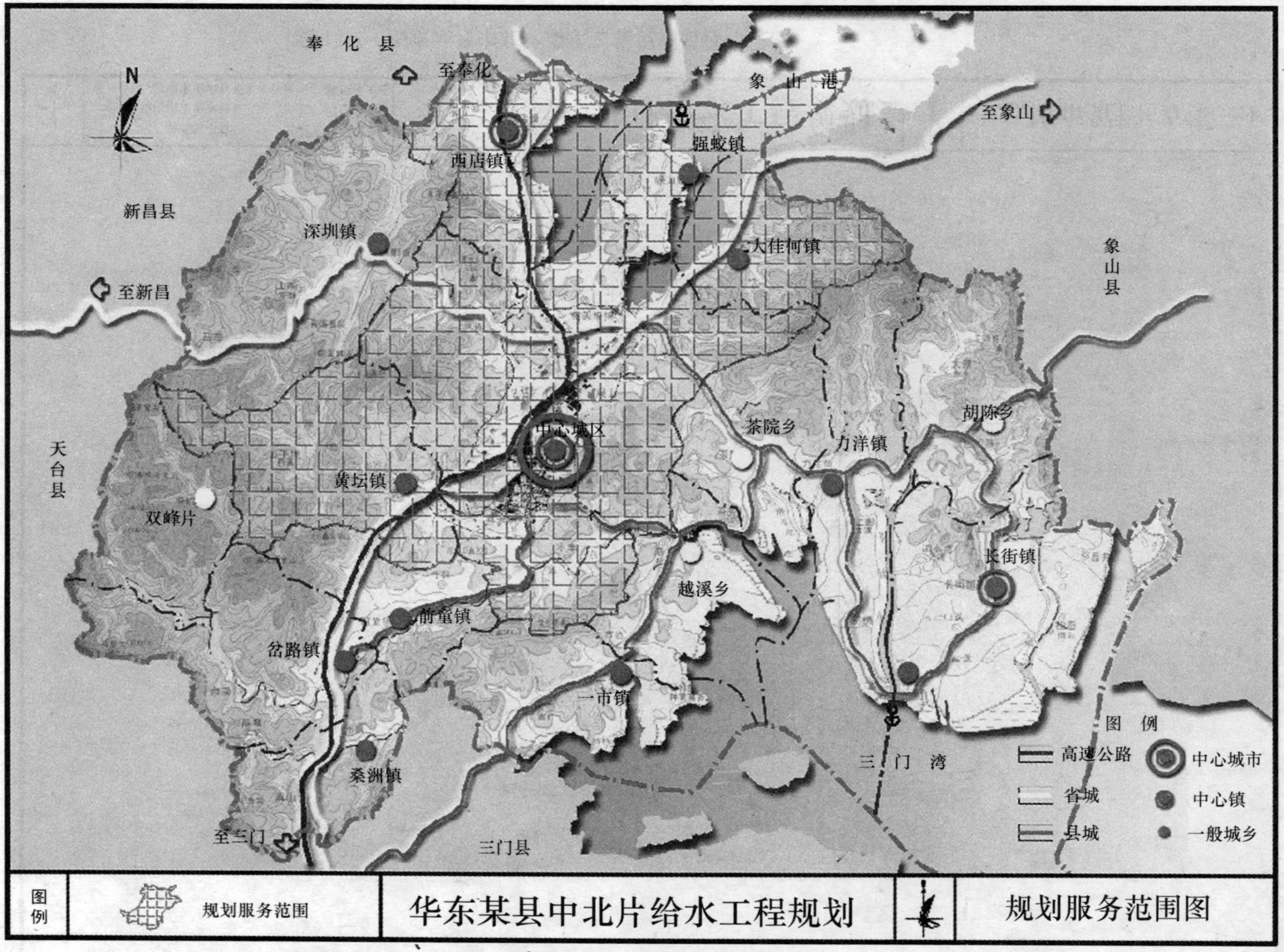

华东某县中北片给水工程规划

规划服务范围图

图 13-5 华东某县中北片给水工程规划服务范围图

243

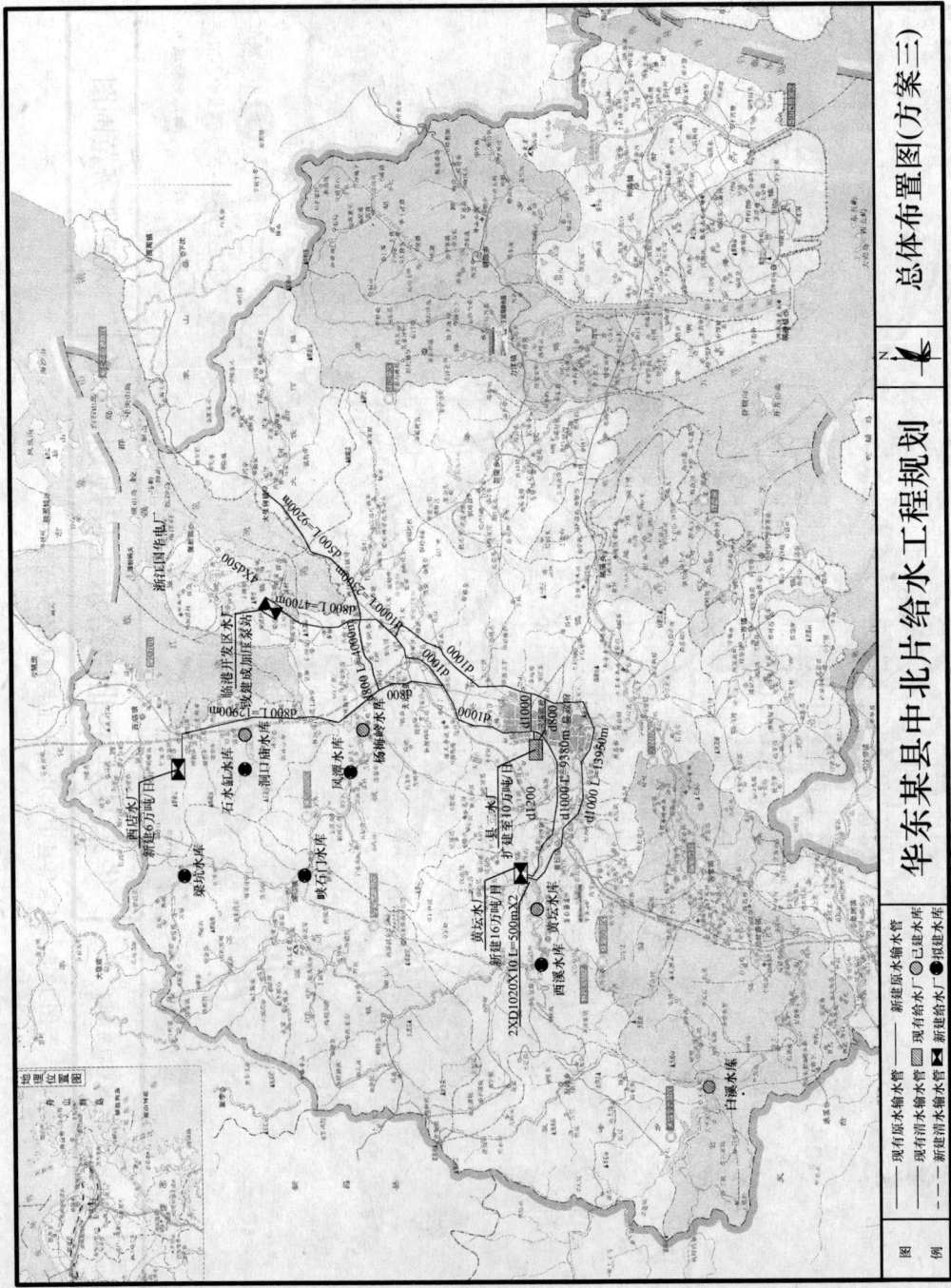

图 13-6 华东某县中北片给水工程规划总体布置图

该市属东亚季风气候区，季风显著、气候温和、四季分明、湿润多雨。因地形复杂，光、温、水地域差别明显，灾害性天气较多，总趋势洪涝多于干旱。年平均气温 16.4℃，7～8 月为盛夏，最热月（7 月）平均最高气温 28℃，极端最高气温为 39℃，最冷月（1 月）平均气温 4.1℃，极端最低气温为－10.5℃，无霜期 250 天左右，一般年降雨量 1400mm 以上，年平均降水天数 160 天，占全年的 42.7％，最大年降水 2116.6mm，最小年降水量 940.6mm，常年主导风向为南风。

该市地面水系有曹娥江、姚江两大水系，南部低山丘陵区和东关水网区以曹娥江、萧曹运河为主干，形成树枝和网络状河网。全市水域面积 14.48km²，占地域面积 9.42％，全市年平均径流量为 8.01 亿 m³，径流系数为 0.46，径流量分布趋势由东南向西北递减。

全市地下水年天然资源量 1.05 亿 m³，主要分布于曹娥江中游的河谷地带。其来源有三，即松散岩类孔隙水、红岩孔隙裂隙水和基岩裂隙水。三类出露面积 731.4km²。全市有民用井 4987 口，饮用人数 21.2 万。地下水位在自然地面以下 0.55～0.70m。

13.4.2 给水排水工程现状

（1）给水工程现状

该市第一水厂于 1966 年 10 月建成投产。占地 0.22hm²，水源为上浦闸总干渠水。水厂投产后，几经挖潜改造，并增加了一部分设施，给水能力增加至 1 万 m³/d。

由于城市给水供求矛盾突出，于 1990 年 12 月开始筹建第二水厂，设计规模一期工程为 2.0 万 m³/d，二期工程为 4.0 万 m³/d。厂址位于岭光乡的梁湖沙地上，一期工程于 1992 年 8 月建成投产，二期工程于 1994 年 6 月竣工。最大供水能力可达 5 万 m³/d。第二水厂占地 1.37hm²，水源为上浦闸总干渠水，净水工艺为折板反应，平流沉淀，三阀滤池。净水构筑物为一体化叠层组团结构。1996 年第二水厂完成三期扩建，工艺与水源不变，水厂总规模达 10 万 m³/d。2001 年第二水厂完成四期扩建，水厂总规模达到 16 万 m³/d。同年也完成了汤浦水库至第二水厂的引水工程，引水规模为 16 万 m³/d。输水线路包括汤浦水库至提升泵站 1.2km 的引水管和隧洞，提升泵站至二水厂为 19.11km 的 DN1200 输水管道。

第二水厂投产后，运行稳定，出厂水质优良。第一水厂因水源水质有污染，净水构筑物不配套，运行电耗、药耗高等原因而停产。

该市第三水厂施工图设计已于 2003 年 11 月完成，设计规模一期 2010 年工程规模为 15.0 万 m³/d，二期 2020 年工程规模为 30.0 万 m³/d。厂址位于狮子山南侧严村西侧的经济开发区规划地块上。水源为汤浦水库。

（2）排水工程现状

按区域划分，该市可划分为北部市区和南部其余各镇，北部市区排水系统分为江东和江西两大系统。江东老城区的排水系统为雨污合流制，合流污水通过人民路排水总渠排入曹娥江，拟今后采用雨污分流制；江西经济开发区实行雨污分流的排水体制，污水主要通过二级泵站向北排入曹娥江，雨水主要向南排入萧甬运河和天然河塘。恒利污水泵站是百官城区唯一的泵站，采用自然排放方式，开发区内建有 2 个泵站。相邻的东关街道采用雨污合流制，直接排入萧甬运河。其他各镇排水系统尚待建设。

城区污水排放总量为 2800 万 t/a，生活污水量为 900 万 t/a，工业污水量为 1900 万 t/a，泵站的实际处理能力为 7.5 万 m³/d。

北部市区的雨污排水管网以总排水渠为主流（解放街—人民路—半山路—竹山桥—排污处），管径为 $d1200$ 半拱。城北污水管管径在江扬路以东为 $d800$，以西为 $d1000$，排放入曹娥江的管径为 $d800$。江东路、大桥路、横街路、凤山路等主干道为 $d600$ 排水管，其他城区排水管道以 $d300$ 和 $d400$ 为主。新建外环南路、小越西路、北二环等城市干道以 $d800$ 和 $d1000$ 管为主。

该市现有污水处理厂一座，位于精细化工园区，占地约 $25hm^2$，该工程主要服务范围为北部市区、道墟镇、东关街道及精细化工园区的生活污水和工业污水。设计总规模 30 万 m^3/d，一期规模 7.5 万 m^3/d。污水厂采用气浮、厌氧、生化三级深化处理工艺。

13.4.3 污水系统规划

（1）规划依据

1）《市环境保护"九五"计划和 2010 年远景目标》；

2）《市城市总体规划（2001～2020）》；

3）《市工业新城区—新区总体规划》；

4）《市经济开发区拓展区控制性详细规划》；

5）《市工业新城区—新区纺织园区一期控制性详细规划》；

6）《市工业新城区—新区机电区控制性详细规划》；

7）《市第三水厂排水工程初步设计》；

8）《市域各镇总体规划（2002～2020）》；

9）《室外给水设计规范》GB 50013—2006；

10）《室外排水设计规范》GB 50014—2006；

11）《城市给水工程规划规范》GB 50282—98；

12）《城市排水工程规划规范》GB 50318—2000。

（2）规划指导思想

本规划坚持以城市总体规划为基本框架，以"统筹规划，合理安排，因地制宜，分期实施"为指导思想，根据各片区的具体情况，规划排水管网系统、污水中途提升泵站及污水厂，为实现城市总体规划服务，注重资源、经济、生态环境的可持续发展，建立完善的城市污水系统，逐步实现水资源的有效利用，以支持该市社会经济的持续发展，优化城市综合发展环境，提高该市的城市综合竞争力。

（3）规划期限及规划范围

1）规划期限

本次规划采用时限规划法，规划年限基本与总体规划一致。

近期：2005—2010 年；

远期：2011—2020 年。

2）规划范围

根据《某市城市总体规划》，本规划的规划范围为整个市域。

（4）排水体制

城市排水体制的选择是城市排水系统规划中的首要问题。它影响排水系统的设计、施工、维护和管理，对城市规划和环境保护也有着深远影响，同时也影响排水系统工程的总投资、初期投资和运行管理费用。

1）现状排水体制

北部市区的现状排水体制老城区为雨污合流，新城区基本上为雨污分流。基本上雨水和污水就近排入市内各条河流。只有少量生活污水和工业废水被截流至位于杭州湾边的污水处理厂。

2）规划排水体制

对一个现有的城市，要建设污水收集系统，采用的排水体制主要有截流式合流制、分流制、混流制三种类型。各种排水体制各有优缺点，对于一个城市的排水体制的选择，应因时因地而宜。一般新建的排水系统宜采用分流制，但是若在技术经济比较的基础上，有些新建地区采用合流制也可能合理，如离旧城较近，又靠近污水处理厂，则可采用合流制，同时处理部分雨水。

市总规确定采用雨污分流制。但从现状来看，江东老城区现有排水体制基本都为雨污合流制，只是部分新开发区设计采用雨污分流制。若近期将合流制排水系统全部改造为分流制，则难度很大，需要时间较长，不能满足污水处理厂建设的要求。尤其是市中心区，建筑密度大、街道狭窄，改造时涉及千家万户，需要大面积破马路、拆迁，施工很复杂，工程投资大，不现实。

因此，规划新建开发区采用雨污分流制；老城区结合道路及小区改造进行排水管道建设，根据管道等级主次、老城区交通状况，分区分片进行排水管道建设，在建设、改造管道的同时进行道路路面、人行道等市政基础设施的改造，逐步、分期进行雨、污分流的建设改造。

（5）污水系统分区

根据市总规以及各镇区规划，结合该市实际发展情况，本次规划将该市的污水系统分为五个分区，见图 13-7

1）第一分区

包括：百官街道、菘厦镇、小越镇、谢塘镇、盖北镇、沥海镇、精细化工园区、梁湖镇、驿亭镇。

2）第二分区

包括：经济开发区、曹娥街道、东关街道、道墟镇、长塘镇。

3）第三分区

包括：上浦镇、汤浦镇。

4）第四分区

包括：章镇镇、岭南乡。

5）第五分区

包括：丰惠镇、永和镇、下管镇、丁宅乡、陈溪乡。

（6）污水量预测

1）预测方法

根据《城市排水工程规划规范》和《城市给水工程规划规范》，城市污水量宜根据城市综合用水量乘以城市污水排放系数确定。因此，应首先预测出该市的用水量，然后再计算出污水量。城市用水量可采用三种方法进行预测：人均综合指标法，单位建设用地综合指标法，单位分项建设用地指标法。

由于无法知道各分区规划用地构成情况，因此本次规划只采用人均综合指标法，单位建设用地综合指标法两种方法预测污水量。

2）规划指标

A. 人均综合用水量指标

人均综合用水量指标主要根据《城市给水工程规划规范》、《市城市总体规划》及现状用水量指标等进行确定。

《城市给水工程规划规范》提出的人均综合用水量指标为：一区大城市：$700\sim1100L/(人·d)$；一区中等城市：$600\sim1000L/(人·d)$。

《市城市总体规划》预测 2002 年城市需水量为 54 万 m^3/d，可知人均综合用水量指标确定为 900L/（人·d）。

参考周围其他城市情况，并对该市超常规发展状况适当留有余地。

综合上述各种因素，确定规划人均综合用水量指标为 900L/（人·d）。

B. 单位建设用地综合用水量指标

《城市给水工程规划规范》提出的城市单位建设用地综合用水量指标为：一区大城市，$0.8\sim1.4$ 万 $m^3/(km^2·d)$；一区中等城市，$0.6\sim1.0$ 万 $m^3/(km^2·d)$。

根据 2002 年该市建设用地面积和现状供水量，得出现状城市单位建设用地综合用水量指标为 0.66 万 $m^3/(km^2·d)$。

参照周围其他城市情况及发展经验，对该市超常规发展状况适当留有余地。

综合上述各种因素，确定规划单位建设用地综合用水量指标为 0.8 万 $m^3/(km^2·d)$。

3）第一分区污水量

根据人均综合用水量指标和单位建设用地综合用水量指标，预测出最高日用水量，考虑日变化系数为 1.2，可得出平均日用水量。两种方法预测出第一分区的平均日用水量见表 13-8 和表 13-9。

第一分区平均日水量计算表　　　　　　　　　　　　表 13-8

人均综合指标法	城镇人口（万人）	单位人口综合用水量指标（万 m^3/(万人·d))	最高日用水量（万 m^3/d）	日变化系数	平均日用水量（万 m^3/d）
2010 年	23.56	0.9	21.20	1.2	17.67
2020 年	25.62	0.9	23.06	1.2	19.22

第一分区平均日水量计算表　　　　　　　　　　　　表 13-9

单位建设用地综合指标法	建成区面积（km^2）	单位建设用地综合用水指标（万 m^3/km^2·d）	最高日用水量（万 m^3/d）	日变化系数	平均日用水量（万 m^3/d）
2010 年	25.8	0.8	20.60	1.2	17.17
2020 年	28.5	0.8	22.84	1.2	19.03

根据规范规定，城市污水量宜根据城市用水量乘以城市污水排放系数确定。本规划城市综合污水排放系数取 0.9；2010 年污水收集率为 75%，2020 年污水收集率为 95%；考虑地下水渗入量与污水量之比为 10%。据此可以预测出第一分区的污水量见表 13-10 和表 13-11。

第一分区污水量计算表 表 13-10

人均综合指标法	平均日用水量（万 m³/d）	排放系数	渗入系数	污水总量（万 m³/d）	污水收集率	污水收集总量（万 m³/d）
2010 年	17.67	0.9	1.1	17.49	75%	13.1
2020 年	19.22	0.9	1.1	19.02	95%	18.1

第一分区污水量计算表 表 13-11

单位建设用地综合指标法	平均日用水量（万 m³/d）	排放系数	渗入系数	污水总量（万 m³/d）	污水收集率	污水收集总量（万 m³/d）
2010 年	17.17	0.9	1.1	16.99	75%	12.7
2020 年	19.03	0.9	1.1	18.81	95%	17.9

从上述预测结果来看，两种方法预测的用水量较接近。规划确定 2010 年第一分区可收集的污水量为 13 万 m³/d，到 2020 年为 18.0 万 m³/d。

目前第一分区工业污水量为 4.48 万 m³/d。

4）第二分区污水量

同样采用上述两种预测方法（过程略）可预测出 2010 年第二分区可收集的污水量约为 8.3 万 m³/d，到 2020 年约为 11.5 万 m³/d。

根据《经济开发区拓展区控制性详细规划》到 2020 年开发区拓展区增加的污水量约为 11.5 万 m³/d，则第二分区到 2020 年污水量约为 26.5 万 m³/d。

目前第二分区工业污水量约为 3 万 m³/d。

5）第三分区污水量

根据《市汤浦镇总体规划》、《市上浦镇总体规划》，可以得出第三分区的污水量，见表 13-12。

第三分区污水量计算表 表 13-12

规划期限	污水总量（万 m³/d）	污水收集率	污水收集总量（万 m³/d）
2010 年	1.0	75%	0.75
2020 年	2	95%	1.9

目前该地区工业废水量约为 300m³/d。

6）第四分区污水量

根据《市章镇镇总体规划》，可以得出第四分区的污水量，见表 13-13。

第四分区污水量计算表 表 13-13

规划期限	污水总量（万 m³/d）	污水收集率	污水收集总量（万 m³/d）
2010 年	1.25	75%	0.9
2020 年	2.5	95%	2.4

目前该地区工业废水量约为 600m³/d。

7）第五分区污水量

根据《市丰惠镇城镇总体规划》、《市下管镇城镇总体规划》，可以得出第五分区的污水量，见表 13-14。

第五分区污水量计算表

表 13-14

规划期限	污水总量（万 m³/d）	污水收集率	污水收集总量（万 m³/d）
2010 年	1.5	75%	1.1
2020 年	3	95%	2.8

目前该地区工业废水量约为 700m³/d。

8）污水总量综述

根据上述预测可测算出该市总污水量，预测结果详见表 13-15。

污水总量预测表（万 m³/d）

表 13-15

规划期限	第一分区	第二分区	第三分区	第四分区	第五分区	小计	新区	拓展区
2010 年	13	8.3	0.75	0.9	1.1	24.1	7.5	3.5
2020 年	18	15	1.9	2.4	2.8	40	48.6	15.7

注：上表的污水量为考虑到当时城镇达到的相应污水收集率的情况下，污水管网能收集到的污水量。

（7）北部市区污水厂建设模式的比选和确定

北部市区包括第一分区、第二分区、新区、开发区拓展区。根据上述污水量预测可确定北部地区的规划污水量，2010 年为 32.5 万 m³/d，2020 年为 97.5m³/d，见表 13-16。

北部市区污水量预测表（万 m³/d）

表 13-16

规划期限	第一分区	第二分区	新区	拓展区	合计
2010	13	8.3	7.5	3.5	32.3
2020	18	15	48.6	15.7	97.3

根据《市城市总体规划》和《工业新城区——新区总体规划》，均考虑将新区和市域范围内的所有污水送至新区内的污水处理厂处理。

根据《经济开发区拓展区控制性规划》，经济开发区以运河为界，布置东、西两个污水收集系统。运河东片的污水经污水管收集后汇集入一号泵站（10 万 m³/d），经提升后往北排入污水处理厂。运河西片的污水经污水管收集后汇集入二号泵站（11 万 m³/d），经提升后往西排入污水处理厂。

根据《污水处理工程可行性研究报告》，也考虑将市区、道墟镇、东关街道及精细化工园区的生活污水和工业污水送至新区内的污水处理厂处理。特别在内河水环境容量分析中认为：如果要排入内河水网，市区的城市污水除了进行常规的生物处理以外，还应进行深度处理，以满足内河环境容量要求。

根据《2003 年市水系内河（湖、海）地表水水质检测结果报表》，曹娥江为Ⅲ类水标准，杭州湾港区为Ⅳ类海水标准。根据《城镇污水处理厂污染物排放标准》，排入地表水Ⅲ类功能水域或海水Ⅱ类功能水域，执行一级标准的 B 标准，排入海水Ⅳ类功能水域，执行二级标准。根据检测结果可知杭州湾除港区外大部分海域均为Ⅱ类功能水域，随着国家对环保问题的日益重视，如何提高内河及近海海域的水环境质量已是必须考虑的问题，因此为了积极地保护曹娥江和杭州湾近海海域的水环境，本专项规划考虑排入曹娥江的污水执行一级标准的 A 标准，排入杭州湾的污水执行一级标准的 B 标准。

综上所述，本次专项规划对污水处理厂的布局，提出适度分散和适度集中二个方案。

1）适度分散方案

考虑将精细化工园区现有污水处理厂扩建至 32.5 万 m^3/d，在新区西侧新建一座 35 万 m^3/d 的污水处理厂，两座污水处理厂负责处理江东市区和新区的生活污水和工业污水，污水出水水质执行一级标准的 B 标准，并考虑 30% 的污水经深度处理后回用；考虑在经济开发区西北角、曹娥江西侧新建一座 30 万 m^3/d 的污水处理厂，污水处理厂负责处理曹娥江西侧城区和道墟镇的污水，污水出水水质执行一级标准的 A 标准，由于一级标准的 A 标准是城镇污水处理厂出水作为回用水的基本要求，可以说该污水厂污水回用率为 100%。三座污水厂的总处理能力为 97.5 万 m^3/d。

2）适度集中方案

考虑将精细化工园区现有污水处理厂扩建至 32.5 万 m^3/d，在新区西侧新建一座 65 万 m^3/d 的污水处理厂，两座污水处理厂负责处理城区、道墟镇及新区的生活污水和工业污水，污水出水水质执行一级标准的 B 标准，并考虑 30% 的污水经深度处理后回用。总处理能力为 97.5 万 m^3/d。

上述两个方案的污水处理厂都处于城市边缘地带，对周围的环境影响小。无论是采用适度分散模式还是适度集中模式都能达到规划的目的，但究竟哪种模式更符合该市的情况，需从技术经济上对两个方案进行详细的比较。

经综合分析比较，适度集中方案不仅工程量小，工程投资省，且常年运行费用低（方案技术经济比较过程略），本规划推荐采用适度集中方案。

（8）污水体系总体布置

1）现状主要污水市政设施，见图 13-8。

A. 在市东北部近杭州湾处已建一座污水处理厂，现状处理能力为 7.5 万 m^3/d，高峰时可达 8.0 万 m^3/d。

B. 曹娥江西岸经济开发区内，正在建设一号泵站，建成后输送能力可达 10 万 m^3/d，主要输送曹娥江以西城区的生活污水和部分工业废水。

C. 曹娥江西岸经济开发区内的一号泵站附近有三通交汇井一座，把江西的部分工业废水送至三号泵站和四号泵站。

D. 在百官街道北部曹娥江东岸建有三号泵站，现有输送能力 10 万 m^3/d，目前主要输送来自曹娥江以西的化工废水，和曹娥江以东部分生活污水和工业废水，其中生活污水主要来自于百官街道老城区的恒利泵站。

E. 在百官街道北部曹娥江东岸的三号泵站附近，正在建设城北泵站，建成后规模可达 10 万 m^3/d。

F. 在菘厦镇建有四号泵站一座，输送能力为 10 万 m^3/d，主要输送来自三号泵站的污水。

G. 在三通交汇井和三号泵站之间有 DN1000 压力管道连接。

H. 在百官街道老城区恒利泵站和三号泵站之间敷设有一根 DN600 压力管道。

I. 在三号泵站和四号泵站之间敷设有 1 根 DN1200 的压力管道。

J. 在四号泵站和污水处理厂之间敷设有 1 根 DN1200 的压力管道。

2）规划建设污水市政设施，见图 13-9、图 13-10。

A. 将原有污水处理厂从现有 7.5 万 m^3/d 规模，2010 扩建至 32.5 万 m^3/d，基本满足 2010 年污水量要求。

B. 到 2010 年四号泵站规模扩建至 27.5 万 m^3/d。

C. 到 2010 年在开发区一号泵站和江东三号泵站、城北泵站之间新建 $DN1000$ 压力管 1 根，三号泵站、城北泵站和四号泵站之间新建 $DN1200$ 压力管道 2 根。

D. 到 2020 年二号泵站规模扩建至 11 万 m^3/d。

E. 到 2020 年在新区新建五号泵站一座规模为 30 万 m^3/d。

F. 到 2020 年新区西侧新新建污水处理厂一座，规模为 65 万 m^3/d。

G. 建上浦镇污水处理厂一座，总规模 1.9 万 m^3/d，近期规模为 0.75 万 m^3/d。

H. 建章镇镇污水处理厂一座，总规模 2.4 万 m^3/d，近期规模为 0.90 万 m^3/d。

I. 建丰惠镇污水处理厂一座，总规模 2.8 万 m^3/d，近期规模为 1.10 万 m^3/d。

华东某市污水系统专项规划 (2005~2020)
——污水系统分区图

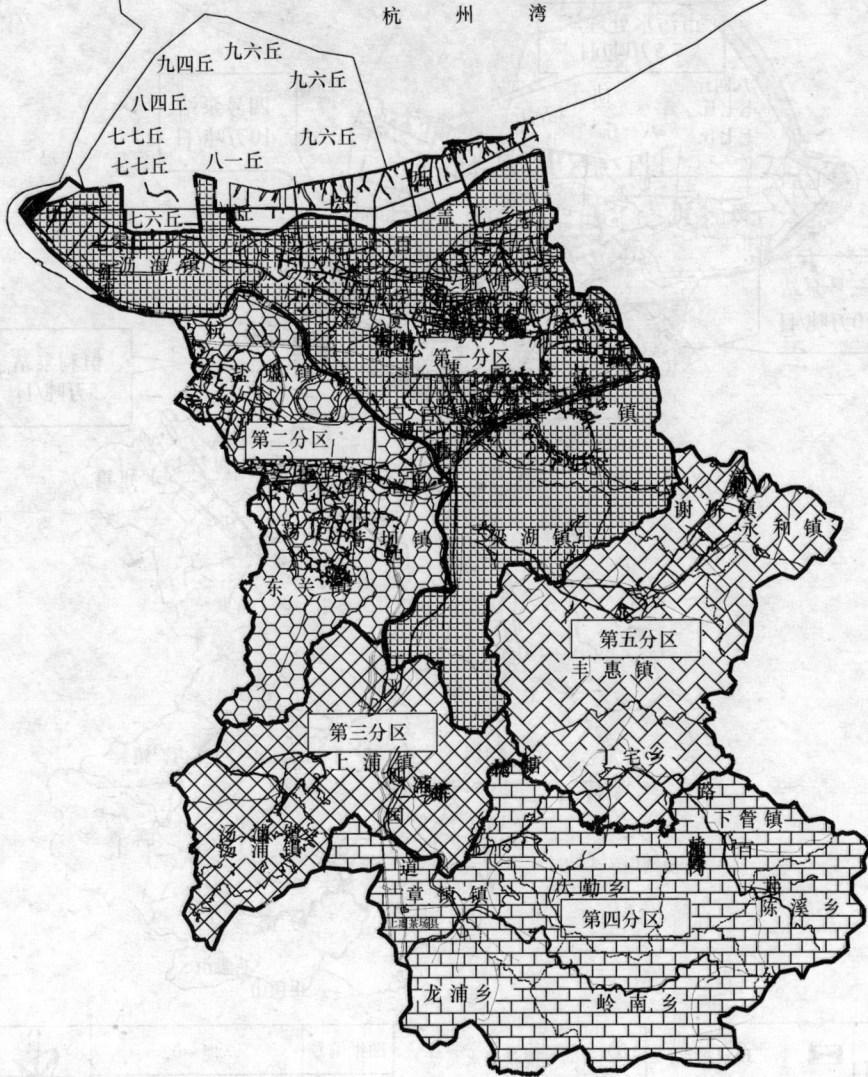

杭 州 湾

九四丘　九六丘
　　　　　　　九六丘
八四丘
七七丘　　　　　九六丘
七七丘　八一丘

七六丘

第一分区

第二分区

第五分区
圭惠镇

第三分区
上浦镇

第四分区

龙浦乡　　岭南乡

图例	第一污水分区	第二污水分区
	第三污水分区	第四污水分区
	第五污水分区	

图纸编号	规-01
比 例	0 1 2　4　　8km

N

图 13-7　华东某市污水系统专项规划——污水系统分区图

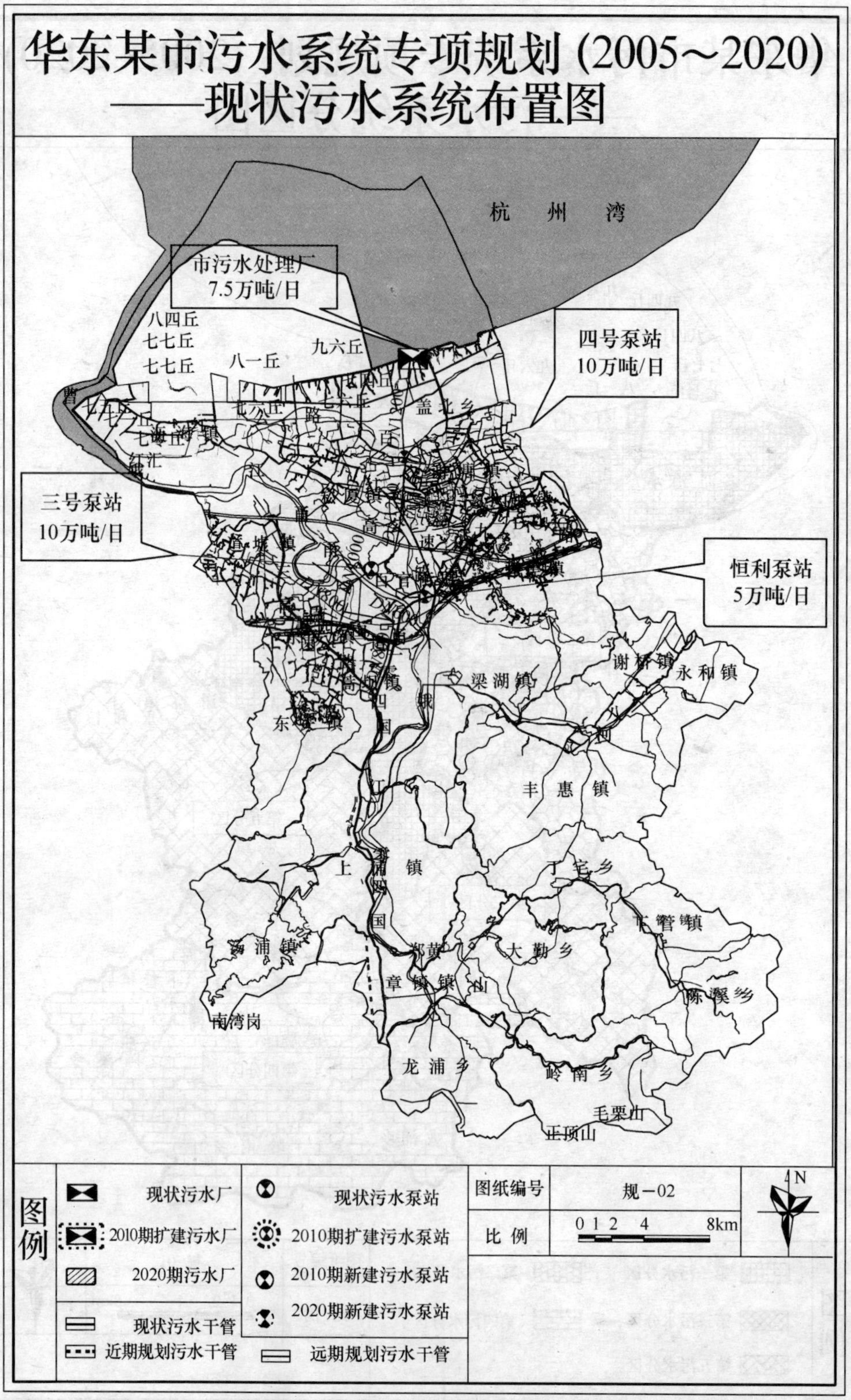

华东某市污水系统专项规划 (2005~2020)
——现状污水系统布置图

杭 州 湾

市污水处理厂
7.5万吨/日

四号泵站
10万吨/日

八四丘
七七丘
七七丘
八一丘
九六丘

盖北乡

三号泵站
10万吨/日

恒利泵站
5万吨/日

梁湖镇
谢桥镇 永和镇

东关镇

丰惠镇

上浦镇

毛宅乡

督管镇

陈溪乡

汤浦镇

郑黄
章镇 镇 谷
大勤乡

南湾岗

龙浦乡
岭南乡
毛栗山
正顶山

图例				
	✉ 现状污水厂		⊗ 现状污水泵站	图纸编号
	✉ 2010期扩建污水厂		⊗ 2010期扩建污水泵站	比 例
	▨ 2020期污水厂		⊗ 2010期新建污水泵站	
	▭ 现状污水干管		⊗ 2020期新建污水泵站	
	▭ 近期规划污水干管		▭ 远期规划污水干管	

规-02

0 1 2 4   8km

N

图 13-8 华东某市污水系统专项规划——现状污水系统布置图

254

华东某市污水系统专项规划(2005~2020)
——2010年污水系统布置图

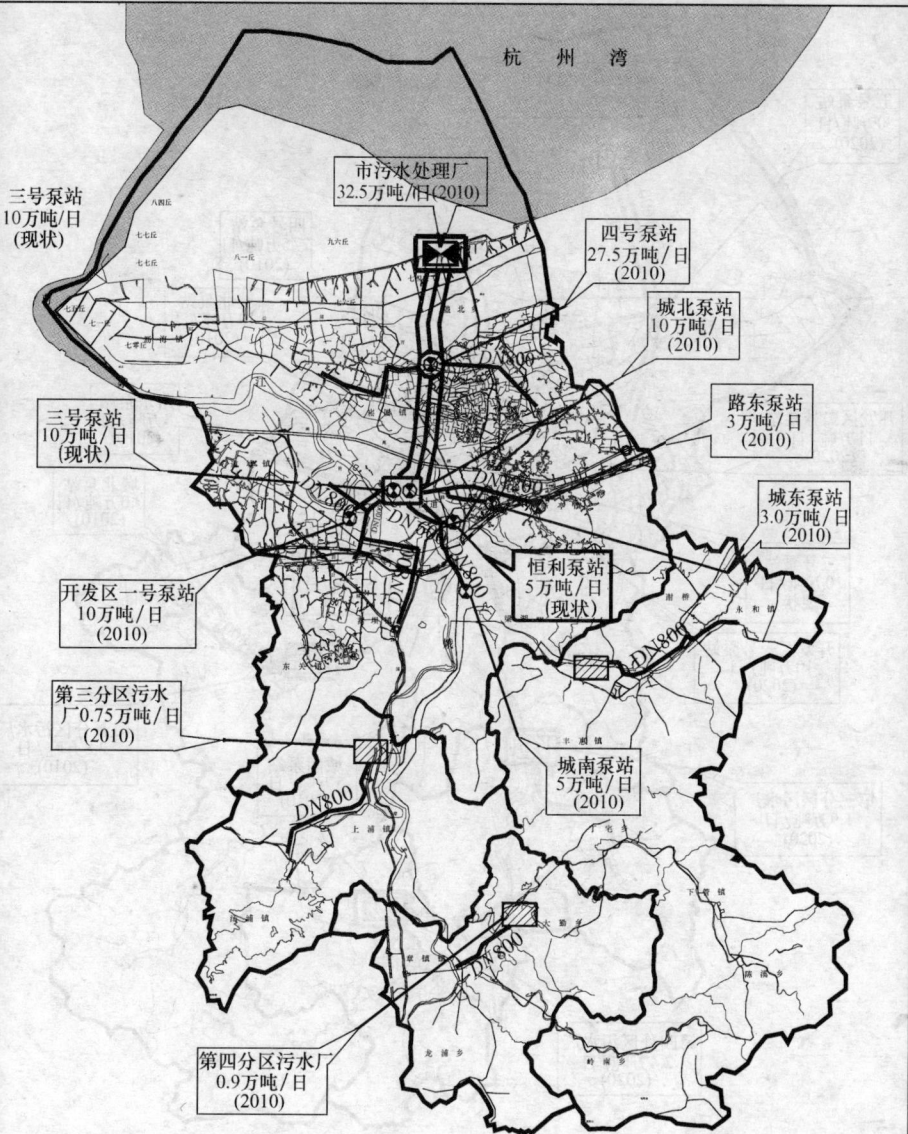

杭州湾

三号泵站
10万吨/日
(现状)

市污水处理厂
32.5万吨/日(旧)(2010)

四号泵站
27.5万吨/日
(2010)

城北泵站
10万吨/日
(2010)

路东泵站
3万吨/日
(2010)

三号泵站
10万吨/日
(现状)

城东泵站
3.0万吨/日
(2010)

恒利泵站
5万吨/日
(现状)

开发区一号泵站
10万吨/日
(2010)

第三分区污水
厂0.75万吨/日
(2010)

城南泵站
5万吨/日
(2010)

第四分区污水厂
0.9万吨/日
(2010)

图例				
现状污水厂		现状污水泵站	图纸编号	规—03
2010期扩建污水厂		2010期扩建污水泵站	比例	0 1 2 4 8km
2020期污水厂		2010期新建污水泵站		
现状污水干管		2020期新建污水泵站		N
近期规划污水干管	远期规划污水干管			

图 13-9　华东某市污水系统专项规划——2010 年污水系统布置图

255

华东某市污水系统专项规划(2005~2020)
——2020年污水系统布置图

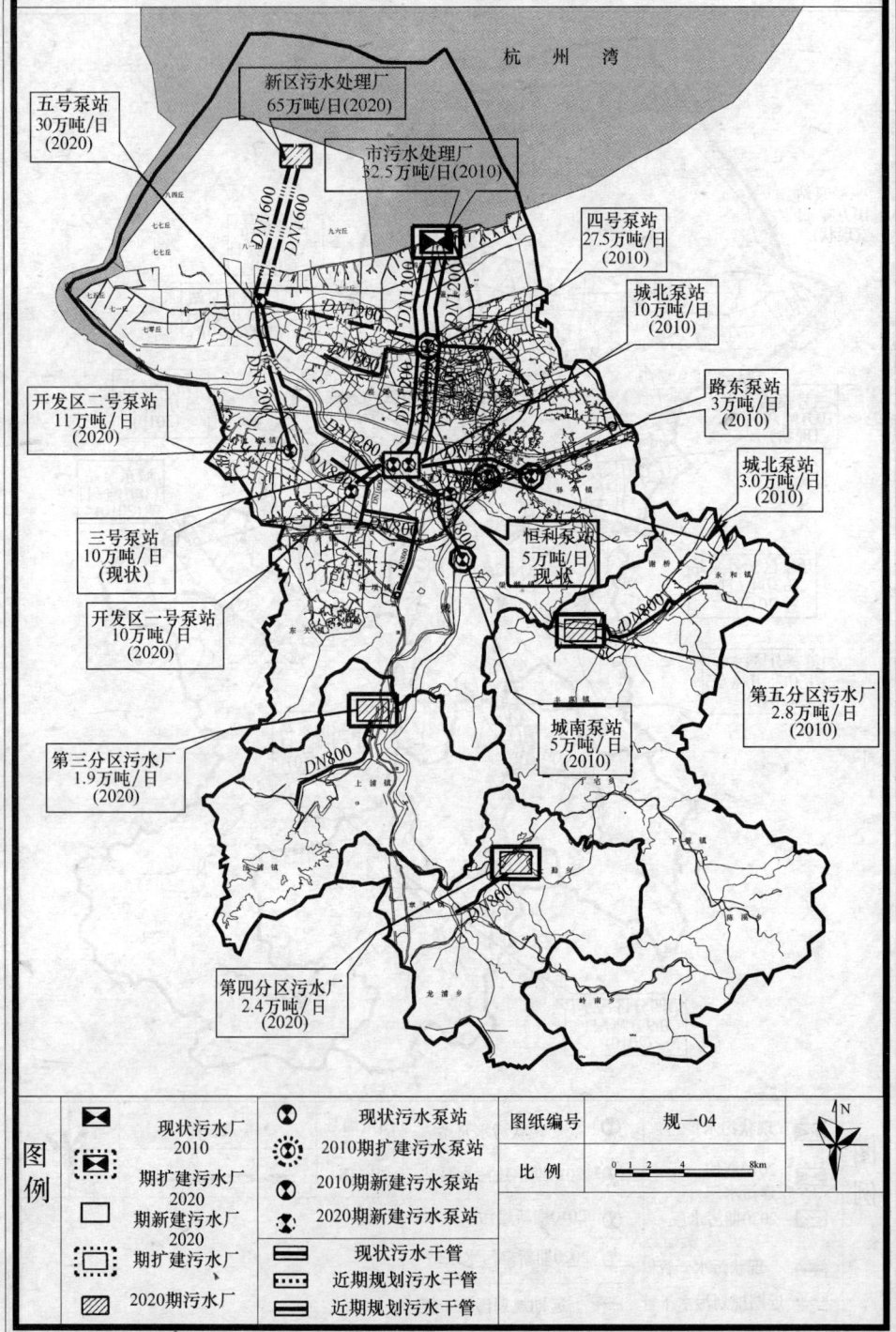

杭州湾

新区污水处理厂
65万吨/日(2020)

五号泵站
30万吨/日
(2020)

市污水处理厂
32.5万吨/日(2010)

四号泵站
27.5万吨/日
(2010)

城北泵站
10万吨/日
(2010)

DN1600
DN1600

DN1200

开发区二号泵站
11万吨/日
(2020)

路东泵站
3万吨/日
(2010)

城北泵站
3.0万吨/日
(2010)

DN1280

三号泵站
10万吨/日
(现状)

恒利泵站
5万吨/日
现状

开发区一号泵站
10万吨/日
(2020)

第五分区污水厂
2.8万吨/日
(2010)

DN800

第三分区污水厂
1.9万吨/日
(2020)

DN800

城南泵站
5万吨/日
(2010)

DN800

第四分区污水厂
2.4万吨/日
(2020)

图例

图例		
✉	现状污水厂 2010	⊕ 现状污水泵站
✉	期扩建污水厂 2020	⊕ 2010期扩建污水泵站
▢	期新建污水厂 2020	⊕ 2010期新建污水泵站
▢	期扩建污水厂	⊕ 2020期新建污水泵站
▨	2020期污水厂	▭ 现状污水干管
		▭ 近期规划污水干管
		▭ 近期规划污水干管

图纸编号 规一-04

比例 0 1 2 4 8km

N

图 13-10 华东某市污水系统专项规划——2020 年污水系统布置图

256

附录1 主 要 标 准

地表水环境质量标准基本项目标准限值（单位：mg/L）　附表1

序号	项目 标准值 分类		I类	II类	III类	IV类	V类
1	水温（℃）		人为造成的环境水温变化应限制在：周平均最大温升≤1；周平均最大温降≤2				
2	pH值（无量纲）		6-9				
3	溶解氧	≥	饱和率90%（或7.5）	6	5	3	2
4	高锰酸盐指数	≤	2	4	6	10	15
5	化学需氧量（COD）	≤	15	15	20	30	40
6	五日生化需氧量（BOD_5）	≤	3	3	4	6	10
7	氨氮（NH_3-N）	≤	0.15	0.5	1.0	1.5	2.0
8	总磷（以P计）	≤	0.02（湖、库0.01）	0.1（湖、库0.025）	0.2（湖、库0.05）	0.3（湖、库0.1）	0.4（湖、库0.2）
9	总氮（湖、库、以N计）	≤	0.2	0.5	1.0	1.5	2.0
10	铜	≤	0.01	1.0	1.0	1.0	1.0
11	锌	≤	0.05	1.0	1.0	2.0	2.0
12	氟化物（以F^-计）	≤	1.0	1.0	1.0	1.5	1.5
13	硒	≤	0.01	0.01	0.01	0.02	0.02
14	砷	≤	0.05	0.05	0.05	0.1	0.1
15	汞	≤	0.00005	0.00005	0.0001	0.001	0.001
16	镉	≤	0.001	0.005	0.005	0.005	0.01
17	铬（六价）	≤	0.01	0.05	0.05	0.05	0.1
18	铅	≤	0.01	0.01	0.05	0.05	0.1
19	氰化物	≤	0.005	0.05	0.2	0.2	0.2
20	挥发酚	≤	0.002	0.002	0.005	0.01	0.1
21	石油类	≤	0.05	0.05	0.05	0.5	1.0
22	阴离子表面活性剂	≤	0.2	0.2	0.2	0.3	0.3
23	硫化物	≤	0.05	0.1	0.05	0.5	1.0
24	粪大肠菌群（个/L）	≤	200	2000	10000	20000	40000

集中式生活饮用水地表水源地补充项目标准限值（单位：mg/L）　　附表2

序　号	项　目	标　准　值
1	硫酸盐（以 SO_4^{2-} 计）	250
2	氯化物（以 Cl^- 计）	250
3	硝酸盐（以 N 计）	10
4	铁	0.3
5	锰	0.1

集中式生活饮用水地表水源地特定项目标准限值（单位：mg/L）　　附表3

序号	项　目	标准值	序号	项　目	标准值
1	三氯甲烷	0.06	30	硝基苯	0.017
2	四氯化碳	0.002	31	二硝基苯④	0.5
3	三溴甲烷	0.1	32	2,4-二硝基甲苯	0.0003
4	二氯甲烷	0.02	33	2,4,6-三硝基甲苯	0.5
5	1,2-二氯乙烷	0.03	34	硝基氯苯⑤	0.05
6	环氧氯丙烷	0.02	35	2,4-二硝基氯苯	0.5
7	氯乙烯	0.005	36	2,4-二氯苯酚	0.093
8	1,1-二氯乙烯	0.03	37	2,4,6-三氯苯酚	0.2
9	1,2-二氯乙烯	0.05	38	五氯酚	0.009
10	三氯乙烯	0.07	39	苯胺	0.1
11	四氯乙烯	0.04	40	联苯胺	0.0002
12	氯丁二烯	0.002	41	丙烯酰胺	0.0005
13	六氯丁二烯	0.0006	42	丙烯腈	0.1
14	苯乙烯	0.02	43	邻苯二甲酸二丁酯	0.003
15	甲醛	0.9	44	邻苯二甲酸二(2-乙基己基)酯	0.008
16	乙醛	0.05	45	水合肼	0.01
17	丙烯醛	0.1	46	四乙基铅	0.0001
18	三氯乙醛	0.01	47	吡啶	0.2
19	苯	0.01	48	松节油	0.2
20	甲苯	0.7	49	苦味酸	0.5
21	乙苯	0.3	50	丁基黄原酸	0.005
22	二甲苯①	0.5	51	活性氯	0.01
23	异丙苯	0.25	52	滴滴涕	0.001
24	氯苯	0.3	53	林丹	0.002
25	1,2-二氯苯	1.0	54	环氧七氯	0.0002
26	1,4-二氯苯	0.3	55	对硫磷	0.003
27	三氯苯②	0.02	56	甲基对硫磷	0.002
28	四氯苯③	0.02	57	马拉硫磷	0.05
29	六氯苯	0.05	58	乐果	0.08

序号	项　目	标准值	序号	项　目	标准值
59	敌敌畏	0.05	70	黄磷	0.003
60	敌百虫	0.05	71	钼	0.07
61	内吸磷	0.03	72	钴	1.0
62	百菌清	0.01	73	铍	0.002
63	甲萘威	0.05	74	硼	0.5
64	溴清菊酯	0.02	75	锑	0.005
65	阿特拉津	0.003	76	镍	0.02
66	苯并（a）芘	2.8×10^{-6}	77	钡	0.7
67	甲基汞	1.0×10^{-6}	78	钒	0.05
68	多氯联苯⑥	2.0×10^{-5}	79	钛	0.1
69	微囊藻毒素-LR	0.001	80	铊	0.0001

注：① 二甲苯:指对-二甲苯、间-二甲苯、邻-二甲苯；

②　三氯苯:指1,2,3-三氯苯、1,2,4-三氯苯、1,3,5-三氯苯；

③　四氯苯:指1,2,3,4-四氯苯、1,2,3,5-四氯苯、1,2,4,5-四氯苯；

④　二硝基苯:指对-二硝基苯、间-硝基氯苯、邻-硝基氯苯；

⑤　多氯联苯:指PCB-1016、PCB-1221、PCB-1232、PCB-1242、PCB-1248、PCB-1254、PCB-1260。

饮用水中消毒剂常规指标及要求　　　　　　　　　附表4

消毒剂名称	与水接触时间	出厂水中限值	出厂水中余量	管网末梢水中余量
氯气及游离氯制剂（游离氯，mg/L）	≥30min	4	≥0.3	≥0.05
一氯胺（总氯，mg/L）	≥120min	3	≥0.5	≥0.05
臭氧（O_3，mg/L）	≥12min	0.3		0.02 如加氯，总氯≥0.05
二氧化氯（ClO_2，mg/L）	≥30min	0.8	≥0.1	≥0.02

水质常规指标及限值　　　　　　　　　　　　　　附表5

指　标	限　值
1. 微生物指标①	
总大肠菌群（MPN/100mL 或 CFU/100mL）	不得检出
耐热大肠菌群（MPN/100mL 或 CFU/100mL）	不得检出
大肠埃希氏菌（MPN/100mL 或 CFU/100mL）	不得检出
菌落总数（CFU/mL）	100
2. 毒理指标	
砷（mg/L）	0.01
镉（mg/L）	0.005
铬（六价，mg/L）	0.05
铅（mg/L）	0.01
汞（mg/L）	0.001
硒（mg/L）	0.01

指　标	限　值
氰化物（mg/L）	0.05
氟化物（mg/L）	1.0
硝酸盐（以 N 计，mg/L）	10 地下水源限制时为 20
三氯甲烷（mg/L）	0.06
四氯化碳（mg/L）	0.002
溴酸盐（使用臭氧时，mg/L）	0.01
甲醛（使用臭氧时，mg/L）	0.9
亚氯酸盐（使用二氧化氯消毒时，mg/L）	0.7
氯酸盐（使用复合二氧化氯消毒时，mg/L）	0.7
3. 感官性状和一般化学指标	
色度（铂钴色度单位）	15
浑浊度（NTU-散射浊度单位）	1 水源与净水技术条件限制时为 3
嗅和味	无异臭、异味
肉眼可见物	无
pH（pH 单位）	不小于 6.5 且不大于 8.5
铝（mg/L）	0.2
铁（mg/L）	0.3
锰（mg/L）	0.1
铜（mg/L）	1.0
锌（mg/L）	1.0
氯化物（mg/L）	250
硫酸盐（mg/L）	250
溶解性总固体（mg/L）	1000
总硬度（以 $CaCO_3$ 计，mg/L）	450
耗氧量（COD_{Mn}法，以 O_2 计，mg/L）	3 水源限制，原水耗氧量＞6mg/L 时为 5
挥发酚类（以苯酚计，mg/L）	0.002
阴离子合成洗涤剂（mg/L）	0.3
4. 放射性指标[②]	指导值
总 α 放射性（Bq/L）	0.5
总 β 放射性（Bq/L）	1

注：① MPN 表示最可能数；CFU 表示菌落形成单位。当水样检出总大肠菌群时，应进一步检验大肠埃希氏菌或
　　耐热大肠菌群；水样未检出总大肠菌群，不必检验大肠埃希氏菌或耐热大肠菌群；
　　② 放射性指标超过指导值，应进行核素分析和评价，判定能否饮用。

指　　标	限　　值
1. 微生物指标	
贾第鞭毛虫（个/10L）	<1
隐孢子虫（个/10L）	<1
2. 毒理指标	
锑（mg/L）	0.005
钡（mg/L）	0.7
铍（mg/L）	0.002
硼（mg/L）	0.5
钼（mg/L）	0.07
镍（mg/L）	0.02
银（mg/L）	0.05
铊（mg/L）	0.0001
氯化氰（以 CN^- 计，mg/L）	0.07
一氯二溴甲烷（mg/L）	0.1
二氯一溴甲烷（mg/L）	0.06
二氯乙酸（mg/L）	0.05
1,2-二氯乙烷（mg/L）	0.03
二氯甲烷（mg/L）	0.02
三卤甲烷（三氯甲烷、一氯二溴甲烷、二氯一溴甲烷、三溴甲烷的总和）	该类化合物中各种化合物的实测浓度与其各自限值的比值之和不超过 1
1,1,1-三氯乙烷（mg/L）	2
三氯乙酸（mg/L）	0.1
三氯乙醛（mg/L）	0.01
2,4,6-三氯酚（mg/L）	0.2
三溴甲烷（mg/L）	0.1
七氯（mg/L）	0.0004
马拉硫磷（mg/L）	0.25
五氯酚（mg/L）	0.009
六六六（总量，mg/L）	0.005
六氯苯（mg/L）	0.001
乐果（mg/L）	0.08
对硫磷（mg/L）	0.003
灭草松（mg/L）	0.3

指　标	限　值
甲基对硫磷（mg/L）	0.02
百菌清（mg/L）	0.01
呋喃丹（mg/L）	0.007
林丹（mg/L）	0.002
毒死蜱（mg/L）	0.03
草甘膦（mg/L）	0.7
敌敌畏（mg/L）	0.001
莠去津（mg/L）	0.002
溴氰菊酯（mg/L）	0.02
2,4-滴（mg/L）	0.03
滴滴涕（mg/L）	0.001
乙苯（mg/L）	0.3
二甲苯（mg/L）	0.5
1,1-二氯乙烯（mg/L）	0.03
1,2-二氯乙烯（mg/L）	0.05
1,2-二氯苯（mg/L）	1
1,4-二氯苯（mg/L）	0.3
三氯乙烯（mg/L）	0.07
三氯苯（总量，mg/L）	0.02
六氯丁二烯（mg/L）	0.0006
丙烯酰胺（mg/L）	0.0005
四氯乙烯（mg/L）	0.04
甲苯（mg/L）	0.7
邻苯二甲酸二（2-乙基己基）酯（mg/L）	0.008
环氧氯丙烷（mg/L）	0.0004
苯（mg/L）	0.01
苯乙烯（mg/L）	0.02
苯并（a）芘（mg/L）	0.00001
氯乙烯（mg/L）	0.005
氯苯（mg/L）	0.3
微囊藻毒素-LR（mg/L）	0.001
3. 感官性状和一般化学指标	
氨氮（以 N 计，mg/L）	0.5
硫化物（mg/L）	0.02
钠（mg/L）	200

农村小型集中式供水和分散式供水部分水质指标及限值 附表7

指　　标	限　　值
1. 微生物指标	
菌落总数（CFU/mL）	500
2. 毒理指标	
砷（mg/L）	0.05
氟化物（mg/L）	1.2
硝酸盐（以 N 计，mg/L）	20
3. 感官性状和一般化学指标	
色度（铂钴色度单位）	20
浑浊度（NTU-散射浊度单位）	3 水源与净水技术条件限制时为 5
pH（pH 单位）	≥6.5 且≤9.5
溶解性总固体（mg/L）	1500
总硬度（以 $CaCO_3$ 计，mg/L）	550
耗氧量（COD_{Mn}法，以 O_2 计，mg/L）	5
铁（mg/L）	0.5
锰（mg/L）	0.3
氯化物（mg/L）	300
硫酸盐（mg/L）	300

地面水水质卫生要求 附表8

指　标	卫　生　要　求
悬浮物质色、嗅、味	含有大量悬浮物质的工业废水，不得直接排入地面水体，不得呈现工业废水和生活污水所特有的颜色、异臭或异味
漂浮物质	水面上不得出现较明显的油膜和浮沫
pH 值	6~9
生化需氧量（5 日 20℃）	≤3~10mg/L
溶解氧	≥4mg/L
有害物质	不超过规定的最高允许浓度
病原体	含有病原体的工业废水和医院污水，必须经过处理和严格消毒，彻底消灭病原体后方准排入地面水体

生活饮用水水源水质标准 附表9

项　目	标　准　限　值	
	一　级	二　级
色	色度不超过 15 度，并不得呈现其他异色	不应有明显的其他异色
浑浊度（度）	≤3	

项 目	标 准 限 值	
	一 级	二 级
嗅和味	不得有异臭、异味	不应有明显的异臭、异味
pH 值	6.5～8.5	6.5～8.5
总硬度（以碳酸钙计）（mg/L）	≤350	≤450
溶解铁（mg/L）	≤0.3	≤0.5
锰（mg/L）	≤0.1	≤0.1
铜（mg/L）	≤1.0	≤1.0
锌（mg/L）	≤1.0	≤1.0
挥发酚（以苯酚计）（mg/L）	≤0.002	≤0.004
阴离子合成洗涤剂（mg/L）	≤0.3	≤0.3
硫酸盐（mg/L）	<250	<250
氯化物（mg/L）	<250	<250
溶解性总固体（mg/L）	<1000	<1000
氟化物（mg/L）	≤1.0	≤1.0
氰化物（mg/L）	≤0.05	≤0.05
砷（mg/L）	≤0.05	≤0.05
硒（mg/L）	≤0.01	≤0.01
汞（mg/L）	≤0.001	≤0.001
镉（mg/L）	≤0.01	≤0.01
铬（六价）（mg/L）	≤0.05	≤0.05
铅（mg/L）	≤0.05	≤0.07
银（mg/L）	≤0.05	≤0.05
铍（mg/L）	≤0.000 2	≤0.000 2
氨氮（以氮计）（mg/L）	≤0.5	≤1.0
硝酸盐（以氮计）（mg/L）	≤10	≤20
耗氧量（$KMnO_4$ 法）（mg/L）	≤3	≤6
苯并（α）芘（μg/L）	≤0.01	≤0.01
滴滴涕（μg/L）	≤1	≤1
六六六（μg/L）	≤5	≤5
百菌清（mg/L）	≤0.01	≤0.01
总大肠菌群（个/L）	≤1000	≤10000
总 α 放射性（Bq/L）	≤0.1	≤0.1
总 β 放射性（Bq/L）	≤1	≤1

第一类污染物最高允许排放浓度　单位：mg/L

序　号	污　染　物	最高允许排放浓度
1	总汞	0.05
2	烷基汞	不得检出
3	总镉	0.1
4	总铬	1.5
5	六价铬	0.5
6	总砷	0.5
7	总铅	1.0
8	总镍	1.0
9	苯并（a）芘	0.00003
10	总铍	0.005
11	总银	0.5
12	总α放射性	1Bq/L
13	总β放射性	10Bq/L

第二类污染物最高允许排放浓度

（1997 年 12 月 31 日之前建设的单位）　单位：mg/L

序号	污染物	适用范围	一级标准	二级标准	三级标准
1	pH	一切排污单位	6～9	6～9	6～9
2	色度（稀释倍数）	染料工业	50	180	—
—	—	其他排污单位	50	80	—
—	—	采矿、选矿、选煤工业	100	300	—
—	—	脉金选矿	100	500	—
3	悬浮物（SS）	边远地区砂金选矿	100	800	—
—	—	城镇二级污水处理厂	20	30	—
—	—	其他排污单位	70	200	400
—	—	甘蔗制糖、苎麻脱胶、湿法纤维板工业	30	100	600
4	五日生化需氧量（BOD_5）	甜菜制糖、酒精、味精、皮革、化纤浆粕工业	30	150	600
—	—	城镇二级污水处理厂	20	30	—
—	—	其他排污单位	30	60	300
—	—	甜菜制糖、焦化、合成脂肪酸、湿法纤维板、染料、洗毛、有机磷农药工业	100	200	1000
—	—	味精、酒精、医药原料药、生物制药、苎麻脱胶、皮革、化纤浆粕工业	100	300	1000

序号	污染物	适用范围	一级标准	二级标准	三级标准
—		石油化工工业（包括石油炼制）	100	150	500
5	化学需氧量（COD）	城镇二级污水处理厂	60	120	—
6	石油类	其他排污单位	100	150	500
7	动植物油	一切排污单位	10	10	30
8	挥发酚	一切排污单位	20	20	100
9	总氰化合物	一切排污单位	0.5	0.5	2.0
		电影洗片（铁氰化合物）	0.5	5.0	5.0
10	硫化物	其他排污单位	0.5	0.5	1.0
11	氨氮	一切排污单位	1.0	1.0	2.0
—	—	医药原料药、染料、石油化工工业	15	50	
—	—	其他排污单位	15	25	—
12	氟化物	黄磷工业	10	20	20
—	—	低氟地区（水体含氟量＜0.5mg/L）	10	10	20
13	磷酸盐（以 P 计）	其他排污单位	0.5	1.0	—
14	甲醛	一切排污单位	—	—	—
15	苯胺类	一切排污单位	1.0	2.0	5.0
16	硝基苯类	一切排污单位	2.0	3.0	5.0
17	阴离子表面活性剂（LAS）	合成洗涤剂工业	5.0	15	20
—	—	其他排污单位	5.0	10	20
18	总铜	一切排污单位	5.0	1.0	2.0
19	总锌	一切排污单位	2.0	5.0	5.0
20	总锰	合成脂肪酸工业	2.0	5.0	5.0
—		其他排污单位	2.0	2.0	5.0
21	彩色显影剂	电影洗片	2.0	3.0	5.0
22	显影剂及氧化物总量	电影洗片	3.0	6.0	6.0
23	元素磷	一切排污单位	0.1	0.3	0.3
24	有机磷农药（以 P 计）	一切排污单位	不得检出	0.5	0.5
25	粪大肠菌群数	医院*、兽医院及医疗机构含病原体污水	500 个/L	1000 个/L	5000 个/L
		传染病、结核病医院污水	100 个/L	500 个/L	1000 个/L
26	总余氯（采用氯化消毒的医院污水）	医院*、兽医院及医疗机构含病原体污水	＜0.5**	＞3（接触时间≥1h）	＞2（接触时间≥1h）
		传染病、结核病医院污水	＜0.5**	＞6.5（接触时间≥1.5h）	＞5（接触时间≥1.5h）

注：＊指 50 个床位以上的医院；＊＊加氯消毒后须进行脱氯处理，达到本标准。

附录2　主要法规一览表

(1)《中华人民共和国城市规划法》(1990)

(2)《中华人民共和国城乡规划法》(2007)

(3)《中华人民共和国水法》(2002)

(4)《城市规划编制办法》(2006)

(5)《中华人民共和国环境影响评价法》(2002)

(6)《中华人民共和国水污染防治法》(1984 施行，1996 修订)

(7)《中华人民共和国防洪法》(1997)

(8)《关于实施污水综合排放标准国家标准的通知》(1998)

(9)《中华人民共和国水土保持法实施条例》(1993)

(10)《国务院关于加强城市供水节水和水污染防治工作的通知》(2000)

(11)《国务院关于加强城市规划工作的通知》(1996)

(12)《城市地下水开发利用保护管理规定》(1993)

(13)《饮用水水源保护区污染防治管理规定》(1989)

(14)《室外给水设计规范》GB 50013—2006

(15)《室外排水设计规范》GB 50014—2006

(16)《城市给水工程规划规范》GB 50282—98

(17)《城市排水工程规划规范》GB 50318—2000

(18)《泵站设计规范》GB/T 50265—97

(19)《高浊度水给水设计规范》CJJ 40—91

(20)《城市污水回用设计规范》CECS 61：94

(21)《农村给水设计规范》CECS 82：96

(22)《居住小区给水排水设计规范》CECS 57：94

(23)《建筑中水设计规范》CECS 30：91

(24)《给水排水设计基本术语标准》GBJ 125—89

(25)《给水排水制图标准》GB/T 50106—2001

(26)《城镇给水厂附属建筑和附属设备设计标准》CJJ 41—91

(27)《城镇污水处理厂附属建筑和附属设备设计标准》CJJ 31—89

(28)《生活饮用水水源水质标准》CJ/T 3020—93

(29)《地表水环境质量标准》GB 3838—2002

(30)《地下水质量标准》GB/T 14848—93

(31)《海水水质标准》GB 3097—1997

(32)《城市用水分类标准》CJ/T 3070—1999

(33)《生活杂用水水质标准》CJ/T 48—1999

（34）《防洪标准》GB 50201—94

（35）《污水综合排放标准》GB 8978—1996

（36）《合流制系统污水截流井设计规程》CECS 91：97

（37）《污水排入城市下水道水质标准》CJ 3082—1999

（38）《城市污水处理厂污水污泥排放标准》CJ/T 3025—93

（39）《城市污水再生利用分类》GB/T 18921—2002

（40）《城市污水再生利用工业用水水质》GB/T 19923—2005

（41）《再生水水质标准》SL 368—2006

（42）《城市污水再生利用景观环境用水水质》GB/T 18921—2002

（43）《城镇污水处理厂污染物排放标准》GB 18918—2002

（44）《城市污水再生利用地下水回灌水质》GB/T 19772—2005

（45）《城市污水再生利用农田灌溉用水水质》GB 20922—2007

（46）《城市污水再生利用城市杂用水水质》GB/T 18920—2002

（47）《循环冷却水用再生水水质标准》HG/T 3923—2007

（48）《城市规划基本术语标准》GB/T 50280—98

（49）《城市工程管线综合规划规范》GB 50289—98

（50）《污水再生利用工程设计规范》GB 50335—2002

主 要 参 考 文 献

[1] 徐荣晋主编. 给水排水工程常用数据速查手册. 北京：中国建材工业出版社，2006.

[2] 蒋白懿，李亚峰等编著. 给水排水管道设计计算与安装. 北京：化学工业出版社，2005.

[3] 高艳玲编著. 城市水务管理. 北京：中国建材工业出版社，2005.

[4] 李天荣主编. 城市工程管线系统. 重庆：重庆大学出版社，2002.

[5] 熊春宝主编. 测量学. 天津：天津大学出版社，2007.

[6] 杜茂安，韩洪军主编. 水源工程与管道系统设计计算. 北京：中国建材工业出版社，2006.

[7] 徐荣晋主编. 给水排水工程常用数据速查手册. 北京：中国建材工业出版社，2006.

[8] 王开章主编. 现代水资源分析与评价. 北京：化学工业出版社，2006.

[9] 周鑫根主编. 小城镇污水处理工程规划与设计. 北京：化学工业出版社，2005.

[10] 吴俊奇，付婉霞，曹秀芹编著. 给水排水工程. 中国水利水电出版社，2004.

[11] 陈龙珠等编著. 防灾工程学导论. 北京：中国建材工业出版社，2005.

[12] 陈静主编. 最新安全生产问题防范与解决手册（防洪防汛安全卷）. 北京：中国言实出版社，2000.

[13] 周玉文，赵洪宾著. 排水管网理论与计算. 北京：中国建筑工业出版社，2000.

[14] 史晓新，朱党生，张建永编著. 现代水资源保护规划. 北京：化学工业出版社，2004.

[15] 陈晓宏，江涛，陈俊合编著. 水环境评价与规划. 广州：中山大学出版社，2001.

[16] 徐荣晋主编. 给水排水工程常用数据速查手册. 北京：中国建材工业出版社，2006.

[17] 王启山主编. 水工业工程常用数据速查手册. 北京：机械工业出版社，2005.

[18] 宋巧娜，唐德善. 城市工业用水量的灰色马尔可夫预测模型[J]. 节水灌溉，2007(5).

[19] 刘国印，黄乾. 灰色动态模型在工业用水量预测中的应用[J]. 水利规划与设计，2007(3).

[20] 王晓玲，孙月峰，梅传书等. 区域工业用水量非线性预测模型的优选[J]. 天津大学学报，2006(12).

[21] 董淑杰，高洪波，孟宪文. 工业用水量预测方法及适用条件分析[J]. 黑龙江水专学报，2004(3).

[22] 张守华. 中水系统纳入城市给排水系统综合规划的研究[J]. 化学工程与装备，2008(7).

[23] 陈冬. 论科学化的城市给排水规划[J]. 科技创新导报，2008(16).

[24] 巨涛，给水排水规划深度问题探讨[J]. 中外建筑，2008(4).

[25] 李莲秀，关于城市给排水系统规划的思考[J]. 建筑经济，2007(8).

[26] 冯炳燕，控制性详细规划中的给排水规划探讨[J]. 广东建材，2007(5).

[27] 赵玲萍，邵敏. 中水系统纳入给排水系统综合规划的优化研究[J]. 节水灌溉，2006，(2).

[28] 玉孝莉. 城市规划中给排水工程规模的确定[J]. 黑龙江环境通报，2004(3).

[29] 吴兆申，皇甫佳群，金家明. 城市给排水工程规划水量规模的确定[J]. 给水排水，2003(4).

[30] 秦琦，田一梅，喻青. 浅议区域给水排水综合规划[J]. 安徽农业科学，2007(5).

[31] 罗惠云. 编制城市给水排水工程专业规划的探讨[J]. 湖南城市学院学报(自然科学版)，2004(4).

[32] 曹耀冰. 城市总体规划中给水、污水规划水量指标刍议[J]. 中国西部科技，2006(19).

[33] 王淑莹，马勇，王晓莲等. GIS在城市给水排水管网信息管理系统中的应用[J]. 哈尔滨工业大学学报，2005(1).

[34] 马勇，彭永臻，尚付刚等. GIS在城市给水排水中的应用[J]. 城市环境与城市生态，2003，(5).

[35] 张丽丽，马云东，魏令勇. 区域给水与污水处理及回用系统规划的优化研究[J]. 环境科学与管理，2006，(2).

尊敬的读者：

感谢您选购我社图书！建工版图书按图书销售分类在卖场上架，共设22个一级分类及43个二级分类，根据图书销售分类选购建筑类图书会节省您的大量时间。现将建工版图书销售分类及与我社联系方式介绍给您，欢迎随时与我们联系。

★建工版图书销售分类表（见下表）。

★欢迎登陆中国建筑工业出版社网站www.cabp.com.cn，本网站为您提供建工版图书信息查询，网上留言、购书服务，并邀请您加入网上读者俱乐部。

★中国建筑工业出版社总编室　　电　话：010—58934845　　传　真：010—68321361

★中国建筑工业出版社发行部　　电　话：010—58933865　　传　真：010—68325420
E-mail：hbw@cabp.com.cn

建工版图书销售分类表

一级分类名称（代码）	二级分类名称（代码）	一级分类名称（代码）	二级分类名称（代码）
建筑学 （A）	建筑历史与理论（A10）	园林景观 （G）	园林史与园林景观理论（G10）
	建筑设计（A20）		园林景观规划与设计（G20）
	建筑技术（A30）		环境艺术设计（G30）
	建筑表现·建筑制图（A40）		园林景观施工（G40）
	建筑艺术（A50）		园林植物与应用（G50）
建筑设备·建筑材料 （F）	暖通空调（F10）	城乡建设·市政工程· 环境工程 （B）	城镇与乡（村）建设（B10）
	建筑给水排水（F20）		道路桥梁工程（B20）
	建筑电气与建筑智能化技术（F30）		市政给水排水工程（B30）
	建筑节能·建筑防火（F40）		市政供热、供燃气工程（B40）
	建筑材料（F50）		环境工程（B50）
城市规划·城市设计 （P）	城市史与城市规划理论（P10）	建筑结构与岩土工程 （S）	建筑结构（S10）
	城市规划与城市设计（P20）		岩土工程（S20）
室内设计·装饰装修 （D）	室内设计与表现（D10）	建筑施工·设备安装技术（C）	施工技术（C10）
	家具与装饰（D20）		设备安装技术（C20）
	装修材料与施工（D30）		工程质量与安全（C30）
建筑工程经济与管理 （M）	施工管理（M10）	房地产开发管理（E）	房地产开发与经营（E10）
	工程管理（M20）		物业管理（E20）
	工程监理（M30）	辞典·连续出版物 （Z）	辞典（Z10）
	工程经济与造价（M40）		连续出版物（Z20）
艺术·设计 （K）	艺术（K10）	旅游·其他 （Q）	旅游（Q10）
	工业设计（K20）		其他（Q20）
	平面设计（K30）	土木建筑计算机应用系列（J）	
执业资格考试用书（R）		法律法规与标准规范单行本（T）	
高校教材（V）		法律法规与标准规范汇编/大全（U）	
高职高专教材（X）		培训教材（Y）	
中职中专教材（W）		电子出版物（H）	

注：建工版图书销售分类已标注于图书封底。